计算机网络经典教材系列

计算机网络实验指导

——基于华为平台

郑宏　编著

電子工業出版社
Publishing House of Electronics Industry
北京 • BEIJING

内 容 简 介

本书紧密结合谢希仁教授编著的《计算机网络》（第 8 版）内容，以某校园网建设为案例，设计编排了 29 个实验单元、66 个实验项目，覆盖数据链路层的 PPP、交换式以太网、STP、VLAN，网络层的 IP、ICMP、RIP 与 OSPF、IPv6、NAT，传输层的 TCP 和 UDP，应用层的 DNS、FTP、HTTP 与 DHCP，以及无线局域网 WLAN 等章节的重点内容。每个实验单元突出一项重点内容，列出了实验目的、实验装置与工具，描述了所涉及的实验原理或背景知识。每个实验项目突出一个知识点，列出了任务要求和完成实验的步骤，给出了完整的配置脚本，并进行了注释和说明。每个实验项目均设置有一系列问题，要求学生在实验过程中，根据所学知识、配置前后的状态变化、验证测试结果、通信报文分析结果等进行分析和解答，并完成实验报告，以更好地帮助学生深入理解不同网络协议或机制的作用和相互联系，扎实掌握计算机网络的基本原理和设计、配置、分析的基本方法，锻炼和提高网络设计、实现和分析能力。

本书实验基于华为公司的企业网络仿真平台（eNSP），可以在虚拟网络环境中完成，也可以在真实的网络设备上完成。此外，每个实验项目强调一个知识点，规模不是很大，有助于实施启发式教学。

本书可作为与谢希仁教授编著的《计算机网络》（第 8 版）或其他网络教材配套的实验用书，适合作为计算机类相关专业学生学习计算机网络的实验教材，也可以作为读者学习计算机网络、进行网络技术实践等的参考读物。

图书在版编目（CIP）数据

计算机网络实验指导：基于华为平台 / 郑宏编著. —北京：电子工业出版社，2023.1
ISBN 978-7-121-44692-4

Ⅰ. ①计… Ⅱ. ①郑… Ⅲ. ①计算机网络－实验－高等学校－教学参考资料 Ⅳ. ①TP393-33

中国版本图书馆 CIP 数据核字（2022）第 239952 号

责任编辑：郝志恒
印　　刷：三河市良远印务有限公司
装　　订：三河市良远印务有限公司
出版发行：电子工业出版社
　　　　　北京市海淀区万寿路 173 信箱　　　　邮编：100036
开　　本：787×1092　1/16　　印张：18　　字数：460 千字
版　　次：2023 年 1 月第 1 版
印　　次：2024 年 7 月第 4 次印刷
定　　价：59.00 元

凡所购买电子工业出版社图书有缺损问题，请向购买书店调换。若书店售缺，请与本社发行部联系，联系及邮购电话：（010）88254888，88258888。

质量投诉请发邮件至 zlts@phei.com.cn，盗版侵权举报请发邮件至 dbqq@phei.com.cn。
本书咨询联系方式：QQ 9616328。

前　言

在学习计算机网络时，很多人感觉其内容繁杂、概念抽象，无法把握要点，不能深入理解和掌握网络协议的工作原理和作用，不知道或不确定应该运用哪些知识和技术解决什么样的问题，进而逐渐失去学习的兴趣。造成这种情况的原因有很多，编者认为主要原因有两个：一是计算机网络是一个复杂系统，涉及通信、计算机系统的组织与结构、操作系统、数据结构与程序设计等较多领域的专业知识，对学习者提出了很高要求，但很多学习者还不能贯通融合不同领域的专业知识；二是计算机网络具有很强的实践性，但由于种种条件的限制，过多重视理论知识的学习，缺少或忽视网络技术的实践，造成理论学习与工程实践脱节，因而不能掌握网络设计和配置的基本方法，体会不到网络协议或技术应用的效果，无法理解网络中不同组件、协议和系统之间的相互关系。

本书编者长期从事计算机网络教学工作，近年来，使用谢希仁教授编著的《计算机网络》（第 8 版）作为教材。在教学改革与实践过程中，不断努力探索如何将案例教学、实践教学与理论教学有效融合，期望通过特色实验教学方法使学生巩固理论知识学习成果，提升运用知识和解决问题的能力，克服“本领恐慌”。为此，根据教学计划和课程设计需要，编者结合多年教学实践经验编写了本书。

本书共设计了 29 个实验单元、66 个实验项目，覆盖数据链路层的 PPP、交换式以太网、STP、VLAN，网络层的 IP、ICMP、RIP 与 OSPF、IPv6、NAT，传输层的 TCP 和 UDP，应用层的 DNS、FTP、HTTP 与 DHCP，以及无线局域网 WLAN 等章节的重点内容。每个实验单元突出一项重点内容，每个实验项目突出一个知识点，易于实现与教学计划的同步。在内容设计上，以某校园网建设为案例，启发学生设计满足需求的技术方案。每个实验单元列出了实验目的、实验装置与工具，描述了所涉及的实验原理或背景知识；每个实验项目列出了任务要求和完成实验的步骤，给出了完整的配置脚本，并进行了注释和说明。每个实验项目均设置有一系列问题，要求学生在实验过程中，根据所学知识、配置前后的状态变化、验证测试结果、通信报文分析结果等进行分析和解答，并完成实验报告，以更好地帮助学生深入理解不同网络协议或机制的作用和相互联系，扎实掌握计算机网络的基本原理和设计、配置、分析的基本方法，锻炼和提高网络设计、实现和分析能力。

为便于清晰阅读和开展实验，后续实验项目复用了前面实验项目中的图、表、配置脚本等内容，以便在尽可能相同或相似的网络拓扑基础上，按新需求完成网络的配置。这样，一方面可以通过必要的重复，使学生巩固所学知识和技能；另一方面便于学生理解不同技术方案的效果。

本书实验基于华为公司的企业网络仿真平台（eNSP），可以在虚拟网络环境中完成，也可以在真实网络设备上完成。使用 eNSP 虚拟网络仿真平台，学生可以随时、多次进行实验，可以较好地解决实验学生多、实验设备少的矛盾。此外，每个实验项目强调一个知识点，规模不是很大，便于在教学过程中开展实验，有助于实施启发式教学，提升教学效果。

本书特别适合作为谢希仁教授编著的《计算机网络》（第 8 版）的配套实验教材，也可以作为不同类型高等院校计算机类相关专业学生“计算机网络”课程的技术实践或课程设计的配套教材，还可以作为其他读者学习计算机网络理论、进行网络技术实践的参考读物。

本书中各章实验单元相对独立，为适应不同教学计划安排，可以根据不同需求选择实验内容。本书建议的实验学时为 32 学时。

本书的编写得到了所在教学团队、多位一线教师和网络工程师的热情帮助和指导。感谢李冬妮、李仲君、袁红季、王勇等教师参与编撰工作。

由于水平有限，书中可能存在实验设计不够合理、协议理解不够准确、配置脚本不够正确和完整等问题，敬请专家、教师和读者朋友们批评指正。

编者　2022 年 8 月

目　录

第 1 章　网络基础

1.1　配置主机的 IP 地址

实验目的

1．能打开 Microsoft Windows 10 的命令窗口，在窗口中执行命令。
2．掌握 IP 地址设置的基本方法。

实验装置和工具

一台连入本地局域网或互联网的 Microsoft Windows 10 主机。

实验原理（背景知识）

计算机不能访问网络，大多是因为其网络连接的 IP 地址配置错误。为了把计算机接入并访问 TCP/IP 网络，首先需要检查网络连接信息，并正确设置网络连接属性，包括：IP 地址、子网掩码、默认网关和 DNS 服务器的 IP 地址等。

IP 地址唯一地标识了互联网上每一台主机的每一个网络接口。若要与另一台主机通信，你必须知道那台主机某个网络接口的 IP 地址。

网络接口（也被称为网络接口卡、网络适配器，简称网卡）将主机接入网络，以实现主机上的进程之间的通信。网络接口可以是物理的（例如：以太网、无线网等），也可以是逻辑的（例如：网桥、虚拟网卡、VPN、Loopback 等）。

可以手动配置 IP 地址，也可以配置为从 DHCP 自动分配 IP 地址。

实验 1.1.1：打开 Windows 命令窗口

任务要求

打开 Windows 10 的命令窗口。

实验步骤

Windows 命令窗口也被称为命令行窗口或控制台窗口。有多种方法打开 Windows 命令窗口。其中一种较为快速的方法是：在键盘上按下“Win+R”组合键，系统将打开“运行”窗口，如图 1-1 所示。键入 cmd，按回车键或单击“确定”按钮，Windows 将打开命令窗口，如图 1-2 所示。

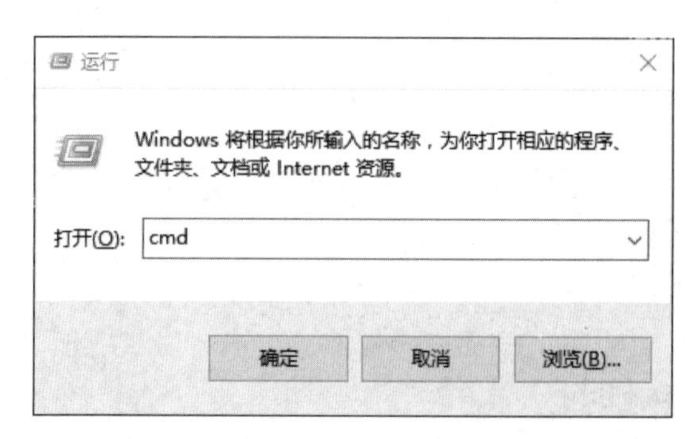

图 1-1　Windows 10 的“运行”窗口

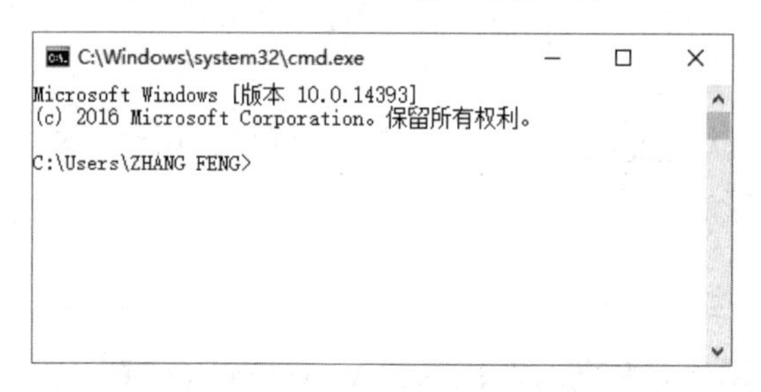

图 1-2　Windows 10 的命令（控制台）窗口

提示 · 思考 · 动手

- ✓ 请给出其他打开 Windows 10 命令窗口的方法（至少 2 种）。

实验 1.1.2：获取主机系统信息

任务要求

获取 Windows 10 主机的基本系统信息。

实验步骤

用鼠标右击“开始”按钮，在弹出的菜单上单击“系统”选项，在弹出的窗口中会显示系统的基本信息。

提示 · 思考 · 动手

- ✓ 请将你的主机的基本信息填入表 1-1 中。

表 1-1　主机基本系统信息

主机名	
工作组名	
处理器	
内存	
系统类型	
安装的网卡数量	

提示 · 思考 · 动手

✓ 还有哪些方法可以获得 Windows 10 主机的系统信息？至少给出另外 2 种方法。

实验 1.1.3：设置主机 IP 地址

任务要求

获取和设置 Windows 10 主机指定网络连接的 IP 地址等属性。

实验步骤

步骤 1：打开网络连接设置窗口

打开 Windows 10 网络连接设置窗口的方法有很多。其中的一种方法是：用鼠标右键单击任务栏右下角系统托盘中的“网络 Internet 访问”图标，选择“打开网络和 Internet 设置”选项，系统将打开如图 1-3 所示的窗口。

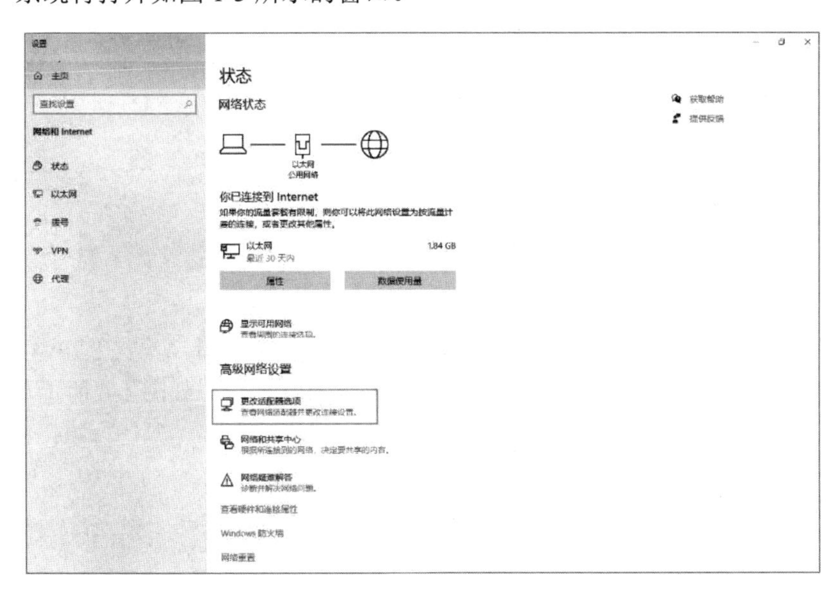

图 1-3　“设置”窗口

选择“更改适配器选项”，系统将打开“网络连接”窗口，如图 1-4 所示。

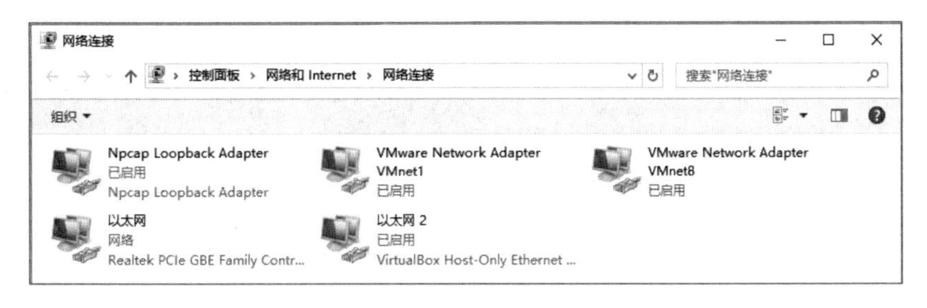

图 1-4　“网络连接”窗口

步骤 2：设置 IP 属性

① 打开网络连接的属性窗口。

从“网络连接”窗口中右击需要配置的网络连接名称，从出现的快捷菜单中选择“属性”选项，系统将打开该网络连接的属性窗口，如图 1-5 所示。可以看到，可以为网络连接配置多种属性。

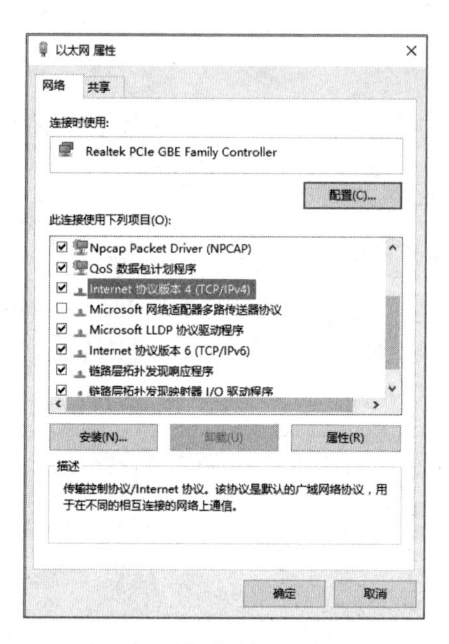

图 1-5　网络连接的属性窗口

② 设置 IPv4 地址等属性。

若要设置 IPv4 地址等属性，可用鼠标单击“Internet 协议版本 4（TCP/IPv4）”选项，然后单击“属性”按钮，系统将打开该网络连接的 IPv4 属性窗口，如图 1-6 所示。

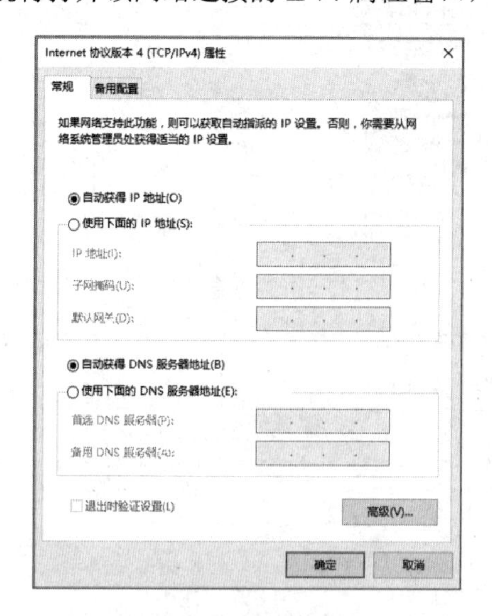

图 1-6　网络连接的 IPv4 属性窗口

- **自动配置 IP 地址等属性**

选中“自动获得 IP 地址”选项，则主机可以从 DHCP 服务器自动获得 IP 地址、子网掩码和默认网关等配置信息。

选中“自动获得 DNS 服务器地址”选项，则主机可以从 DHCP 服务器自动获得 DNS 服务器的地址。

配置完毕，单击“确定”按钮，让配置生效。如果主机所在的网络上配置了可用的 DHCP 服务器，则主机接入网络后可以获得相应的配置参数。

- **手动设置 IP 地址等属性**

选中“使用下面的 IP 地址”选项，则允许手动配置 IP 地址、子网掩码和默认网关等属性。请在“IP 地址”“子网掩码”和“默认网关”框中键入合法的 IP 地址。

选中“使用下面的 DNS 服务器地址”选项，则手动设置 DNS 服务器的地址。请在“首选 DNS 服务器”和“备用 DNS 服务器”框中，键入合法的主 DNS 服务器和辅助 DNS 服务器的地址。

配置完毕，单击“确定”按钮，让配置生效。

提示 · 思考 · 动手

✓ 请将自动和手动 IP 地址设置的结果填入表 1-2 中。

表 1-2 主机 IP 地址设置

	当前 IP 地址设置	自动 IP 地址设置	手动 IP 地址设置
设置方式			
IPv4 地址			
默认网关 IP 地址			
首选 DNS IP 地址			
备选 DNS IP 地址			
DHCP 地址			

1.2 ipconfig 实战

实验目的

1．掌握ipconfig命令 [1]及其用途，理解输入参数和输出结果。

2．掌握利用 ipconfig 识别网络连接、获取 IP 地址、MAC 地址等网络配置信息的方法，具备基本的检错和排错能力。

---

[1]：本书中的命令都以英文小写字母形式出现。

实验装置和工具

一台连入本地局域网或互联网的 Microsoft Windows 10 主机。

实验原理（背景知识）

ipconfig 是最常用的网络命令之一。使用 ipconfig 可以获得当前网络连接及其当前 IP 地址配置。该命令在把 IP 地址配置为“自动获得 IP 地址”的计算机上最为有用，使用户能够确定 DHCP 服务器配置的 TCP/IP 属性值，或请求 DHCP 服务器为网络连接重新配置 TCP/IP 属性值。能够从网络上的 DHCP 服务器获得 IP 地址等 TCP/IP 属性值，意味着主机或设备是接入并可以访问网络的。

命令执行

ipconfig 是 Windows 的一个控制台应用程序，需要从 Windows 命令窗口中运行。

ipconfig 命令格式为：ipconfig [options]

[options]是一些选项和参数。ipconfig 常用选项和参数见表 1-3。

表 1-3　ipconfig 常用选项和参数

选项和参数	说明
/?	显示帮助。系统将显示所支持的选项和参数
/all	显示所有配置信息
/release [adapter]	释放所有网络适配器或[adapter]指定的网络适配器连接的 IPv4 地址。[adapter]支持通配符“*”和“?”
/release6 [adapter]	释放所有网络适配器或[adapter]指定的网络适配器连接的 IPv6 地址。[adapter]支持通配符“*”和“?”
/renew [adapter]	更新所有网络适配器或[adapter]指定的网络适配器连接的 IPv4 地址。[adapter]支持通配符“*”和“?”。“*”匹配任意字符串，“?”匹配任意一个字符
/renew6 [adapter]	更新所有网络适配器或[adapter]指定的网络适配器连接的 IPv6 地址。[adapter]支持通配符“*”和“?”。“*”匹配任意字符串，“?”匹配任意一个字符
/flushdns	删除或刷新本地 DNS 缓存内容
/displaydns	显示本地 DNS 缓存内容

实验 1.2.1：获取本地主机所有网络连接的基本信息和详细信息

任务要求

获取本地主机的所有网络连接，以及每个网络连接的基本信息和详细信息。

实验步骤

步骤 1：获取本地主机所有网络连接及其基本信息

网络连接的基本信息包括系统安装的所有网卡（或适配器），以及每个网卡的 IP 地址、子网掩码和默认网关等。

在 Windows 命令窗口中的命令提示符下输入以下命令，然后按回车键：

```
ipconfig
```

提示 · 思考 · 动手

- ✓ 你的主机有多少个网络连接？
- ✓ 请将当前使用的以太网和无线网络（WLAN）的网络连接的基本信息填入表 1-4 中。

表 1-4　主机网络连接及基本信息

以太网适配器类型及网络连接名称	
媒体状态	
IPv4 地址	
子网掩码	
默认网关	
无线网络适配器类型及网络连接名称	
媒体状态	
IPv4 地址	
子网掩码	
默认网关	

步骤 2：获取本地主机所有网络连接及其详细信息

网络连接的基本信息不包括网卡的物理（或 MAC）地址、DHCP 和 DNS 服务器等信息。为获得关于网络连接的详细信息，需要使用/all 选项。

在 Windows 命令窗口中的命令提示符下输入以下命令，然后按回车键：

```
ipconfig /all
```

提示 · 思考 · 动手

- ✓ 请将当前使用的以太网和无线网络（WLAN）的网络连接的详细信息填入表 1-5 中。

表 1-5　主机网络连接及详细信息

主机名	
以太网适配器类型及网络连接名称	
媒体状态	
物理地址	
是否启用 DHCP	
是否自动配置	
IPv4 地址	
子网掩码	
默认网关	
DHCP 服务器	
DNS 服务器	
无线网络适配器类型及网络连接名称	
媒体状态	
物理地址	
是否启用 DHCP	

续表

是否自动配置	
IPv4 地址	
子网掩码	
默认网关	
DHCP 服务器	
DNS 服务器	

实验 1.2.2：释放和更新自动分配的主机 IPv4 地址

当把网络连接的 IPv4 属性配置为“自动获得 IPv4 地址”或“自动获得 IPv6 地址”时，网络通常在主机加入网络时，由 DHCP 服务器为主机分配 IP 地址等属性值。但 DHCP 服务器或网络硬件的技术故障可能导致 IP 地址冲突、网络连接突然停止运行等问题。为排除出现的问题，需要释放和更新由 DHCP 服务器自动分配的 IP 地址等属性值。

/release 选项释放当前使用的、由 DHCP 服务器自动分配的 IP 地址等属性值，终止指定或当前所有活动的 TCP/IP 网络连接。/renew 选项将从 DHCP 服务器重新获取 IP 地址。如果你想更换 DHCP 服务器自动分配的 IP 地址，或者在释放了 DHCP 服务器分配的 IP 地址后，想从 DHCP 服务器重新获得一个 IP 地址，需要使用/renew 选项。

任务要求

释放和更新由 DHCP 服务器自动分配的 IPv4 地址。

实验步骤

步骤 1：设置网络连接的 IPv4 地址

按实验 1.1.3 中的步骤 2 将你主机上当前使用或某个网络连接的 TCP/IPv4 属性设置为“自动获得 IPv4 地址”。

提示 · 思考 · 动手

✓ 使用 ipconfig 命令查看 IP 地址属性，请将自动获取的 IPv4 地址等属性值填入表 1-6 中。

表 1-6 主机 IPv4 配置更新

网络连接名称		
	更新前	更新后
IPv4 地址		
子网掩码		
默认网关		

步骤 2：释放所有或指定网络连接的 IPv4 地址

若要释放所有网络连接的当前 IPv4 地址，可输入以下命令，然后按回车键：

```
ipconfig /release
```

若要释放名称为“Local Area Connection 2”的网络连接的当前 IPv4 地址，可输入以下命令，然后按回车键：

```
ipconfig /release "Local Area Connection 2"
```

若要释放名称以“Local”开头的所有网络连接的当前 IPv4 地址，可输入以下命令，然后按回车键：

```
ipconfig /release Local*
```

提示 · 思考 · 动手

- ✓ ipconfig /release 命令成功执行完毕后，所有网络连接的 IPv4 地址是多少？请将 ipconfig 命令结果的截图粘贴到实验报告中。
- ✓ 释放了 IP 地址之后，主机还能访问本地或外部网络吗？

步骤 3：更新所有或指定网络连接的 IPv4 地址

释放了 IP 地址之后，需要向 DHCP 服务器申请新的 IP 地址，否则无法访问网络。

若要为所有网络连接申请新的 IPv4 地址，可输入以下命令，然后按回车键：

```
ipconfig /renew
```

若要给名称为“Local Area Connection 2”的网络连接申请新的 IPv4 地址，可输入以下命令，然后按回车键：

```
ipconfig /renew "Local Area Connection 2"
```

若要给名称以“Local”开头的所有网络连接申请新的 IPv4 地址，可输入以下命令，然后按回车键：

```
ipconfig /renew Local*
```

提示 · 思考 · 动手

- ✓ 使用 ipconfig /renew 命令更新该网络连接的 IPv4 地址。请将更新后的 IPv4 地址等属性值填入表 1-6 中。
- ✓ 更新后的 IPv4 地址与更新前的 IPv4 地址相同还是不同？请解释为什么。

1.3　ping 实战

实验目的

1．掌握 ping 命令及其用途，理解输入参数和输出结果。

2．掌握利用 ping 命令测试和分析主机的网络配置、网络连通性、网络延迟和域名解析的方法，具备基本的检错和排错能力。

实验装置和工具

一台连入本地局域网或互联网的 Microsoft Windows 10 主机。

实验原理（背景知识）

ping 是最常用的网络命令之一，用于在 IP 层（即网络层）测试和诊断主机的网络连通性、可达性、网络延迟和域名解析等。

ping 通常使用 ICMP（Internet Control Message Protocol，网际控制报文协议）生成请求并处理应答。运行 ping 命令时，ping 发送 ICMP echo 请求消息到另一台主机，并等待 ICMP echo 应答消息。若收到 ICMP echo 应答消息，则显示接收的 ICMP echo 应答消息，计算往返时间和发送、接收和丢失的分组数。从本地设备发送请求到接收到应答之间的往返时间被称为 ping 时间。

命令执行

ping 是 Windows 的一个控制台应用程序，需要从 Windows 命令窗口运行。

ping 命令格式如下：

```
ping [-t] [-a] [-n count] [-l size] [-f] [-i TTL] [-v TOS] [-r count] [-s count] [[-j host-list] | [-k host-list]] [-w timeout] [-4] [-6] target_name
```

ping 常用选项和参数见表 1-7。按下“Ctrl + C”组合键可以终止命令的执行。

表 1-7　ping 常用选项和参数

选项和参数	说明
/?	显示帮助。系统将显示所支持的选项和参数
target_name	目标。必需。可以是主机的 IP 地址，也可以是主机名或网站域名
-t	持续（连续不断的）ping，直到手动按下“Ctrl + Break”或“Ctrl+C”组合键终止
-a	对目的 IP 地址进行反向名字解析。如果成功，将显示目的 IP 地址的主机名
-n count	按 count 规定的次数 ping。默认值为 4
-l size	指定 ICMP echo 请求消息中数据字段的长度为 size 规定的字节数。默认值为 32，最大为 65527
-i TTL	指定 ICMP echo 请求消息的 IP 首部中的 TTL 字段值。默认值为主机的 TTL 默认值。不同操作系统的 TTL 默认值不同。Windows 10 的 TTL 默认值为 128，最大值为 255
-w timeout	指定接收 ICMP echo 应答消息的等待时间为 timeout。单位为毫秒。如果在规定时间内没有收到应答，则显示“Request timed out”（请求超时）。默认值为 4000
-4	指明使用 IPv4 进行 ping。仅在 ping 主机名时，才需要此参数
-6	指明使用 IPv6 进行 ping。仅在 ping 主机名时，才需要此参数

命令执行结果

ping 命令执行结果有多种形式。

1. ping 成功结果

ping 成功通常俗称为 ping 通。ping 成功意味着本地和目的主机可以相互通信，说明本地和目的主机的网卡、网线工作正常，网络配置正确，它们之间的网络是连通的。

假设 ping 电子工业出版社网站 www.phei.com.cn，可在 Windows 命令窗口中的命令提示符下输入以下命令，然后按回车键：

```
ping -4 www.phei.com.cn
```

若 ping 成功，其返回的结果如图 1-7 所示。

```
命令提示符
C:\>ping -4 www.phei.com.cn

正在 Ping www.phei.com.cn [218.249.32.140] 具有 32 字节的数据:
来自 218.249.32.140 的回复: 字节=32 时间=4ms TTL=115
来自 218.249.32.140 的回复: 字节=32 时间=4ms TTL=115
来自 218.249.32.140 的回复: 字节=32 时间=4ms TTL=115
来自 218.249.32.140 的回复: 字节=32 时间=3ms TTL=115

218.249.32.140 的 Ping 统计信息:
    数据包: 已发送 = 4，已接收 = 4，丢失 = 0 (0% 丢失)，
往返行程的估计时间(以毫秒为单位):
    最短 = 3ms，最长 = 4ms，平均 = 3ms

C:\>
```

图 1-7　ping 成功返回结果

结果中的第 1 行显示所 ping 网站的名称及其 IP 地址，以及所发送的分组大小。默认情况下，ping 向目的主机或站点发送 4 个 32 字节的分组。下面 4 行显示对发送的每个分组的应答结果，包括响应时间（毫秒）和 TTL。底部显示统计信息，包括发送、接收和丢失的分组数，以及最短、最长和平均往返时间。

2. ping 失败结果

ping 失败通常俗称为 ping 不通。如果主机配置或网络存在问题或故障，则 ping 将失败。根据存在问题的不同，ping 失败返回不同的结果。常见 ping 失败返回结果包括请求超时（Request Timed Out）和无法访问目标主机（Destination Host Unreachable），其返回结果分别如图 1-8 的（a）和（b）所示。

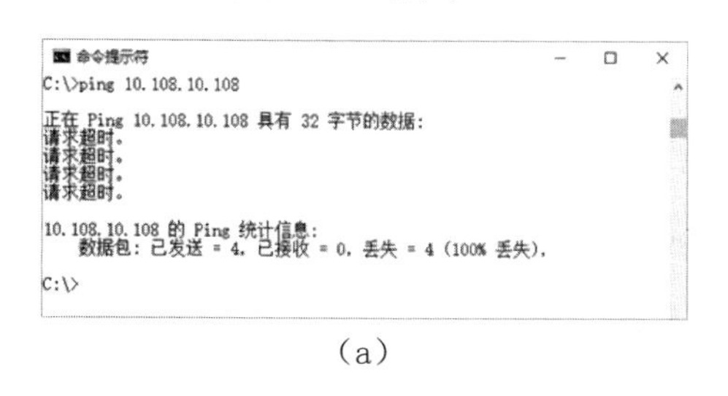

（a）

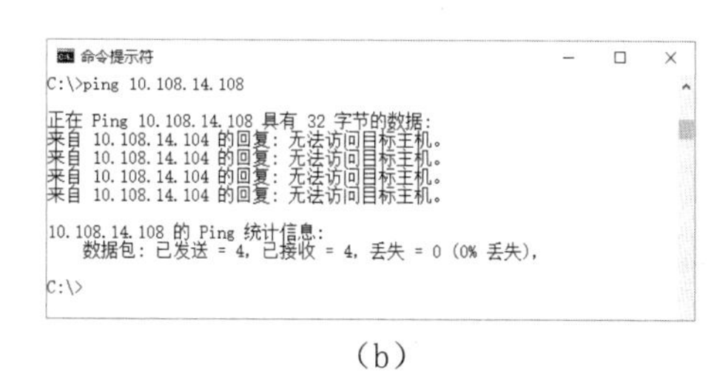

（b）

图 1-8　ping 失败返回结果

导致 ping 失败的原因很多，常见原因包括：本地或目标主机的网卡故障、网线故障、IP 地址、子网掩码和默认网关等网络配置错误、防火墙禁止 ICMP 通信；网络设备故障、路由错误、目标主机下线等。

实验 1.3.1：测试本地主机的 IP 地址配置是否正确

任务要求

测试本地主机的 IP 地址配置是否正确。

实验步骤

步骤 1：按地址 127.0.0.1 测试

地址 127.0.0.1 为环回（Loopback）地址，通常用于“本机”的测试。在 Windows 命令窗口中的命令提示符下输入以下命令，然后按回车键：

```
ping 127.0.0.1
```

提示 · 思考 · 动手

✓ 请将“ping 127.0.0.1”结果的截图粘贴到实验报告中。

步骤 2：按本地主机配置的 IPv4 地址测试

① 获取本地主机的 IPv4 地址。在 Windows 命令窗口中的命令提示符下输入以下命令，然后按回车键：

```
ipconfig
```

② 按 IPv4 地址测试。在 Windows 命令窗口中的命令提示符下输入以下命令，然后按回车键：

```
ping 本地主机的 IPv4 地址
```

提示 · 思考 · 动手

✓ 请将“ping 本地主机的 IPv4 地址”结果的截图粘贴到实验报告中。

步骤 3：按名字 localhost 测试

在 Windows 命令窗口中的命令提示符下输入以下命令，然后按回车键：

```
ping localhost
```

提示 · 思考 · 动手

✓ 请将“ping localhost”结果的截图粘贴到实验报告中。
✓ 命令“ping localhost”与“ping 127.0.0.1”的结果有何不同？

步骤 4：按本地主机名测试

① 获取本地主机名。可以使用 ipconfig/all 或 ping localhost 获取本地主机的主机名。在 Windows 命令窗口中的命令提示符下输入以下命令，然后按回车键：

```
ipconfig/all
```

或

```
ping localhost
```

② 按本地主机名测试。在 Windows 命令窗口中的命令提示符下输入以下命令，然后按回车键：

```
ping 本地主机名
```

提示·思考·动手

- ✓ 请将“ping 本地主机名”结果的截图粘贴到实验报告中。
- ✓ 执行命令“ping 本地主机名”与“ping localhost”的结果有何不同？
- ✓ 主机名对应的 IP 地址是什么？与配置的 IPv4 地址一致吗？请将结果填入表 1-8 中。

表 1-8　主机名及其 IP 地址

主机名	配置的 IPv4 地址	ping 结果中的 IPv4 地址	IPv4 地址是否一致

实验 1.3.2：测试本地主机是否正确接入网络

可以从本地主机 ping 其所接入网络的其他主机的 IP 地址或主机名，测试本地主机是否正确地接入某网络。如果 ping 其他主机成功，则说明本地主机正确接入网络。如果失败，则需要进一步测试，并分析失败的原因，排除故障。

任务要求

测试本地主机是否正确接入本地网络或互联网。

实验步骤

步骤 1：按 IP 地址测试

如果你的主机仅接入本地网络，则获取所在本地网络上的另一台主机的 IP 地址。如果你的主机接入的是互联网，则获取互联网上某台主机或网站的 IP 地址。

假设获取的某台主机的 IP 地址为 10.108.14.30，则在 Windows 命令窗口中的命令提示符下输入以下命令，然后按回车键：

```
ping 10.108.14.30
```

提示·思考·动手

- ✓ 请将“ping 某台主机或网站的 IP 地址”结果的截图粘贴到实验报告中。

如果你的主机无法 ping 通其他主机或网站，但所在网络别的主机能 ping 通其他主机或网站，说明你的主机未能正确接入网络，就必须排查产生错误的原因。导致错误的原因有很多，包括：网线、网卡、网卡驱动程序、IP 地址、子网掩码、默认网关、DNS 服务器、防火墙、路由器和交换机等故障或配置错误等，需要逐项排查。

步骤 2：按主机名或域名测试

假设获取的某网站的域名为 www.phei.com.cn，可在 Windows 命令窗口中的命令提示符下输入以下命令，然后按回车键：

```
ping -4 www.phei.com.cn
```

提示 · 思考 · 动手

- ✓ 请将“ping -4 www.phei.com.cn”结果的截图粘贴到实验报告中。
- ✓ 该主机名或网站域名及其 IP 地址分别是什么？请将结果填入表 1-9 中。

表 1-9　主机名或网站域名及其 IP 地址

主机名或网站域名	IP 地址

- ✓ 如果你 ping 一个不存在的 IP 地址，例如 192.168.10.10，那么屏幕会显示什么结果？请将命令结果的截图粘贴到实验报告中。这样的结果意味着什么？

实验 1.3.3：测量网络延迟

简单说，网络延迟是指将数据通过网络从一端传输到另一端所花费的时间。网络延迟通常用往返时间（Round-Trip Time，RTT）衡量。ping 命令不仅可以验证网络的连通性和可达性，还可以提供 ICMP 分组从源主机到达目的主机、再从目的主机返回到源主机的往返时间。通过 ping 连接在不同网络设备上、或位于不同网络或网段上的不同主机，并比较它们的往返时间，有助于确定网络延迟和网络性能瓶颈。往返时间越少，网络连接越快。

任务要求

使用 ping 命令测量和分析本地主机到本地网络或互联网的网络延迟。

实验步骤

步骤 1：收集网络数据

在 Windows 命令窗口中的命令提示符下分别输入以下命令，按域名分别 ping 下列 4 个网站 20 次，并将返回结果保存在当前目录指定的文件中。

```
ping /n 20 www.arin.net > arin.txt
ping /n 20 www.lacnic.net > lacnic.txt
ping /n 20 www.afrinic.net > afrirnic.txt
ping /n 20 www.apnic.net > apnic.txt
```

步骤 2：分析网络延迟时间

上述命令执行完毕后，分别打开上述 4 个.txt 文件，查看并分析返回结果。

提示 · 思考 · 动手

✓ 分析网络延迟，把结果填入表 1-10 中（注：你可以在互联网上找到相应的工具或网站，使用它们找到某 IP 地址所处的地理位置）。

✓ 请分析并说明网络延迟与地理位置的关系。

表 1-10　网络延迟记录表

	IPv4 地址	最小延迟（ms）	最大延迟（ms）	平均延迟（ms）	网站地理位置
www.afrinic.net					
www.apnic.net					
www.arin.net					
www.lacnic.net					

1.4　tracert 实战

实验目的

1．掌握 tracert 命令及其用途，理解输入参数和输出结果。

2．掌握利用 tracert 命令测试和分析主机的网络连通性、网络延迟、域名解析、跟踪网络路由的方法，具备基本的检错和排错能力。

实验装置和工具

一台连入本地局域网或互联网的 Microsoft Windows 10 主机。

实验原理（背景知识）

tracert 是最常用的网络命令之一。tracert 也被称为路由跟踪实用程序，用于跟踪源主机到目的主机之间的路由，检测网络延迟。

ping 可以测试数据是否能到达目的主机，以及到达目的主机的延迟和 TTL，但未给出数据到达目的主机的路由。tracert 则给出了更为详细的信息，显示从你的主机到达目的主机的路由和延迟，包括经过了哪些路由器和到达每台路由器的延迟。所以，tracert 不仅能测量延迟，还能定位延迟，有助于确定产生网络延迟或发生故障的网络（或链路）和路由器。tracert 通常与 ipconfig、ping、netstat、nslookup 等配合使用，实现网络测试、检错和排错。

Windows 上的 tracert 向目的主机发送一系列 ICMP echo 请求消息，并使用 IP 分组中的 TTL（Time-To-Live）字段实现路由跟踪和延迟计算。

命令执行

tracert 是 Windows 的一个控制台应用程序，需要从 Windows 命令窗口运行。

tracert 命令格式如下：

```
tracert [-d] [-h maximum_hops] [-j host-list] [-w timeout] [-R] [-S srcaddr]
```

```
[-4] [-6] target_name
```

tracert 支持的常用选项和参数见表 1-11。按下"Ctrl + C"组合键可以终止命令的执行。

表 1-11 tracert 常用选项和参数

选项和参数	说明
/?	显示帮助。系统将显示所支持的选项和参数
target_name	目标。必需。可以是 IP 地址，也可以是主机名或网站域名
-d	不把地址解析为主机名
-h maximum_hops	按最大跃点数 maximum_hops 搜索目标。默认值为 30。跃点数也被称为跳数。每一跳表示一个路由器
-w timeout	设置等待响应的超时时间值为 timeout。单位为毫秒
-4	强制使用 IPv4
-6	强制使用 IPv6

命令结果

假设按域名跟踪到电子工业出版社网站 www.phei.com.cn 的路由。在 Windows 命令窗口中的命令提示符下输入以下命令，然后按回车键：

```
tracert www.phei.com.cn
tracert -4 www.phei.com.cn
tracert -d -4 www.phei.com.cn
```

tracert 返回的结果如图 1-9 所示。结果信息包括下列内容。

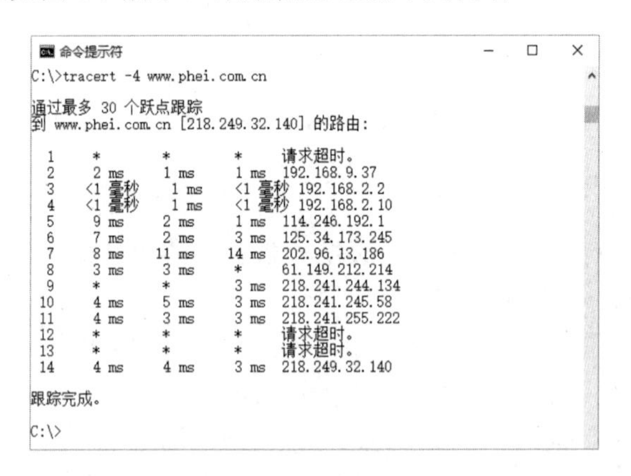

图 1-9 tracert -4 www.phei.com.cn 返回结果

1. 跟踪信息

（1）最大跃点数（即路由器数）。默认值为 30。
（2）目的主机名及其 IP 地址。若按 IP 地址跟踪，则显示该 IP 地址。

2. 详细路由信息

包括多行，每行代表路由上的一个路由器（即一跳）。每行包括 5 列信息。每行的格式如表 1-12 所示。

表 1-12　tracert 命令输出的详细路由信息

序号	往返时间 1	往返时间 2	往返时间 3	主机名[IP 地址]
5	9 ms	2 ms	1 ms	114.246.192.1

（1）序号：分组当前在路由的第几个路由器上。第一个序号（即第一跳）的路由器为源主机所接入网络的路由器，例如默认网关。最后一个序号（即最后一跳）为目的主机。

（2）往返时间 1、往返时间 2、往返时间 3：从发送分组到收到该路由器响应的往返时间，单位为毫秒（ms）。该时间也被称为延迟。tracert 连续发送三个分组，因此会显示 3 个往返时间，这样就可以知道延迟的波动程度。若某列显示的是“*”，表示未在规定时间内收到响应。等待响应的默认超时时间是 4000 ms。有些主机或路由器会丢弃 TTL 过期的分组，不发送响应。

（3）主机名 [IP 地址]：如果允许，显示路由器的名字。如果不允许，则显示路由器的 IP 地址。若三个往返时间都超时，则显示“请求超时”。

实验 1.4.1：跟踪到网站的路由

任务要求

跟踪和分析本地主机到互联网上某网站的路由。

实验步骤

首先确认你的计算机已经连入互联网。在 Windows 命令窗口中的命令提示符下输入以下命令，然后按回车键：

```
tracert -d -4 www.qq.com
```

提示 · 思考 · 动手

- ✓ 请将“tracert -d -4 www.qq.com”结果的截图粘贴到实验报告中。
- ✓ 获取相关数据，将结果填入表 1-13 中。

表 1-13　到网站 www.qq.com 的路由

目标名称	
本主机的 IP 地址	
本主机默认网关的 IP 地址	
目标的 IP 地址	
经过的路由器数量	
第 1 个路由器 IP 地址	
第 2 个路由器 IP 地址	
到达目标的最后一个路由器的 IP 地址	
除去请求超时的路由器，到哪个或哪些路由器的延迟最大？请按延迟从大到小顺序给出最多 3 个路由器在结果中的序号、IP 地址和延迟。	（见下表）

序号	IP 地址	延迟（ms）

提示 · 思考 · 动手

- ✓ 为何在结果中会出现请求超时（Request Timed Out）？
- ✓ 选取路由上 3 个延迟最大的路由器的 IP 地址，列出这些路由器的地理位置，将结果填入表 1-14 中。

表 1-14　路由器地理位置

序号	路由器 IP 地址	地理位置（国家、省市、区域）

1.5　arp 实战

实验目的

1．掌握 arp 命令及其用途。

2．掌握利用 arp 命令管理和分析 ARP 高速缓存（ARP Cache）的方法，具备基本的网络管理、检错和排错能力。

实验装置和工具

一台连入本地局域网或互联网的 Microsoft Windows 10 主机。

实验原理（背景知识）

arp 命令与 ARP 协议有关，但不要混淆 arp 命令和 ARP 协议。

ARP 协议（Address Resolution Protocol，地址解析协议）用于将网络层（第 3 层）的 IP 地址映射到数据链路层（第 2 层）的 MAC 地址。为了找到目的 IP 地址对应的 MAC 地址，设备在其本地网络上广播发送 ARP 请求。拥有该 IP 地址的设备收到 ARP 请求后，用其 MAC 地址进行 ARP 响应。收到 ARP 请求和 ARP 响应的设备将 IP 地址和其对应的 MAC 地址的映射保存在被称为 ARP 高速缓存（ARP Cache）的 ARP 表中。ARP Cache 的大小是有限的，所保存的 IP 地址和 MAC 地址映射条目被定期清除。每个条目都有一个生存期，生存期一般只有几分钟。ARP Cache 定时器会清除已经到期的条目。定期清除允许设备适应 IP 地址或 MAC 地址的变化。ARP Cache 中的条目有两种类型：静态和动态。静态条目是手工写入的，动态条目是由 ARP 协议写入的，会被定期删除。

arp 命令用于查看、添加、修改和删除 ARP Cache 中的内容。

命令执行

arp 是 Windows 的一个控制台应用程序，需要从 Windows 命令窗口运行。

arp 命令格式如下：

```
arp -a [inet_addr] [-N if_addr]
arp -s inet_addr eth_addr [if_addr]
arp -d inet_addr [if_addr]
```

arp 支持的选项和参数说明见表 1-15。

表 1-15　arp 选项和参数说明

选项和参数	说明
/?	显示帮助。系统将显示所支持的选项和参数
-a	显示当前 ARP Cache 中的所有条目。若指定了 IP 地址，则显示指定 IP 地址的所有条目。若有多块网卡使用 ARP，则显示每块网卡的 ARP Cache 中的内容
inet_addr	指定的 IP 地址
-N if_addr	显示指定网卡 if_addr 的 ARP Cache 中的条目。if_addr 为指定网卡的 IP 地址
-d inet_addr	从 ARP Cache 中删除由 inet_addr 指定的 IP 地址。若未给出 inet_addr，或 inet_addr 为*，则删除 ARP Cache 中的所有条目，即清空 ARP Cache 中
-s	在 ARP Cache 中增加一条静态 IP 地址 inet_addr 和 MAC 地址 eth_addr 映射条目。在重启机器之前，静态条目一直保存在 ARP Cache 中
eth_addr	指定的 MAC 地址（物理地址）。MAC 地址是用连字符分隔的 6 个十六进制字节，例如：00-15-C5-CC-C8-AE
if_addr	指定网卡的 IP 地址。若指定了该地址，则操作该地址所使用的 ARP Cache。若未指定，则操作第 1 个可用网卡的 ARP Cache

实验 1.5.1：查看 ARP Cache 内容

任务要求

查看和分析本地主机当前 ARP Cache 内容。

实验步骤

步骤 1：查看 ARP Cache 中的所有条目

在本地主机的命令提示符下输入以下命令，然后按回车键：

```
arp -a
```

提示 · 思考 · 动手

✓ 将“arp -a”命令结果中当前使用的以太网接口的 ARP cache 内容的截图粘贴到实验报告中。

步骤 2：查看 ARP Cache 中某个 IP 地址的条目

例如：查看默认网关 IP 地址的条目。

① 利用 ipconfig 命令找到当前使用的网络连接的默认网关的 IP 地址。

② 在本地主机的命令提示符下输入以下命令，然后按回车键：

```
arp -a 默认网关的 IP 地址
```

提示·思考·动手

✓ 将"arp -a 默认网关的 IP 地址"结果填入表 1-16 中。

表 1-16　默认网关 MAC 地址

默认网关 IP 地址	MAC 地址	类型	网络接口索引号

实验 1.5.2：删除 ARP Cache 中的条目

任务要求

删除本地主机当前 ARP Cache 中的条目。

实验步骤

步骤 1：查看 ARP Cache 中的条目

在本地主机的命令提示符下输入以下命令，然后按回车键。

```
arp -a
```

步骤 2：删除 ARP Cache 中的所有条目

在本地主机的命令提示符下输入以下命令，然后按回车键：

```
arp -d
```

检查删除结果。在本地主机的命令提示符下输入以下命令，然后按回车键：

```
arp -a
```

第 2 章　物理层

2.1　华为企业网络仿真平台（eNSP）软件的安装与使用

实验目的

掌握华为企业网络仿真平台（eNSP）软件的安装、设备注册、设置和使用。

实验装置和工具

一台连入互联网的 Microsoft Windows 10 的主机。

实验原理（背景知识）

eNSP（enterprise Network Simulation Platform）是一款由华为公司开发和提供的免费的、可扩展的、图形化操作的网络仿真工具平台，实现了对华为企业网络交换机、路由器、无线 AC/AP、防火墙等网络设备的软件仿真。该平台具有以下特点：

1. 图形化操作

- 提供便捷的图形化操作界面，让复杂的组网操作变得简单，可以直观感受设备形态，并且支持一键获取帮助和在华为网站查询设备资料。
- 支持网络拓扑的创建、修改、删除、保存等操作。
- 支持设备拖拽和接口连线等操作。
- 通过不同颜色，直观反映设备与接口的运行状态。
- 预置大量工程案例，可直接打开演练学习。

2. 高度仿真

- 可模拟华为 x7 系列交换机、AR 系列路由器的大部分特性。
- 可模拟 PC 终端、Hub、云、帧中继交换机等。
- 仿真设备的配置功能，快速学习华为命令行。
- 可模拟大规模网络。
- 模拟接口数据包的实时抓取，直观展示协议交互过程。

3. 可与真实设备对接

- 支持与真实网卡的绑定，实现模拟设备与真实设备的对接，组网更灵活。

4. 分布式部署

- 不仅支持单机部署，同时还支持 Server 端分布式部署在多台服务器上。

- 分布式部署环境下能够支持更多设备组成复杂的大型网络。

实验 2.1.1：下载和安装 eNSP

下载和安装 eNSP 与下载和安装其他 Windows 软件一样容易，但在安装 eNSP 时，需要注意以下事项：

1. eNSP 只支持在 Windows 系统上进行安装。
2. 可以通过裸机进行安装，也可以通过虚拟机安装。
3. eNSP 对运行环境的配置有要求，只有达到最低配置标准才能正常运行。
4. 安装 eNSP 前，需要先在系统中安装好 WinPcap、Wireshark 和 Oracle 虚拟机 VirtualBox 这三款软件。按官方说明，eNSP 的正常使用依赖于这三款软件，如表 2-1 所示。

表 2-1 eNSP 的软件依赖

软件类别	版本号
WinPcap	4.1.3
Wireshark	2.6.6
VirtualBox	4.2.×～5.2.×

5. 使用软件的组播视频演示功能需要安装 VLC 播放器软件。
6. 安装 VirtualBox 时，请务必不要安装在带中文的路径下，否则可能导致仿真设备无法启动。
7. 安装新版本之前，请先卸载旧版本 eNSP 软件，将安装目录下的 eNSP 文件夹完全删除，同时将 User→AppData（隐藏文件夹）→Local→eNSP 文件夹完全删除。
8. 具体安装要求和注意事项，详见 eNSP 安装指南和软件说明书。

任务要求

下载并正确安装 eNSP。

实验步骤

步骤 1：下载 eNSP

eNSP 有多个版本。本书实验使用的版本为 eNSP V100R003C00SPC100。可以从华为官网或其他渠道下载安装文件。

步骤 2：安装 eNSP

将下载得到的 eNSP V100R003C00SPC100 Setup.zip 解压到指定目录，双击指定目录中的 eNSP_Setup.exe，开始安装 eNSP。选择安装语言，单击“确定”按钮进入安装向导，按向导的提示进行操作。

实验 2.1.2：启动和设置 eNSP

任务要求

启动和设置 eNSP，掌握 eNSP 的操作。保证 eNSP 中的所有设备都能正确启动。

实验步骤

步骤 1：启动 eNSP

eNSP 对运行环境的配置有要求，只有达到最低配置标准才能正常运行。

从桌面或菜单启动 eNSP。如果安装成功，系统将显示 eNSP 主界面，如图 2-1 所示。

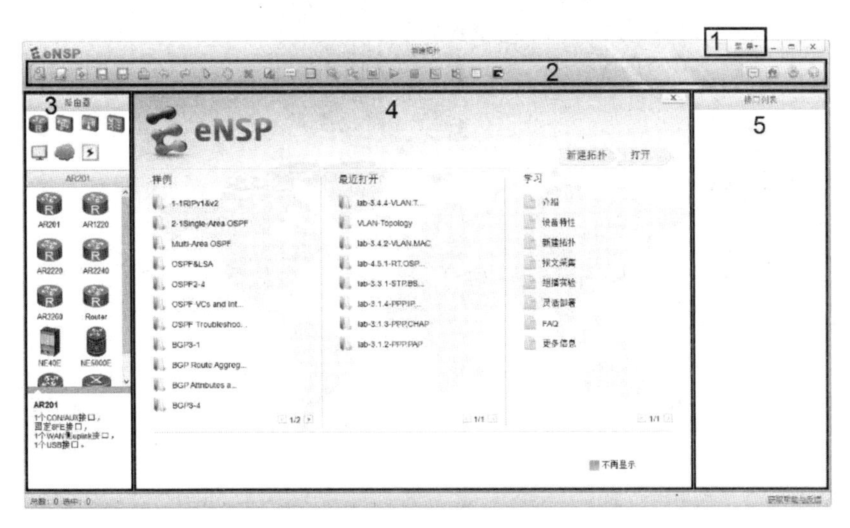

图 2-1　eNSP 主界面

eNSP 主界面分为 5 个区域，各区域简要介绍如表 2-2 所示。

表 2-2　eNSP 主界面区域

序号	区域名	简要描述
1	主菜单	提供“文件”“编辑”“视图”“工具”“考试”“帮助”菜单，每项下对应相应的子菜单
2	工具栏	提供常用的工具，如新建拓扑、保存拓扑、打印、文本、调色板等工具
3	网络设备区	提供不同类型的设备和网线，用户可以将特定设备或网线选择到工作区。
4	工作区	用于新建和显示拓扑图，或显示向导界面。
5	接口列表区	显示拓扑中的设备和设备已连接的接口。

步骤 2：注册网络设备

为了实现模拟环境与真实设备的相似性，eNSP 需要在 VirtualBox 中注册安装网络设备的虚拟主机，在 VirtualBox 的虚拟主机中加载网络设备的 VRP 文件，从而实现网络设备的模拟。

在主菜单区选择“菜单”→“工具”→“注册设备”命令，将弹出“注册”设备对话框，如图 2-2 所示。在对话框右侧，选择“AR_Base”“AC_Base”“AP_Base”“AD_Base”“SAP_Base”选项，然后单击“注册”按钮，完成网络设备的注册。

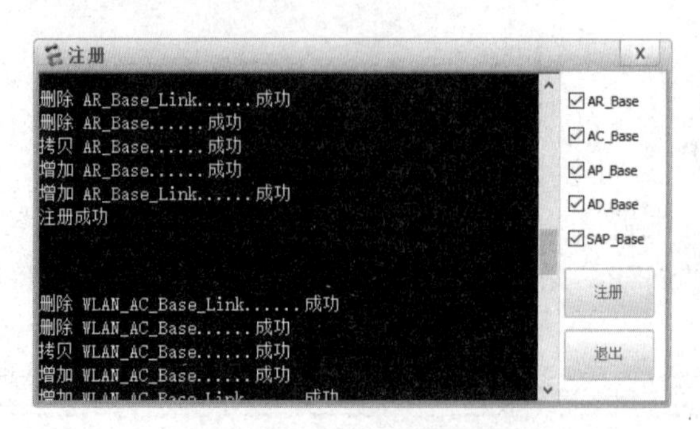

图 2-2　注册网络设备

步骤 3：eNSP 设置

在主菜单区选择 “菜单”→“工具”→“选项”命令，将弹出“选项”对话框，如图 2-3 所示。在该对话框中，可以对界面、命令行、字体、多机 eNSP 的服务器和 Wireshark、VirtualBox 等工具进行设置。

图 2-3　“选项”对话框

步骤 4：熟悉 eNSP 常用命令

关于如何使用和操作 eNSP，请参考 eNSP 帮助。按 F1 键，或在主菜单区选择“菜单”→“帮助”→“目录”命令，可以打开 eNSP 帮助。eNSP 中的 PC、笔记本 STA 和手机等模拟器、交换机与路由器所支持的常用调试命令如表 2-3 所示。

表 2-3　eNSP 常用调试命令

调试命令	PC、笔记本 STA 和手机等模拟器	交换机与路由器
ping （在 IP 层测试和诊断源主机到目的主机的网络连通性和延迟）	格式：ping <host> [选项] 帮助：输入 ping 后回车可以获得帮助。 选项： -c：发送规定数目的 echo 请求。默认值为 5。 -t：持续 ping 指定主机，直到手动按下“Ctrl + Break”或“Ctrl+C”组合键终止。 -4：强制使用 IPv4。 -6：强制使用 IPv6。 例如：ping 192.168.10.10 –c 8	格式：ping [选项] <host> 帮助：输入 ping ? 后可以获得帮助。 选项： -c：发送规定数目的 echo 请求。默认值为 5。 ip：强制使用 IPv4。 ipv6：强制使用 IPv6。 例如：ping –c 8 192.168.10.10

续表

调试命令	PC、笔记本 STA 和手机等模拟器	交换机与路由器
tracert（跟踪源主机到目的主机之间的路由，检测网络延迟）	格式：tracert <host> [选项] 帮助：输入 tracert 后回车可以获得帮助。 选项： -h：按最大跃点数搜索目标。默认值为 8。 -4：强制使用 IPv4。 -6：强制使用 IPv6。 例如：tracert 192.168.10.10 –h 4	格式：tracert [选项] <host> 帮助：输入 tracert？后可以获得帮助。 选项： -m：按最大跃点数搜索目标。默认值为 30。 ipv6：强制使用 IPv6。 例如：ping –m 4 192.168.10.10
ipconfig（获取当前 IP 地址配置和 MAC 地址或更新当前 IP 地址配置）	格式：ipconfig [选项] 帮助：输入 ipconfig？后回车可以获得帮助。 选项： /renew：更新 IPv4 地址。 /release：释放 IPv4 地址。 /renew6：更新 IPv6 地址。 /release6：释放 IPv6 地址	
arp（管理 ARP Cache 内容）	格式：arp [选项] 帮助：输入 arp 后回车可以命令获得帮助。 -选项： a：显示当前 ARP Cache 中的所有条目	
display（显示当前状态或配置）		格式：display [选项] 帮助：输入 display？后可以获得帮助。 选项： this：设备或端口、协议等的当前配置。 例如：显示当前所有 VLAN 信息： <huawei> diplay vlan 显示当前接口的配置： <huawei-GigabitEthernet0/0/0> display this
undo（撤销之前的命令）		格式：undo 待撤销的命令 例如：撤销创建的 VLAN 10： <huawei> undo vlan 10 撤销路由器端口 GE 0/0/0 的 IP 地址： <huawei-GigabitEthernet0/0/0>undo ip address 192.168.10.1 24

2.2 简单交换式以太网的实现

实验目的

1. 掌握利用 eNSP 创建网络拓扑的方法。
2. 掌握交换机的基本配置命令和数据报文采集的方法。
3. 具备构建交换式以太网、进行网络测试和排错的基本能力。

实验装置和工具

1. 华为 eNSP 软件。

2．ping。
3．Wireshark。

实验原理（背景知识）

局域网（Local Area Network，LAN）是指为一个单位所拥有且地理范围和站点数目均有限的网络。目前使用最为广泛的 LAN 是以太网(Ethernet)。传统以太网最初使用粗同轴电缆，后来演进到使用比较便宜的细同轴电缆，最后发展为使用更便宜和更灵活的双绞线。双绞线以太网采用星型拓扑，在星型的中心则增加了一种可靠性非常高的设备，叫作集线器(Hub)。交换式集线器（Switching Hub）常被称为以太网交换机（Switch）。第二层以太网交换机（简称为二层交换机）工作在数据链路层，基于 MAC 地址实现以太网帧的转发。第三层以太网交换机（简称为三层交换机），实现了第三层（网络层）功能。

交换式以太网是以以太网交换机为中心、采用星型拓扑的以太网。交换式以太网允许多对节点同时通信，每个节点可以独占传输通道和带宽，从根本上解决了共享以太网所带来的问题。交换式以太网是目前使用最为普遍的局域网。

实验 2.2.1：组建交换式以太网

任务要求

某学校网络的拓扑如图 2-4 所示。为共享学生信息，学生管理部门决定组建一个简单的交换式以太网，使用 1 台型号为 S5700 的第三层以太网交换机 LSW1 将部门内的计算机互连在一起，其中的 2 台 PC 分别连接在交换机的千兆位以太网端口 GE 0/0/11 和 GE 0/0/12。请利用 eNSP 模拟该网络的实现。

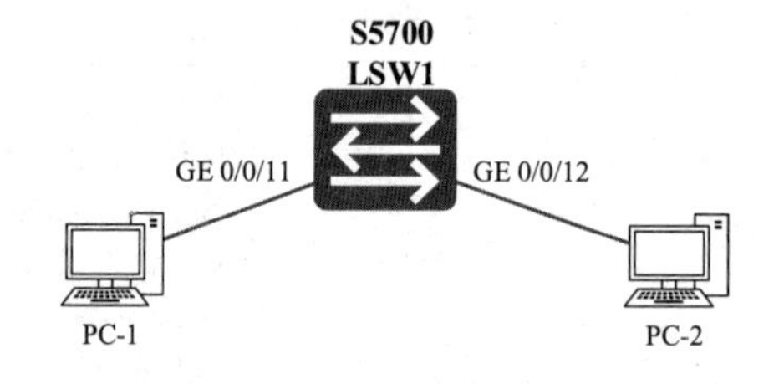

图 2-4　某学校的拓扑

PC 的 IPv4 地址和子网掩码定义如表 2-4 所示。

表 2-4　PC 的 IPv4 地址和子网掩码定义

PC	IPv4 地址	子网掩码
PC-1	192.168.100.11	255.255.255.0
PC-2	192.168.100.12	255.255.255.0

实验步骤

步骤 1：创建拓扑

① 启动 eNSP。

② 单击工具栏中的“新建拓扑”图标。

③ 向工作区中添加 1 台 S5700 交换机。在网络设备区中选择交换机，在下方显示的设备中选择 S5700 交换机，将其拖入工作区。

④ 向空白工作区中添加 2 台 PC。在网络设备区中选择计算机，在下方显示的设备中选择 PC，将其拖入工作区。重复上述步骤，将第 2 台 PC 拖入工作区。

⑤ 将 PC 连接到交换机的指定端口。在网络设备区中选择连接线，在下方显示的连接线中选择铜线（Copper）。将鼠标移入工作区，此时鼠标形状变为，进入连线状态。在 PC-1 上单击鼠标左键，在弹出的接口列表中选择接口 GE 0/0/1，然后将鼠标移动到交换机上，单击鼠标左键，在弹出的交换机端口列表中选择端口 GE 0/0/11，这样就完成了 PC-1 与交换机指定端口的连接；用同样方法将 PC-2 连接到交换机指定端口。单击鼠标右键或按键盘上的 Esc 键，即可退出连线状态。若连线错误，将鼠标移动到连接上，当连接线变为蓝色时，单击鼠标右键，从出现的快捷菜单中选择“删除连接”命令即可删除该连接线。

⑥ 为交换机和 PC 命名。在交换机和 PC 的名称上单击鼠标左键，将它们的名称修改为指定名称。

步骤 2：为 PC 配置 IPv4 地址和子网掩码

① 分别双击 PC-1 和 PC-2，在各自弹出的配置窗口中选中“基础配置”标签，为其配置 IPv4 地址和子网掩码。PC-1 的配置窗口如图 2-5 所示。

图 2-5　PC-1 的配置窗口

② 为便于后续实验复用该拓扑，配置完毕后，单击工具栏中的“保存”图标，将拓扑保存到指定目录，将文件命名为 lab-2.2.1-SimpleEthernet.topo。

步骤 3：启动设备

单击工具栏中的“开启设备”图标，启动全部设备。

步骤 4：测试验证

待全部设备都启动成功后，分别双击 PC-1 和 PC-2，在弹出的配置窗口中选中“命令行”

标签。分别在 PC-1 和 PC-2 的命令窗口中输入以下命令，查看 2 台 PC 的 IP 地址，测试它们能否相互通信：

```
ipconfig
ping 192.168.100.11
ping 192.168.100.12
```

提示 · 思考 · 动手

✓ 请将创建的网络拓扑的截图粘贴到实验报告中。
✓ 从 PC-1 能 ping 通 PC-2 吗？请将 ping 命令结果的截图粘贴到实验报告中。

步骤 5：检查 ARP Cache

1. 分别在 PC-1 和 PC-2 的命令窗口中输入以下命令，清除 2 台 PC 的 ARP Cache 内容：

```
arp -d
```

2. 在 PC-1 命令窗口中输入以下命令，显示 ARP Cache 内容：

```
arp -a
ping 192.168.100.12
arp -a
```

提示 · 思考 · 动手

✓ 请将 PC-1 和 PC-2 当前 ARP Cache 内容的截图粘贴到实验报告中。

实验 2.2.2：数据报文的采集与分析

eNSP 使用 Wireshark 对设备接口的数据报文进行采集和分析，提供了多种启动数据报文的采集的方法，包括：

1. 从指定设备启动。
2. 从指定设备的接口启动。
3. 从接口列表区中的接口启动。
4. 从工具栏上的“数据抓包”按钮启动。

Wireshark 是一个常用的网络协议分析工具，主要功能是捕获网络报文，分析并显示关于报文的尽可能详细的信息。有关 Wireshark 的安装和使用的说明请参见其他相关资料。

任务要求

利用 Wireshark 对进出交换机的数据报文进行抓取和分析。

实验步骤

步骤 1：加载拓扑

启动 eNSP，单击工具栏中的“打开文件”图标，加载实验 2.2.1 的拓扑文件

lab-2.2.1-SimpleEthernet.topo。

步骤 2：启动设备

单击工具栏中的“开启设备”图标▶，启动全部设备。

步骤 3：开启数据抓包

用鼠标右键单击拓扑中的 S5700 交换机 LSW1 的图标，在弹出的菜单中选择“数据抓包”选项，然后选择端口，例如选择端口 GE 0/0/11，启动该端口的数据报文抓取和分析。开启了数据抓包的端口的指示灯在连接线上和在 eNSP 的端口列表中将变为蓝色。用同样方法，也可以开启 PC 接口的数据抓包。

步骤 4：抓取 ping 命令通信的数据包

双击连接在端口 GE 0/0/11 上的 PC-1，在弹出的配置窗口中选中“命令行”标签，在命令窗口中输入以下命令：

```
ping 192.168.100.12 -c 1
```

步骤 5：协议分析

用鼠标右键单击正在采集报文的交换机 LSW1 的图标，从出现的快捷菜单中选择“数据抓包”选项，选择开启数据抓包的端口，则停止端口对数据报文的抓取。

分析抓取的与该 ping 命令相关的数据报文。

提示 · 思考 · 动手

- ✓ ping 命令是基于什么协议实现的？
- ✓ PC-1 发送给 PC-2 的消息类型是什么？PC-2 发送给 PC-1 的消息类型是什么？
- ✓ 封装了 ping 通信的以太网帧包括哪些字段？请按顺序列出各字段的名称和长度。
- ✓ 根据抓取的以太网帧确定 PC-1 和 PC-2 的 MAC 地址，将结果填入表 2-5 中。

表 2-5 PC 的 MAC 地址

	ipconfig 给出的 MAC 地址	Wireshark 中抓取的 MAC 地址
PC-1		
PC-2		

2.3 双绞线标准研究

实验目的

1. 了解双绞线特性，掌握双绞线的分类与典型应用。
2. 掌握无屏蔽双绞线（UTP）网线制作的标准和方法。

实验装置和工具

一台连入本地局域网或互联网的 Microsoft Windows 10 主机。

实验原理（背景知识）

双绞线分为两大类：屏蔽双绞线（Shielded Twisted Pair，简称为 STP）和无屏蔽双绞线（Unshielded Twisted Pair Cable，简称为 UTP）。

使用双绞线的以太网通常使用 4 对 8 芯 UTP，每一对线用不同颜色标识。4 种颜色通常为蓝、绿、橙、棕。

美国电子工业协会 EIA（Electronic Industries Association）和电信行业协会 TIA（Telecommunications Industries Association）联合发布了用于室内传送数据的无屏蔽双绞线和屏蔽双绞线的标准 EIA/TIA-568。该标准将 UTP 分为 7 个类别（从 1 类线到 7 类线）。

RJ-45 连接器是以太网布线中最常用的双绞线连接器，是用于将不同的网络设备（例如网卡、集线器、交换机、路由器、防火墙等）互连在一起的物理层标准接口。

RJ-45 连接器由插头（也被称为 RJ-45 水晶头）和插座（也被称为 RJ-45 模块插座或 RJ-45 模块）组成。RJ-45 连接器有 8 个槽位和 8 个触点，因此这种连接器也被称为 8P8C。

RJ-45 插头与双绞线的连接有两个标准：T568A 和 T568B，它们的连接方式（即线序）是不一样。

实验 2.3.1：无屏蔽双绞线（UTP）分类探究

任务要求

查找资料，掌握无屏蔽双绞线（UTP）分类标准。

实验步骤

学习 EIA/TIA-568 标准

提示 · 思考 · 动手

- ✓ EIA/TIA 将 UTP 分为哪几个类别？
- ✓ 请将常用类别 UTP 的特点和典型应用填入表 2-6 中。

表 2-6　常用无屏蔽双绞线的类别、带宽和典型应用

类别	带宽（MHz）	特点	典型应用
3			
4			
5			
5e			
6			
7			

实验 2.3.2：RJ–45 连线标准学习

任务要求

查找资料，掌握 RJ-45 引脚功能定义和连线标准。

实验步骤

步骤 1：学习 RJ-45 引脚功能定义

查找相关资料，学习研究 RJ-45 引脚功能是如何定义的。

提示 · 思考 · 动手

✓ 将 RJ-45 连接器 8 个引脚功能填入表 2-7 中。

表 2-7　RJ-45 连接器引脚功能定义

以太网 10/100 Base–T 接口			以太网 1000 Base–T 接口		
引脚号	引脚名称	说明	引脚号	引脚名称	说明
1					
2					
3					
4					
5					
6					
7					
8					

步骤 2：学习 T568A 连线标准

查找相关资料，学习研究 T568A 连线标准。

提示 · 思考 · 动手

✓ T568A 连线标准的引脚功能和线序是如何规定的？请按插头引脚顺序（从 1 到 8）和颜色顺序画出 T568A 连线标准的引脚功能和线序图。

步骤 3：学习 T568B 连线标准

查找相关资料，学习研究 T568B 连线标准。

提示 · 思考 · 动手

✓ T568B 连线标准的引脚功能和线序是如何规定的？请按插头引脚顺序（从 1 到 8）和颜色顺序画出 T568B 连线标准的引脚功能和线序图。

✓ T568A 和 T568B 的线序有哪些相同和不同之处？

步骤 4：学习直通线与交叉线制作与测试方法

查找相关资料，学习研究直通线与交叉线的制作与测试方法。

提示·思考·动手

- ✓ 直通线和交叉线分别用于哪些类型的网络设备之间的连接?
- ✓ 如何确定一条网线是直通线还是交叉线?
- ✓ 如何测试一条直通线是否符合接线标准且能正常工作?
- ✓ 你认为 RJ-45 连接器存在哪些不足或问题?

第 3 章　数据链路层

3.1　PPP 配置与分析

实验目的

1．掌握 PPP 特点、工作过程和基本配置方法。
2．掌握 PPP PAP 鉴别的特点和配置方法。
3．掌握 PPP CHAP 鉴别的特点和配置方法。
4．掌握 PPP IP 地址协商的配置方法。

实验装置和工具

1．华为 eNSP 软件。
2．ping。
3．Wireshark。

实验原理（背景知识）

PPP（Point-to-Point Protocol，点对点协议）是目前使用最为广泛的数据链路层协议，为在点对点链路上传输多种协议的数据提供了一种标准的、与厂商无关的方法。

PPP 定义了一整套的协议，包括三个组成部分：

（1）将数据报封装到串行链路的方法。

（2）一个用来建立、配置和测试数据链路连接的链路控制协议 LCP（Link Control Protocol）。

（3）一套用于建立和配置不同网络层协议的网络控制协议 NCP（Network Control Protocol）。

PPP 支持的鉴别协议包括 PAP 和 CHAP。

（1）PAP（Password Authentication Protocol，口令鉴别协议）为两次握手协议，它通过用户名和密码对用户进行鉴别。其验证过程为：

① 被验证方直接将用户名和密码传递给验证方。

② 验证方将收到的用户名和密码与配置的用户列表进行比较，如果相同则通过验证。

PAP 是一种不安全的身份鉴别协议。用户名和密码以明文形式在链路中传输，对于回放和试错法攻击没有防范能力。因此，它适用于对网络安全要求相对较低的环境。

（2）CHAP（Challenge-Handshake Authentication Protocol，口令握手鉴别协议）为三次握手协议。CHAP 只在链路上传输用户名，因此它的安全性要比 PAP 高。其验证过程为：

① 验证方主动发起验证请求，向被验证方发送一段随机产生的报文（Challenge，挑战），

同时附带上本端的用户名一起发送给被验证方。

② 被验证方接到对本端的验证请求时，根据报文中验证方的用户名，在本端的用户表查找该用户对应的密码。如果在用户表找到了与验证方用户名相同的用户，便利用报文 ID、此用户的密钥（密码）和 MD5 算法对该随机报文进行加密，将生成的密文和被验证方自己的用户名发回验证方（Response）。

③ 验证方用自己保存的被验证方密码和MD5算法对原随机报文加密，比较二者的密文，若相同，则验证通过，返回肯定应答（Acknowledge），接受连接。否则验证失败，返回否定应答（Non Acknowledge），拒绝连接。

在整个连接过程中，CHAP 将不定时地向被验证方重复发送挑战，从而避免第三方进行假冒攻击。CHAP 不适用于大型网络中，因为每个可能的共享密钥都需要由链路的两端共同维护。

实验 3.1.1：PPP 基本配置

任务要求

某学校有两个校区：BJ 校区和 SZ 校区，需要租用电信公司的广域网串行线路将两个校区网络的 AR2220 路由器 RT-BJ 和 RT-SZ 互连在一起，并在串行线路上使用 PPP 协议实现通信。网络拓扑如图 3-1 所示，端口的 IP 地址定义如表 3-1 所示。请完成路由器 PPP 的配置。

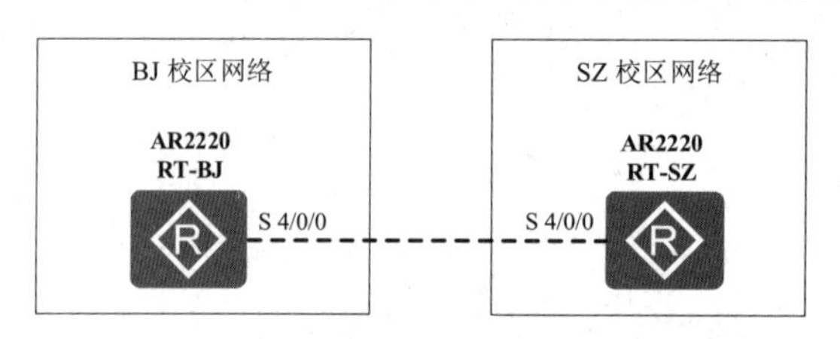

图 3-1　通过广域网串行线互连两个校区网络

表 3-1　端口 IPv4 地址和子网掩码定义

设备端口	IPv4 地址	子网掩码
RT-BJ		
S 4/0/0[1]	192.168.90.2	255.255.255.0
RT-SZ		
S 4/0/0	192.168.90.3	255.255.255.0

实验步骤

步骤 1：创建拓扑

① 启动 eNSP。

② 单击工具栏中的“新建拓扑”图标。

③ 向空白工作区中添加 2 台 AR2220 路由器：在网络设备区中选择路由器，在下方显示的设备中选择 AR2220 路由器，将其拖入工作区。

[1]：S 是 Serial 的简称。

④ 分别为 2 台路由器添加同异步 WAN 接口卡：用鼠标右键单击路由器，从出现的快捷菜单中选择“设置”选项，在弹出的窗口中，选择“视图”标签，从“eNSP 支持的接口卡”中选择 2SA（同异步 WAN 接口卡），将其拖入路由器的第 1 个扩展插槽中，如图 3-2 所示。添加完毕后关闭窗口。

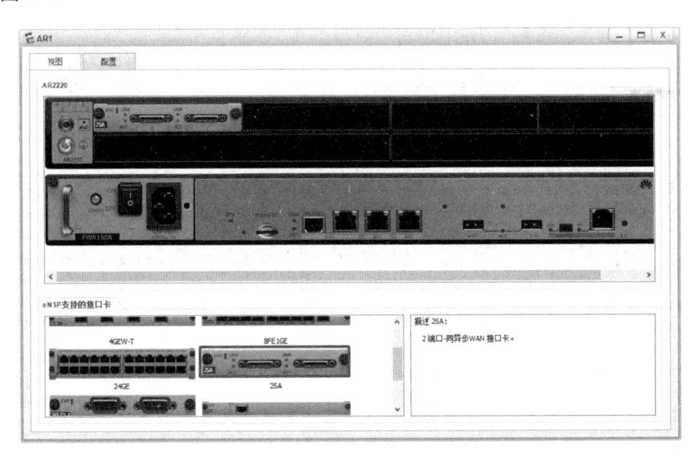

图 3-2　为路由器添加同异步 WAN 接口卡

⑤ 将路由器按指定端口互连。

⑥ 为路由器命名。

⑦ 单击工具栏中的“保存”图标，将拓扑保存到指定目录，将文件命名为 lab-3.1.1-PPP.topo。

步骤 2：启动设备

单击工具栏中的“开启设备”图标，启动全部设备。

步骤 3：配置路由器串口采用 PPP 及其 IP 地址

待所有设备启动成功后，完成以下工作：

① 配置路由器 RT-BJ。双击工作区中路由器 RT-BJ 的图标，打开控制台窗口，在命令提示符下输入以下命令（注：以#开始的行为注释，不必输入）：

```
# 进入系统视图。
<huawei> system-view
# 给路由器命名。
[huawei] sysname RT-BJ
# 查看串口 Serial 4/0/0 状态。
[RT-BJ] display interface serial 4/0/0
```

提示 · 思考 · 动手

- ✓ 请将创建的网络拓扑的截图粘贴到实验报告中。
- ✓ 请将路由器 RT-BJ 串口 Serial 4/0/0（可以简写为 S 4/0/0，人们有时把“Serial”简写为“S”）配置 PPP 前的状态信息填入表 3-2 中。

表 3-2　路由器 RT-BJ 串口 Serial 4/0/0 配置 PPP 前的状态信息

路由器名称/串口号	
链路协议	
LCP 状态	
IPCP 状态	
物理链路类型	
IP 地址	

```
# 配置串口 Serial 4/0/0 串行链路采用 PPP。
[RT-BJ] interface serial 4/0/0
[RT-BJ-Serial4/0/0] link-protocol ppp
# 配置串口 Serial 4/0/0 的 IP 地址。
[RT-BJ-Serial4/0/0] ip address 192.168.90.2 255.255.255.0
# 查看串口 Serial 4/0/0 的配置。
[RT-BJ-Serial4/0/0] display this
# 退出串口配置视图
[RT-BJ-Serial4/0/0] quit
# 查看所有端口的 IP 地址信息。
[RT-BJ] display ip interface brief
# 查看串口 Serial 4/0/0 状态。
[RT-BJ] display interface serial 4/0/0
# 查看串口 Serial 4/0/0 的配置。
[RT-BJ] display current-configuration interface serial 4/0/0
```

提示 · 思考 · 动手

✓ 请将路由器 RT-BJ 串口 Serial 4/0/0 配置 PPP 后的状态信息填入表 3-3 中。

表 3-3　路由器 RT-BJ 串口 Serial 4/0/0 配置 PPP 后的状态信息

路由器名称/串口号	
链路协议	
LCP 状态	
IPCP 状态	
物理链路类型	
IP 地址	

② 配置路由器 RT-SZ。路由器 RT-SZ 的配置与路由器 RT-BJ 的配置相似。双击工作区中路由器 RT-SZ 的图标，打开控制台窗口，在命令提示符下输入以下命令：

```
<huawei> system-view
[huawei] sysname RT-SZ
[RT-SZ] display interface serial 4/0/0
```

提示 · 思考 · 动手

✓ 请将路由器 RT-SZ 串口 Serial 4/0/0 配置 PPP 前的状态信息填入表 3-4 中。

表 3-4 路由器 RT-SZ 串口 Serial 4/0/0 配置 PPP 前的状态信息

路由器名称/串口号	
链路协议	
LCP 状态	
IPCP 状态	
物理链路类型	
IP 地址	

```
# 配置串口 Serial 4/0/0。
[RT-SZ] interface serial 4/0/0
[RT-SZ-Serial4/0/0] link-protocol ppp
[RT-SZ-Serial4/0/0] ip address 192.168.90.3 255.255.255.0
[RT-SZ-Serial4/0/0] quit
[RT-SZ] display ip interface brief
[RT-SZ] display interface serial 4/0/0
```

提示 · 思考 · 动手

✓ 请将路由器 RT-SZ 串口 Serial 4/0/0 配置 PPP 后的状态信息填入表 3-5 中。

表 3-5 路由器 RT-SZ 串口 Serial 4/0/0 配置 PPP 后的状态信息

路由器名称/串口号	
链路协议	
LCP 状态	
IPCP 状态	
物理链路类型	
IP 地址	

```
# 关闭串口 Serial 4/0/0。
[RT-SZ] interface serial 4/0/0
[RT-SZ-Serial4/0/0] shutdown
[RT-SZ-Serial4/0/0] display interface serial 4/0/0
```

提示 · 思考 · 动手

✓ 请将路由器 RT-SZ 串口 Serial 4/0/0 关闭后的状态信息填入表 3-6 中。

表 3-6 路由器 RT-SZ 串口 Serial 4/0/0 关闭后的状态信息

路由器名称/串口号	
链路协议	
LCP 状态	
IPCP 状态	
物理链路类型	
IP 地址	

```
# 重新打开串口 Serial 4/0/0。
[RT-SZ-Serial4/0/0] undo shutdown
[RT-SZ-Serial4/0/0] display interface serial 4/0/0
```

提示·思考·动手

✓ 请将路由器 RT-SZ 串口 Serial 4/0/0 重新打开后的状态信息填入表 3-7 中。

表 3-7 路由器 RT-SZ 串口 Serial 4/0/0 重新打开后的状态信息

路由器名称/串口号	
链路协议	
LCP 状态	
IPCP 状态	
物理链路类型	
IP 地址	

步骤 4：测试验证

分别在路由器 RT-BJ 和 RT-SZ 的控制台窗口中输入以下命令，测试是否能相互通信：

```
ping 192.168.90.3
ping 192.168.90.2
```

提示·思考·动手

✓ 路由器 RT-BJ 能与路由器 RT-SZ 通信吗？请将 ping 结果的截图粘贴到实验报告中。

步骤 5：协议分析

开启路由器 RT-BJ 串口 Serial 4/0/0/的数据抓包，链路类型选择“PPP”。为了抓取 PPP 数据包，请先关闭（使用命令 [RT-BJ-Serial4/0/0] shutdown）路由器 RT-BJ 的串口 Serial 4/0/0，再重新打开（使用命令 [RT-BJ-Serial4/0/0] undo shutdown）该串口，使链路重新协商。

分析 RT-BJ 串口 Serial 4/0/0 重新打开后抓取的 PPP 数据包。

提示·思考·动手

✓ 简述 PPP 协议的工作过程。
✓ PPP 帧格式是如何定义的？请按字段顺序给出各字段的名称和长度。
✓ PPP 帧的协议（Protocol）字段值是多少？该值指示的是什么类型的协议？
✓ 从路由器 RT-BJ ping 路由器 RT-SZ，分析抓取的 ping 通信。封装了 ping 通信的 PPP 帧的协议字段值是多少？该值指示的是什么类型的协议？

实验 3.1.2：PAP 鉴别配置

任务要求

某学校网络的拓扑如图 3-3 所示，与实验 3.1.1 中的拓扑相同。为保证通信安全，决定使用 PAP 进行身份鉴别，RT-BJ 为验证方，BT-SZ 为被验证方。端口的 IP 地址定义如表 3-8 所示，与实验 3.1.1 中的定义相同。请完成路由器 PPP 和 PAP 鉴别的配置。

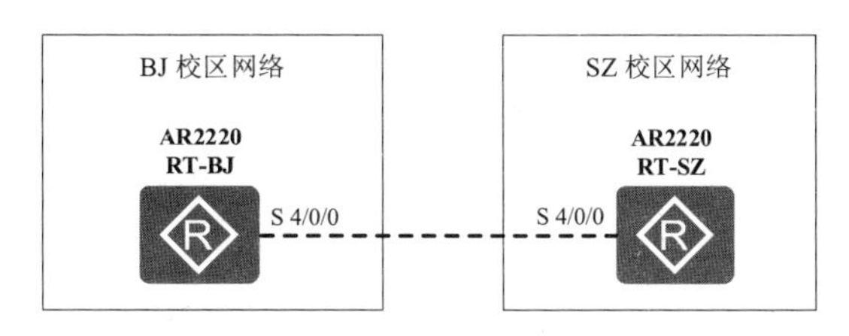

图 3-3　某学校网络的拓扑

表 3-8　端口 IPv4 地址和子网掩码定义

设备端口	IPv4 地址	子网掩码
RT-BJ		
S 4/0/0	192.168.90.2	255.255.255.0
RT-SZ		
S 4/0/0	192.168.90.3	255.255.255.0

实验步骤

步骤 1：加载拓扑

① 启动 eNSP，单击工具栏中的“打开文件”图标，加载实验 3.1.1 的拓扑文件 lab-3.1.1-PPP.topo。

② 单击工具栏中的“另存为”图标，将该拓扑另存为 lab-3.1.2-PPP.PAP.topo。

步骤 2：启动设备

单击工具栏中的“开启设备”图标，启动全部设备。

步骤 3：配置路由器串口采用 PPP 及其 IP 地址

按实验 3.1.1 的步骤完成路由器 RT-BJ 和 RT-SZ 的配置。

步骤 4：配置路由器串口采用 PAP

① 配置路由器 RT-BJ，将 RT-BJ 配置为 PAP 验证方。在路由器 RT-BJ 的控制台窗口中输入以下命令：

```
<RT-BJ> system-view
# 配置串口 Serial 4/0/0 采用 PAP 鉴别。
[RT-BJ] interface serial 4/0/0
[RT-BJ-Serial4/0/0] ppp authentication-mode pap
[RT-BJ-Serial4/0/0] quit
```

```
    # 将 RT-BJ 配置为 PAP 验证方。
    # 配置 AAA。AAA 是 Authentication、Authorizationand 和 Accounting（认证、授权和计费）的简称，是对网络安全的一种管理方式。
    [RT-BJ] aaa
    # 显示 aaa 当前本地用户。
    [RT-BJ-aaa] display local-user
    # 配置被验证方使用的用户名和密码。
    # 用户名为 myoffice-pap，密码为 12345。用户名和密码存储在本地，加密保存。
    [RT-BJ-aaa] local-user myoffice-pap password cipher 12345
    [RT-BJ-aaa] local-user myoffice-pap service-type ppp
    # 显示 aaa 当前本地用户。
    [RT-BJ-aaa] display local-user
    [RT-BJ-aaa] quit
    # 关闭串口 Serial 4/0/0，再重新打开，使链路重新协商。
    [RT-BJ] interface serial 4/0/0
    [RT-BJ-Serial4/0/0] shutdown
    [RT-BJ-Serial4/0/0] undo shutdown
    [RT-BJ-Serial4/0/0] quit
    # 查看串口 Serial 4/0/0 状态。
    [RT-BJ] display interface serial 4/0/0
```

提示·思考·动手

✓ 请将创建的网络拓扑的截图粘贴到实验报告中。

✓ 请将路由器 RT-BJ 串口 Serial 4/0/0 配置 PAP 后的状态信息填入表 3-9 中。

表 3-9　路由器 RT-BJ 串口 Serial 4/0/0 配置 PAP 后的状态信息

路由器名称/串口号	
链路协议	
LCP 状态	
IPCP 状态	
物理链路类型	
IP 地址	

✓ 路由器 RT-BJ 能 ping 通路由器 RT-SZ 吗？请将 ping 结果的截图粘贴到实验报告中。若不能，请解释原因。

② 配置路由器 RT-SZ，将 RT-SZ 配置为 PAP 被验证方。在路由器 RT-SZ 的控制台窗口中输入以下命令：

```
    <RT-SZ> system-view
    # 配置 PAP 认证功能。
    # 配置本端被对端验证时本端应发送的用户名和密码。
    # 注意：验证方和被验证方的用户名和密码必须一致。
    [RT-SZ] interface serial 4/0/0
    [RT-SZ-Serial4/0/0] ppp pap local-user myoffice-pap password cipher 12345
    # 关闭串口 Serial 4/0/0，再重新打开，使链路重新协商。
    [RT-SZ-Serial4/0/0] shutdown
```

```
[RT-SZ-Serial4/0/0] undo shutdown
[RT-SZ-Serial4/0/0] quit
# 查看串口 Serial 4/0/0 状态。
[RT-SZ] display interface serial 4/0/0
```

提示 · 思考 · 动手

✓ 请将路由器 RT-SZ 串口 Serial 4/0/0 配置 PAP 后的状态信息填入表 3-10 中。

表 3-10　路由器 RT-SZ 串口 Serial 4/0/0 配置 PAP 后的状态信息

路由器名称/串口号	
链路协议	
LCP 状态	
IPCP 状态	
物理链路类型	
IP 地址	

步骤 5：测试验证

分别在路由器 RT-BJ 和 RT-SZ 的控制台窗口中输入以下命令，测试是否能相互通信：

```
ping 192.168.90.3
ping 192.168.90.2
```

提示 · 思考 · 动手

✓ 路由器 RT-BJ 能 ping 通路由器 RT-SZ 吗？请将 ping 结果的截图粘贴到实验报告中。若不能，原因是什么？

步骤 6：协议分析

开启路由器 RT-BJ 串口 Serial 4/0/0/的数据抓包，链路类型选择“PPP”。为了抓取 PAP 数据包，请先关闭（使用命令 [RT-BJ-Serial4/0/0] shutdown）路由器的串口 Serial 4/0/0，再重新打开（使用命令 [RT-BJ-Serial4/0/0] undo shutdown）该串口，使链路重新协商。

分析 RT-BJ 串口 Serial 4/0/0 重新打开后抓取的 PAP 数据包。

提示 · 思考 · 动手

✓ PAP 两次握手报文分别是什么？

✓ 利用 Wireshark 能抓取到用户名和密码吗？若能，用户名和密码分别是什么？请将抓取的包括用户名和密码的数据包的截图粘贴到实验报告中。

实验 3.1.3：CHAP 鉴别配置

任务要求

某学校网络的拓扑如图 3-4 所示，与实验 3.1.2 中的拓扑相同。考虑到 PAP 的安全性较低，决定使用CHAP进行身份鉴别，RT-BJ为验证方，BT-SZ为被验证方。端口的IP地址定义如表3-11所示，与实验3.1.2中的定义相同。请完成路由器PPP和CHAP鉴别的配置。

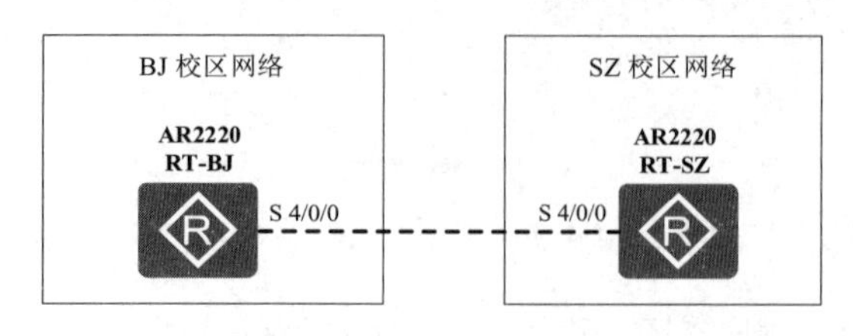

图3-4　通过广域网串行线互连两个校区网络

表3-11　端口IPv4地址和子网掩码定义

设备端口	IPv4地址	子网掩码
RT-BJ		
S 4/0/0	192.168.90.2	255.255.255.0
RT-SZ		
S 4/0/0	192.168.90.3	255.255.255.0

实验步骤

步骤1：加载拓扑

① 启动eNSP，在工具栏上单击“打开文件”图标，加载实验3.1.2的拓扑文件lab-3.1.2-PPP.PAP.topo。

② 单击工具栏中的“另存为”图标，将该拓扑另存为lab-3.1.3-PPP.CHAP.topo。

步骤2：启动设备

单击工具栏中的“开启设备”图标，启动全部设备。

步骤3：配置路由器串口采用PPP及其IP地址

按实验3.1.1的步骤完成路由器RT-BJ和RT-SZ的配置。

步骤4：配置路由器串口采用CHAP

① 配置路由器RT-BJ，将RT-BJ配置为CHAP验证方。在路由器RT-BJ的控制台窗口中输入以下命令：

```
<RT-BJ> system-view
# 配置串口 Serial 4/0/0 采用 CHAP 认证功能。
[RT-BJ] interface serial 4/0/0
[RT-BJ-Serial4/0/0] ppp authentication-mode chap
# 配置本端的用户名为 rt-bj，密码为 niceday。
[RT-BJ-Serial4/0/0] ppp chap user rt-bj
[RT-BJ-Serial4/0/0] ppp chap password cipher niceday
[RT-BJ-Serial4/0/0] quit
# 将 RT-BJ 配置为 CHAP 验证方。
# 配置 AAA。
[RT-BJ] aaa
```

```
# 显示 aaa 当前本地用户
[RT-BJ-aaa] display local-user
# 配置被验证方使用的用户名和密码。
# 用户名为 myoffice-chap，密码为 12345。用户名和密码存储在本地，加密保存。
[RT-BJ-aaa] local-user myoffice-chap password cipher 12345
[RT-BJ-aaa] local-user myoffice-chap service-type ppp
# 显示 aaa 当前本地用户。
[RT-BJ-aaa] display local-user
[RT-BJ-aaa] quit
# 关闭串口 Serial 4/0/0，再重新打开，使链路重新协商。
[RT-BJ] interface serial 4/0/0
[RT-BJ-Serial4/0/0] shutdown
[RT-BJ-Serial4/0/0] undo shutdown
[RT-BJ-Serial4/0/0] quit
# 查看串口 Serial 4/0/0 状态。
[RT-BJ] display interface serial 4/0/0
```

提示 · 思考 · 动手

- ✓ 请将创建的网络拓扑的截图粘贴到实验报告中。
- ✓ 请将路由器 RT-BJ 串口 Serial 4/0/0 配置 CHAP 后的状态信息填入表 3-12 中。

表 3-12　路由器 RT-BJ 串口 Serial 4/0/0 配置 CHAP 后的状态信息

路由器名称/串口号	
链路协议	
LCP 状态	
IPCP 状态	
物理链路类型	
IP 地址	

- ✓ 路由器 RT-BJ 能 ping 通路由器 RT-SZ 吗？请将 ping 结果的截图粘贴到实验报告中。若不能，请解释原因。

② 配置路由器 RT-SZ，将 RT-SZ 配置为 CHAP 被验证方。在路由器 RT-SZ 的控制台窗口中输入以下命令：

```
<RT-SZ> system-view
# 将 RT-SZ 配置为 CHAP 被验证方。
# 配置本端被对端验证时本端应发送的用户名和密码。
# 注意：验证方和被验证方的用户名和密码必须一致。
[RT-SZ] interface serial 4/0/0
[RT-SZ-Serial4/0/0] ppp chap user myoffice-chap
[RT-SZ-Serial4/0/0] ppp chap password cipher 12345
# 查看串口 Serial 4/0/0 状态。
[RT-SZ-Serial4/0/0] display interface serial 4/0/0
```

提示 · 思考 · 动手

✓ 请将路由器 RT-SZ 串口 Serial 4/0/0 配置 CHAP 后、但未重新打开时的状态信息填入表 3-13 中。

表 3-13　路由器 RT-SZ 串口 Serial 4/0/0 配置 CHAP 后未重新打开时的状态信息

路由器名称/串口号	
链路协议	
LCP 状态	
IPCP 状态	
物理链路类型	
IP 地址	

✓ 路由器 RT-BJ 能 ping 通路由器 RT-SZ 吗？请将 ping 结果的截图粘贴到实验报告中。若不能，原因是什么？

```
# 使链路重新协商。
# 先关闭串口 Serial 4/0/0。
[RT-SZ-Serial4/0/0] shutdown
# 再重新打开串口 Serial 4/0/0，使链路重新协商。
[RT-SZ-Serial4/0/0] undo shutdown
[RT-SZ-Serial4/0/0] quit
# 查看串口 Serial 4/0/0 状态。
[RT-SZ] display interface serial 4/0/0
```

提示 · 思考 · 动手

✓ 请将路由器 RT-SZ 串口 Serial 4/0/0 配置 CHAP 后重新打开后的状态信息填入表 3-14 中。

表 3-14　路由器 RT-SZ 串口 Serial 4/0/0 配置 CHAP 后重新打开后的状态信息

路由器名称/串口号	
链路协议	
LCP 状态	
IPCP 状态	
物理链路类型	
IP 地址	

步骤 5：测试验证

分别在路由器 RT-BJ 和 RT-SZ 的控制台窗口中输入以下命令，测试是否能相互通信：

```
ping 192.168.90.3
ping 192.168.90.2
```

提示 · 思考 · 动手

✓ 路由器 RT-BJ 能 ping 通路由器 RT-SZ 吗？请将 ping 命令执行结果的截图粘贴到实验报告中。若不能，原因是什么？

步骤 6：协议分析

开启路由器 RT-BJ 串口 Serial 4/0/0/的数据抓包，链路类型选择“PPP”。为了抓取 CHAP 数据包，请先关闭（使用命令 [RT-BJ-Serial4/0/0] shutdown）路由器的串口 Serial 4/0/0，再重新打开（使用命令 [RT-BJ-Serial4/0/0] undo shutdown）该串口，使链路重新协商。

分析 RT-BJ 串口 Serial 4/0/0 重新打开后抓取的 CHAP 数据包。

提示 · 思考 · 动手

- ✓ CHAP 三次握手报文分别是什么？
- ✓ 利用 Wireshark 能抓取到用户名和密码吗？若能，用户名和密码分别是什么？
- ✓ 请将 Wireshark 抓取的包括用户名和密码的数据截图粘贴到实验报告中。

实验 3.1.4：IP 地址协商

任务要求

某学校网络的拓扑如图 3-5 所示，与实验 3.1.3 中的拓扑相同。为保证通信安全，在实验 3.1.3 中在串行线路上配置了 PPP 和 CHAP 实现通信，但出现的问题是被验证方 IP 地址的配置经常不正确，导致无法正常通信。为解决这一问题，决定仍然使用 CHAP 进行身份鉴别，RT-BJ 为验证方，BT-SZ 为被验证方，但被验证方通过 IP 地址协商从验证方获得 IP 地址。端口的 IP 地址定义如表 3-15 所示。请完成路由器 PPP、CHAP 鉴别和 IP 地址协商的配置。

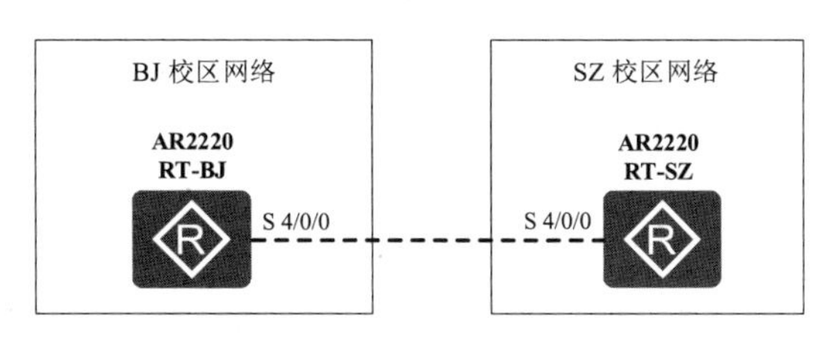

图 3-5　通过广域网串行线互连两个校区网络

表 3-15　端口 IPv4 地址和子网掩码定义

设备端口	IPv4 地址	子网掩码
RT-BJ		
S 4/0/0	192.168.90.2	255.255.255.0
可协商分配的 IP 地址范围	192.168.90.0～192.168.90.254	255.255.255.0

实验步骤

步骤 1：加载拓扑

① 启动 eNSP，单击工具栏中的“打开文件”图标，加载实验 3.1.3 的拓扑文件 lab-3.1.3-PPP.CHAP.topo。

② 单击工具栏中的“另存为”图标，将该拓扑另存为 lab-3.1.4-PPP.CHAP.IPneg.topo。

步骤 2：启动设备

单击工具栏中的“开启设备”图标▶，启动全部设备。

步骤 3：配置路由器串口采用 PPP 及其 IP 地址

按实验 3.1.3 的步骤完成路由器 RT-BJ 和 RT-SZ 的配置。

> **注意**：在此步骤中，仅为路由器 RT−BJ 的串口配置 IP 地址，不要为路由器 RT−SZ 的串口配置 IP 地址。

步骤 4：配置路由器串口采用 CHAP

按实验 3.1.3 的步骤完成路由器 RT-BJ 和 RT-SZ 的配置。

步骤 5：配置路由器串口采用 IP 地址协商

① 配置路由器 RT-BJ。在路由器 RT-BJ 的控制台窗口中输入以下命令：

```
<RT-BJ> system-view
# 创建全局地址池，用于为被验证方分配地址。全局地址池的名称为 1。
[RT-BJ] ip pool 1
# 配置全局地址池下可分配的网段地址。
[RT-BJ-ip-pool-1] network 192.168.90.0 mask 255.255.255.0
[RT-BJ-ip-pool-1] quit
# 查看地址池信息。
[RT-BJ] display ip pool name 1
# 配置串口 Serial 4/0/0，为被验证方从指定地址池分配 IP 地址。
[RT-BJ] interface serial 4/0/0
[RT-BJ-Serial4/0/0] remote address pool 1
# 也可以为被验证方分配指定的 IP 地址，例如 192.168.90.8。
# [RT-BJ-Serial4/0/0] remote address 192.168.90.8
# 关闭串口 Serial 4/0/0，再重新打开，使链路重新协商。
[RT-BJ-Serial4/0/0] shutdown
[RT-BJ-Serial4/0/0] undo shutdown
[RT-BJ-Serial4/0/0] quit
# 查看串口 Serial 4/0/0 状态。
[RT-BJ] display interface serial 4/0/0
```

提示·思考·动手

- ✓ 请将创建的网络拓扑的截图粘贴到实验报告中。
- ✓ 请将全局地址池 1 信息的截图粘贴到实验报告中。
- ✓ 请将路由器 RT-BJ 串口 Serial 4/0/0 配置 CHAP 后的状态信息填入表 3-16 中。

表 3-16　路由器 RT-BJ 串口 Serial 4/0/0 配置 CHAP 后重新打开后的状态信息

路由器名称/串口号	
链路协议	
LCP 状态	
IPCP 状态	
物理链路类型	
IP 地址	

② 配置路由器 RT-SZ。在路由器 RT-SZ 的控制台窗口中输入以下命令：

```
<RT-SZ> system-view
# 配置串口 Serial 4/0/0 通过地址协商从验证方分配 IP 地址。
[RT-SZ] interface serial 4/0/0
[RT-SZ-Serial4/0/0] ip address ppp-negotiate
[RT-SZ-Serial4/0/0] quit
# 查看串口 Serial 4/0/0 状态。
[RT-SZ] display interface serial 4/0/0
```

提示 · 思考 · 动手

✓ 请将路由器 RT-SZ 串口 Serial 4/0/0 地址协商生效前的状态信息填入表 3-17 中。

表 3-17　路由器 RT-SZ 串口 Serial 4/0/0 地址协商生效前的状态信息

路由器名称/串口号	
链路协议	
LCP 状态	
IPCP 状态	
物理链路类型	
IP 地址	

✓ 路由器 RT-BJ 能 ping 通路由器 RT-SZ 吗？请将 ping 结果的截图粘贴到实验报告中。若不能，原因是什么？

```
# 使链路重新协商。先关闭串口 Serial 4/0/0，再重新打开。
[RT-SZ] interface serial 4/0/0
[RT-SZ-Serial4/0/0] shutdown
[RT-SZ-Serial4/0/0] undo shutdown
[RT-SZ-Serial4/0/0] quit
```

提示 · 思考 · 动手

✓ 请将路由器 RT-SZ 串口 Serial 4/0/0 地址协商生效后的状态信息填入表 3-18 中。

表 3-18　路由器 RT-SZ 串口 Serial 4/0/0 地址协商生效后的状态信息

路由器名称/串口号	
链路协议	
LCP 状态	
IPCP 状态	
物理链路类型	
IP 地址	

步骤 6：测试验证

分别在路由器 RT-BJ 和 RT-SZ 的控制台窗口中输入以下命令，测试是否能相互通信：

```
ping RT-SZ 的 IP 地址
```

```
ping 192.168.90.2
```

提示·思考·动手

- ✓ 命令 ip address ppp-negotiate 的作用是什么？
- ✓ 路由器 RT-BJ 能 ping 通路由器 RT-SZ 吗？请将 ping 结果的截图粘贴到实验报告中。若不能，原因是什么？

步骤 7：协议分析

开启路由器 RT-BJ 串口 Serial 4/0/0/的数据抓包，链路类型选择“PPP”。为了抓取地址协商数据包，请先关闭（使用命令 [RT-BJ-Serial4/0/0] shutdown）路由器的串口 Serial 4/0/0，再重新打开（使用命令 [RT-BJ-Serial4/0/0] undo shutdown）该串口，使链路重新协商。

提示·思考·动手

- ✓ 分析抓取到的 PPP 地址协商数据包。PPP 使用哪个协议、哪种报文为对端分配 IP 地址？请将该报文信息的截图粘贴在实验报告中。

3.2 交换机 MAC 地址表管理

实验目的

1. 掌握并理解以太网交换机的自学习算法。
2. 掌握 MAC 地址表及表项的管理和配置方法。
3. 理解以太网交换机转发原理和 MAC 地址表对帧转发的影响。

实验装置和工具

1. 华为 eNSP 软件。
2. ping。

实验原理（背景知识）

1. 学习和转发

以太网交换机工作在数据链路层。当交换机从某个端口收到一个帧时，它并不是向所有的接口转发此帧，而是根据此帧的目的 MAC 地址，查找交换机中的交换表（又称为 MAC 地址表），然后将该帧转发到某个端口（称为转发），或者把它丢弃（称为过滤）。

以太网交换机运行自学习算法自动维护交换表。交换机从某端口收到一数据帧后，先进行自学习，之后进行帧的转发处理。

首先取得源 MAC 地址，然后查找交换表，确定其中是否有与收到帧的源地址相匹配的 MAC 地址。若没有，就在交换表中增加一个表项，记录源 MAC 地址、所属 VLAN、进入的端口和老化时间。若有，则更新原有的表项，更新其进入的端口和老化时间。

然后取得目的地址，查找交换表，检查是否有与收到帧的目的 MAC 地址相匹配的地址。若没有，则向所有其他端口（进入的端口除外）转发（称之为广播）。若有，则检查该 MAC 地址所在端口是否与帧进入的端口相同。若相同，即交换表中给出的端口就是该帧进入交换机的端口，则丢弃这个帧。若不同，且端口处于转发（Forwarding）状态，则按交换表中给出的端口进行转发（称之为单播）。

2. MAC 地址表

以太网交换机基于 MAC 地址表（或交换表）进行转发。MAC 地址表记录了 MAC 地址与交换机端口的对应关系，以及端口所属的 VLAN 等信息，其结构如表 3-19 所示。每个表项包括 4 个属性：MAC 地址、VLAN 标识（VLAN ID）、端口和有效时间（称为老化时间）。一般情况下，MAC 地址表由交换机通过学习源 MAC 地址自动生成。

表 3-19　MAC 地址表

MAC 地址	VLAN 标识（VLAN ID）	端口	老化时间（秒）
1111-2222-3333	10	GE 0/0/1	300
1111-2222-4444	20	GE 0/0/2	300
1111-2222-5555	100	GE 0/0/10	300

为适应网络拓扑的变化和网卡的更换，MAC 地址表需要不断更新。MAC 地址表中自动生成的表项（即动态表项）并非永远有效，每一条表项都有一个生存周期，到达生存周期仍得不到刷新的表项将被删除，这个生存周期被称作老化时间。如果在到达生存周期前某表项被更新，则重新计算该表项的老化时间。

3. MAC 地址表项分类

MAC 地址表中的表项一般分为三类：动态表项、静态表项和黑洞表项。这些表项的特点和作用如表 3-20 所示。

表 3-20　MAC 地址表项类别及其特点和作用

表项类型	特点	作用
动态表项	• 通过学习帧中的源 MAC 地址获得。可被更新和老化。 • 如果帧的入端口与该表项中的端口不同，则进行 MAC 地址学习，并覆盖该表项。 • 如果帧的入端口与该表项中的接口相同，则转发该报文，并更新该表项老化时间。 • 在系统复位、接口板热插拔或接口板复位后，表项会丢失	• 通过查看动态 MAC 地址表项，可以判断两台相连设备之间是否有数据转发。 • 通过查看指定动态 MAC 地址表项的个数，可以获取端口下通信的设备数
静态表项	• 由用户手工配置。不可老化。 • 在系统复位、接口板热插拔或接口板复位后，表项不会丢失。 • 端口和 MAC 地址静态绑定后，其他端口收到源 MAC 地址是该 MAC 地址的帧被丢弃。 • 一条静态表项只能绑定一个端口。 • 一个端口和 MAC 地址静态绑定后，不会影响该端口动态表项的学习	• 通过端口和 MAC 地址的静态绑定，可以防止其他用户使用该 MAC 地址进行攻击，保护授权用户的安全访问

续表

表项类型	特点	作用
黑洞表项	• 由用户手工配置。不可老化。 • 在系统复位、接口板热插拔或接口板复位后，表项不会丢失。 • 配置黑洞 MAC 地址后，源 MAC 地址或目的 MAC 地址是该 MAC 地址的帧被丢弃	• 通过配置黑洞 MAC 地址表项，可以过滤掉非法用户，防止攻击

实验 3.2.1：配置静态 MAC 地址表项

以太网交换机通过学习数据帧的源 MAC 地址自动建立 MAC 地址表时，无法区分该数据帧来自合法用户还是非法用户，带来了安全隐患。如果非法用户将攻击数据帧的源 MAC 地址伪装成合法用户的 MAC 地址，并从交换机的其他接口进入，那么交换机就会学习到错误的 MAC 地址表项，于是将本应转发给合法用户的数据帧转发给了非法用户。为了提高安全性，网络管理员可手工在 MAC 地址表中加入特定 MAC 地址表项，将用户设备与接口绑定，从而防止非法用户骗取数据。

静态 MAC 地址表项一般是为了防止假冒身份的非法用户骗取数据，由网络管理员手动在 MAC 地址表中添加合法用户的 MAC 地址后所生成的表项。静态 MAC 地址表项有如下特性：

- 表项不会老化，保存后设备重启不会消失，只能手动删除。
- 表项中指定的 VLAN 必须已经创建，且已经加入绑定的端口。
- 表项中指定的 MAC 地址必须是单播 MAC 地址，不能是组播和广播 MAC 地址。
- 表项的优先级高于动态 MAC 地址表项。

任务要求

某学校的学生管理部门已组建了交换式以太网，网络拓扑结构如图 3-6 所示。使用 1 台型号为 S5700 的第三层以太网交换机 LSW1 将 2 台计算机和 1 台服务器互连在一起。为避免交换机在转发目的 MAC 地址为服务器 MAC 地址的数据帧时进行广播，要求在交换机上将服务器的 MAC 地址设置为静态表项，使交换机始终通过端口 GE 0/0/2 单播发送去往服务器的数据帧，同时把 PC-1 和 PC-2 的 MAC 地址与端口静态绑定，使其只能在从指定端口接入时才能访问服务器。PC 和服务器的 IPv4 地址和子网掩码定义如表 3-21 所示。请在交换机上配置静态 MAC 地址。

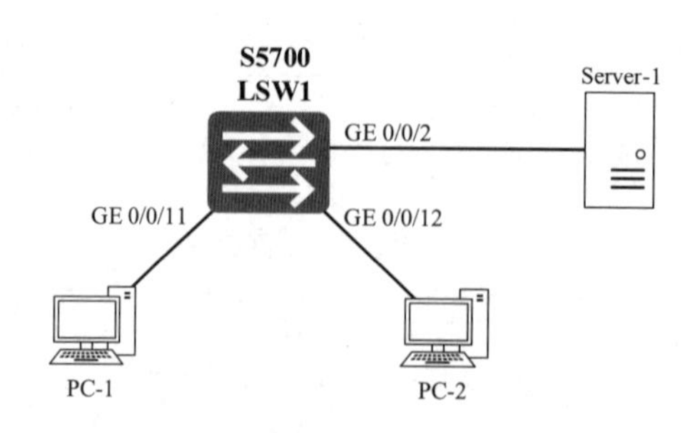

图 3-6　学生管理部门的交换式以太网

表 3-21　PC 和服务器的 IPv4 地址和子网掩码定义

	IPv4 地址	子网掩码
PC-1	192.168.100.11	255.255.255.0
PC-2	192.168.100.12	255.255.255.0
Server-1	192.168.100.2	255.255.255.0

实验步骤

步骤 1：创建拓扑

① 启动 eNSP。

② 单击工具栏中的“新建拓扑”图标。

③ 向空白工作区中添加 1 台 S5700 交换机、2 台 PC 和 1 台服务器。

④ 将 PC 和服务器连接到交换机的指定端口。

⑤ 为交换机、PC 和服务器命名。

步骤 2：为 PC 和服务器配置 IPv4 地址和子网掩码

① 分别双击 PC 和 Server，在各自弹出的配置窗口中选中“基础配置”标签，为其配置 IPv4 地址和子网掩码。

② 配置完毕后，单击工具栏中的“保存”图标，保存拓扑到指定目录，将文件命名为 lab-3.2.1-MAC.Static.topo。

步骤 3：启动设备

单击工具栏中的“开启设备”图标，启动全部设备。

步骤 4：通信测试

分别双击 PC-1 和 PC-2，在各自弹出的配置窗口中选中“命令行”标签。分别在它们的命令窗口中输入以下命令，测试 PC-1、PC-2 是否能相互通信，是否能与 Server-1 通信：

```
ping 192.168.100.11
ping 192.168.100.12
ping 192.168.100.2
```

双击 Server-1，选中“基础配置”标签。在“PING 测试”选项卡中，在“目的 IPv4”中分别输入 PC-1 和 PC-2 的 IPv4 地址，在“次数”中输入大于 0 的正整数，例如 4，测试 Server-1 是否能与 PC-1 和 PC-2 通信。

提示 · 思考 · 动手

- ✓ 请将创建的网络拓扑的截图粘贴到实验报告中。
- ✓ PC-1 能 ping 通 PC-2 吗？请将 ping 命令执行结果的截图粘贴到实验报告中。
- ✓ Server-1 能 ping 通 PC-1 吗？请将 ping 命令执行结果的截图粘贴到实验报告中。

步骤 5：配置静态 MAC 地址表项

双击工作区中交换机 LSW1 的图标，打开控制台窗口，在命令提示符下输入以下命令（注：

开始的为注释，不必输入)：

```
# 进入系统视图，为交换机命名。
<huawei> system-view
[huawei] sysname LSW1
# 显示交换机MAC地址表。
[LSW1] display mac-address
# 显示交换机MAC地址表的静态表项和动态表项。
[LSW1] display mac-address static
[LSW1] display mac-address dynamic
# 显示交换机端口GE 0/0/2的MAC地址表项。
[LSW1] display mac-address gigabitethernet 0/0/2
# 显示交换机端口GE 0/0/2的静态表项和动态表项。。
[LSW1] display mac-address static gigabitethernet 0/0/2
[LSW1] display mac-address dynamic gigabitethernet 0/0/2
# 显示交换机 VLAN 1的MAC地址表项。
[LSW1] display mac-address vlan 1
# 显示交换机 VLAN 1的静态表项和动态表项。
[LSW1] display mac-address static vlan 1
[LSW1] display mac-address dynamic vlan 1
```

提示 · 思考 · 动手

- ✓ 请将配置静态 MAC 地址表项前的交换机 LSW1 的 MAC 地址表的截图粘贴到实验报告中。
- ✓ 交换机 LSW1 学习到了几个 MAC 地址？与端口连接的 PC 和 Server 有什么关系？
- ✓ 如何确认交换机学习的是源 MAC 地址而不是目的 MAC 地址？请说明验证方法。

```
# 配置静态MAC地址表项。
# 添加Server-1对应的静态MAC地址表项。默认时，所有端口都属于虚拟局域网 VLAN 1。
# MAC地址格式为：xxxx-xxxx-xxxx，例如：5489-9841-80E3。
[LSW1] mac-address static Server-1的MAC地址 gigabitethernet 0/0/2 vlan 1
# 添加PC对应的静态MAC地址表项。默认时，所有端口都属于VLAN 1。
[LSW1] mac-address static PC-1的MAC地址 gigabitethernet 0/0/11 vlan 1
[LSW1] mac-address static PC-2的MAC地址 gigabitethernet 0/0/12 vlan 1
# 显示交换机MAC地址表。
[LSW1] display mac-address
# 显示交换机MAC地址表的静态表项和动态表项。
[LSW1] display mac-address static
[LSW1] display mac-address dynamic
```

提示 · 思考 · 动手

- ✓ 请将配置静态 MAC 地址表项后的交换机 LSW1 的 MAC 地址表的静态表项截图粘贴到实验报告中。

步骤 6：测试验证

① 通信测试。分别在 PC-1 和 PC-2 的命令窗口中输入以下命令，测试 PC-1 是否能与 PC-2 相互通信，是否能与 Server-1 通信：

```
ping 192.168.100.11
ping 192.168.100.12
ping 192.168.100.2
```

提示 · 思考 · 动手

- ✓ PC-1 能 ping 通 PC-2 吗？请将 ping 命令执行结果的截图粘贴到实验报告中。
- ✓ Server-1 能 ping 通 PC-1 吗？请将 ping 命令执行结果的截图粘贴到实验报告中。

② 切换 PC-1 的接入端口。删除 PC-1 与交换机端口 GE 0/0/11 的连线，重新将 PC-1 连入交换机的端口 GE 0/0/15。

在 PC-1 和 PC-2 命令窗口中输入以下命令，测试 PC-1 和 PC-2 是否能相互通信，是否能与 Server-1 通信：

```
ping 192.168.10.11
ping 192.168.10.12
ping 192.168.10.2
```

提示 · 思考 · 动手

- ✓ 请将 PC-1 接入新端口后的交换机 LSW1 的 MAC 地址表的截图粘贴到实验报告中。
- ✓ PC-1 能 ping 通 PC-2 吗？请将 ping 命令执行结果的截图粘贴到实验报告中。
- ✓ PC-1 能 ping 通 Server-1 吗？请将 ping 命令执行结果的截图粘贴到实验报告中。
- ✓ PC-2 能 ping 通 Server-1 吗？请将 ping 命令执行结果的截图粘贴到实验报告中。

步骤 7：删除静态表项

在交换机 LSW1 的控制台窗口中输入以下命令：

```
# 进入系统视图。
<LSW1> system-view
# 删除 PC-1 MAC 地址的静态表项。
# MAC 地址格式为：xxxx-xxxx-xxxx，例如：5489-9841-80E3
[LSW1] undo mac-address static PC-1 的 MAC 地址 gigabitethernet 0/0/11 vlan 1
# 显示交换机 MAC 地址表。
[LSW1] display mac-address
# 显示交换机 MAC 地址表的静态表项。
[LSW1] display mac-address static
```

提示 · 思考 · 动手

- ✓ PC-1 能 ping 通 PC-2 吗？请将 ping 命令结果的截图粘贴到实验报告中。
- ✓ Server-1 能 ping 通 PC-1 吗？请将 ping 结果的截图粘贴到实验报告中。

实验 3.2.2：配置黑洞 MAC 地址表项

黑洞 MAC 地址表项通常被称为黑名单。配置黑洞 MAC 地址表项可以防止非法用户攻击。当交换机收到的帧的源 MAC 地址或者目的 MAC 地址是配置的黑洞 MAC 地址时，就直接丢弃该帧。

华为交换机提供两种配置黑洞 MAC 地址的方式：

1．全局黑洞 MAC 地址：交换机收到源或目的为此 MAC 地址的帧时丢弃帧。

2．基于 VLAN 的黑洞 MAC 地址：在指定 VLAN 中收到源或目的为此 MAC 地址的帧时丢弃帧。

任务要求

某学校的学生管理部门已组建的交换式以太网如图 3-7 所示，与实验 3.2.1 中的拓扑相同。在实验 3.2.1 中完成了 MAC 静态地址表项的配置，实现了指定 PC 和服务器之间的通信。现发现 PC-2 的用户经常未授权访问服务器，需要禁止 PC-2 对网络的访问，为此需要将 PC-2 的 MAC 地址配置为黑洞 MAC 地址。PC 和服务器的 IPv4 地址和子网掩码定义如表 3-22 所示，与实验 3.2.1 中的定义相同。请在交换机上配置黑洞 MAC 地址。

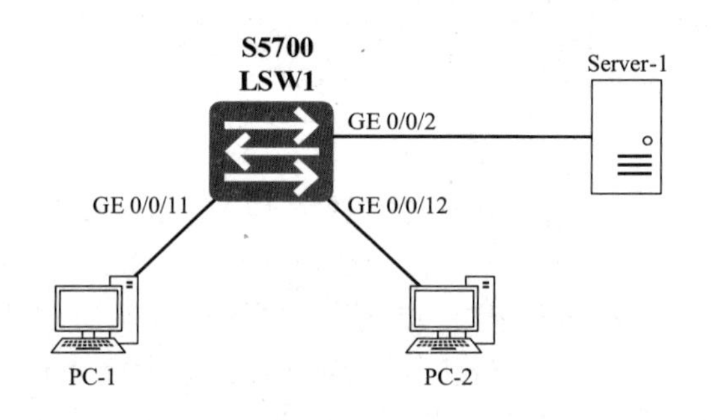

图 3-7　学生管理部门的交换式以太网

表 3-22　PC 和服务器的 IPv4 地址和子网掩码定义

	IPv4 地址	子网掩码
PC-1	192.168.100.11	255.255.255.0
PC-2	192.168.100.12	255.255.255.0
Server-1	192.168.100.2	255.255.255.0

实验步骤

步骤 1：加载拓扑

① 启动 eNSP，单击工具栏中的“打开文件”图标，加载实验 3.2.1 的拓扑文件 lab-3.2.1-MAC.Static.topo。

② 按定义配置各 PC 和 Server 的 IP 地址和子网掩码。

③ 单击工具栏中的“另存为”图标，将该拓扑另存为 lab-3.2.2-MAC.Blackhole.topo。

步骤 2：启动设备

单击工具栏中的“开启设备”图标▶，启动全部设备。

步骤 3：通信测试

分别双击 PC-1 和 PC-2，在各自弹出的配置窗口中选中“命令行”标签。分别在它们的命令窗口中输入以下命令，测试 PC-1 与 PC-2 是否能相互通信，是否能与 Server-1 通信：

```
ping 192.168.100.11
ping 192.168.100.12
ping 192.168.100.2
```

双击 Server-1，选中“基础配置”标签。在“PING 测试”区中，在“目的 IPv4”中分别输入 PC-1 和 PC-2 的 IPv4 地址，在“次数”中输入大于 0 的正整数，例如 4，测试 Server-1 是否能与 PC-1 和 PC-2 通信。

注：在继续下一步之前，应保证 PC−1、PC−2 和 Server−1 之间能相互通信。若不能通信，请按实验 3.2.1 中的步骤 2 连接 PC 和服务器，并设置它们的 IP 地址。但不要对交换机进行配置。

步骤 4：配置黑洞 MAC 地址表项

双击工作区中交换机 LSW1 的图标，打开控制台窗口，在命令提示符下输入以下命令：

```
# 进入系统视图，为交换机命名。
<huawei> system-view
[huawei] sysname LSW1
[LSW1] display mac-address
# 显示交换机 MAC 地址表的黑洞表项。
[LSW1] display mac-address blackhole
# 显示交换机 VLAN 1 的黑洞表项。
[LSW1] display mac-address blackhole vlan 1
```

提示 · 思考 · 动手

- ✓ 请将创建的网络拓扑的截图粘贴到实验报告中。
- ✓ 请将交换机 LSW1 配置前的黑洞 MAC 地址表项的截图粘贴到实验报告中。

```
# 配置基于 VLAN 的黑洞 MAC 地址。
# 将 PC-2 的 MAC 地址添加为黑洞表项。默认时，所有端口都属于虚拟局域网 VLAN 1。
# MAC 地址格式为：xxxx-xxxx-xxxx，例如：5489-9841-80E3
[LSW1] mac-address blackhole PC-2 的 MAC 地址 vlan 1
[LSW1] display mac-address
[LSW1] display mac-address blackhole
[LSW1] display mac-address blackhole vlan 1
```

提示 · 思考 · 动手

- ✓ 请将交换机 LSW1 配置后的 VLAN 1 的黑洞 MAC 地址表项截图粘贴到实验报告中。

步骤 5：测试验证

分别在 PC-1 和 PC-2 的命令窗口中输入以下命令，测试 PC-1 与 PC-2 是否能相互通信，是否能与 Server-1 通信：

```
ping 192.168.100.11
ping 192.168.100.12
ping 192.168.100.2
```

提示 · 思考 · 动手

- ✓ PC-1 能 ping 通 PC-2 吗？请将 ping 命令执行结果的截图粘贴到实验报告中。
- ✓ Server-1 能 ping 通 PC-1 吗？请将 ping 命令执行结果的截图粘贴到实验报告中。
- ✓ Server-1 能 ping 通 PC-2 吗？请将 ping 命令执行结果的截图粘贴到实验报告中。

步骤 6：删除黑洞表项

在交换机 LSW1 的控制台窗口中输入以下命令：

```
<LSW1> system-view
# 删除 PC-2 MAC 地址的黑洞表项。
# MAC 地址格式为：xxxx-xxxx-xxxx，例如：5489-9841-80E3
[LSW1] undo mac-address blackhole PC-2 的 MAC 地址 vlan 1
# 显示交换机 MAC 地址表。
[LSW1] display mac-address
# 显示交换机 MAC 地址表的黑洞表项。
[LSW1] display mac-address blackhole
```

实验 3.2.3：配置 MAC 地址的老化时间

随着网络拓扑的不断变化，交换机将会学习到越来越多的 MAC 地址。为了避免 MAC 地址表项的爆炸式增长，需要合理配置动态 MAC 地址表项的老化时间，及时删除 MAC 地址表中废弃的 MAC 地址表项。老化时间越短，交换机对周边的网络变化越敏感，适合在网络拓扑变化比较频繁的环境；老化时间越长，交换机对周边的网络变化越不敏感，适合在网络拓扑比较稳定的环境。

注：老化时间为 0 时，可以固化 MAC 地址，即 MAC 地址表项永不老化。如果想要清除已经固化的 MAC 地址，可以先设置老化时间为非 0，然后系统将在两倍老化时间后自动清除该地址。

任务要求

某学校的学生管理部门已组建的交换式以太网如图 3-8 所示，与实验 3.2.1 中的网络拓扑相同。近来比较频繁地对不同网卡进行测试，导致交换机的 MAC 地址表项数量增长过快。为避免 MAC 地址表项数量的快速增长，将交换机的 MAC 地址的老化时间修改为 60 秒。PC

和服务器的 IPv4 地址和子网掩码定义如表 3-23 所示，与实验 3.2.1 中的定义相同。请完成系统配置。

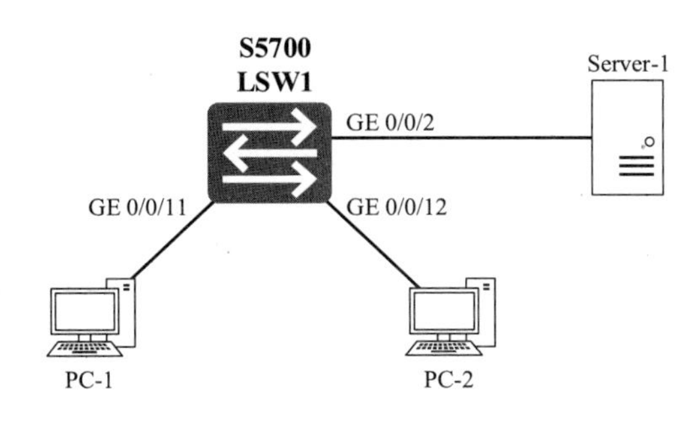

图 3-8　学生管理部门的交换式以太网

表 3-23　PC 和服务器的 IPv4 地址和子网掩码定义

	IPv4 地址	子网掩码
PC-1	192.168.100.11	255.255.255.0
PC-2	192.168.100.12	255.255.255.0
Server-1	192.168.100.2	255.255.255.0

实验步骤

步骤 1：加载拓扑

① 启动 eNSP，单击工具栏中的“打开文件”图标，加载实验 3.2.1 的拓扑文件 lab-3.2.1-MAC.Static.topo。

② 按定义配置各 PC 和 Server 的 IP 地址和子网掩码。

③ 单击工具栏中的“另存为”图标，将该拓扑另存为 lab-3.2.3-MAC.AgingTime.topo。

步骤 2：启动设备

单击工具栏中的“开启设备”图标，启动全部设备。

步骤 3：通信测试

分别双击 PC-1 和 PC-2，在各自弹出的配置窗口中选中“命令行”标签。分别在它们的命令窗口中输入以下命令，测试 PC-1 与 PC-2 是否能相互通信，是否能与 Server-1 通信：

```
ping 192.168.100.11
ping 192.168.100.12
ping 192.168.100.2
```

双击 Server-1，选中“基础配置”标签。在“PING 测试”选项卡中，在“目的 IPv4”中分别输入 PC-1 和 PC-2 的 IPv4 地址，在“次数”中输入大于 0 的正整数，例如 4，测试 Server-1 是否能与 PC-1 和 PC-2 通信。

注：在继续下一步之前，应保证 PC-1、PC-2 和 Server-1 之间能相互通信。若不能通信，请按实验 3.2.1 中的步骤 2 连接 PC 和服务器，并设置它们的 IP 地址。但不要对交换机进行配置。

步骤 4：配置动态 MAC 地址表项的老化时间

双击工作区中交换机 LSW1 的图标，打开控制台窗口，在命令提示符下输入以下命令：

```
# 进入系统视图，为交换机命名。
<huawei> system-view
[huawei] sysname LSW1
# 显示动态 MAC 地址表项的默认或当前老化时间。
[LSW1] display mac-address aging-time
# 显示交换机 MAC 地址表的动态表项。
[LSW1] display mac-address dynamic
```

提示 · 思考 · 动手

- ✓ 请将创建的网络拓扑的截图粘贴到实验报告中。
- ✓ 交换机 LSW1 配置前的动态 MAC 地址表项的默认或当前老化时间是多少？请将其老化时间的截图粘贴到实验报告中。

```
# 设置动态 MAC 地址表项老化时间为 30 秒。
[LSW1] mac-address aging-time 30
# 显示动态 MAC 地址表项的默认或当前老化时间。
[LSW1] display mac-address aging-time
```

提示 · 思考 · 动手

- ✓ 交换机 LSW1 配置后的动态 MAC 地址表项的当前老化时间是多少？请将其老化时间的截图粘贴到实验报告中。

步骤 5：验证测试

① 更新动态 MAC 地址表项。分别在 PC-1 和 PC-2 的命令窗口中输入以下命令，测试 PC-1 和 PC-2 是否能相互通信，是否能与 Server-1 通信：

```
ping 192.168.100.11
ping 192.168.100.12
ping 192.168.100.2
```

② 查看动态地址表项的变化。等待例如 30 秒或更长时间后，在交换机 LSW1 的控制台窗口中输入以下命令，查看其 MAC 地址表的动态表项：

```
# 显示交换机 MAC 地址表的动态表项。
[LSW1] display mac-address dynamic
```

提示 · 思考 · 动手

- ✓ 等待足够时间后，交换机 LSW1 动态 MAC 地址表项被清除了吗？请将其当前 MAC 地址表的截图粘贴到实验报告中。

✓ 若未被清除，请解释原因（提示：PC 和服务器等会定期发送 ARP 请求）。

步骤 6：恢复老化时间

在交换机 LSW1 的控制台窗口中输入以下命令：

```
<LSW1> system-view
# 撤销老化时间设置，恢复为默认老化时间。
[LSW1] undo mac-address aging-time 30
# 显示动态 MAC 地址表项的老化时间。
[LSW1] display mac-address aging-time
```

实验 3.2.4：禁用/开启端口的 MAC 地址学习功能

为提高设备的安全性，可以指定某些端口只允许某些 MAC 地址的帧通过。例如某端口固定与某台服务器相连，可以在该端口上配置该服务器的静态 MAC 地址，且关闭该端口的 MAC 地址学习功能，指定动作为丢弃，这样其他服务器或设备将无法通过该端口通信，从而增强网络的稳定性和安全性。

默认情况下，交换机的 MAC 地址学习功能都是开启的。若禁用 MAC 地址学习功能，交换机在收到数据帧时将不会学习 MAC 地址，但之前学习到的动态表项不会被立即删除，而是需要等待老化时间到达后再老化删除，或手工执行删除 MAC 地址表项命令进行删除。

交换机控制 MAC 地址学习功能的方式有两种：禁用/开启端口的 MAC 地址学习功能和禁用/开启 VLAN 的 MAC 地址学习功能。

任务要求

某学校的学生管理部门已组建的交换式以太网如图 3-9 所示，与实验 3.2.1 中的拓扑相同。近来发现经常有一些电脑接入交换机端口 GE 0/0/11 并访问服务器。为防止非法访问，保证网络安全，决定禁用端口 GE 0/0/11 的 MAC 地址学习功能，丢弃所有源 MAC 地址不匹配的帧。PC 和服务器的 IPv4 地址和子网掩码定义如表 3-24 所示，与实验 3.2.1 中的定义相同。请完成系统配置。

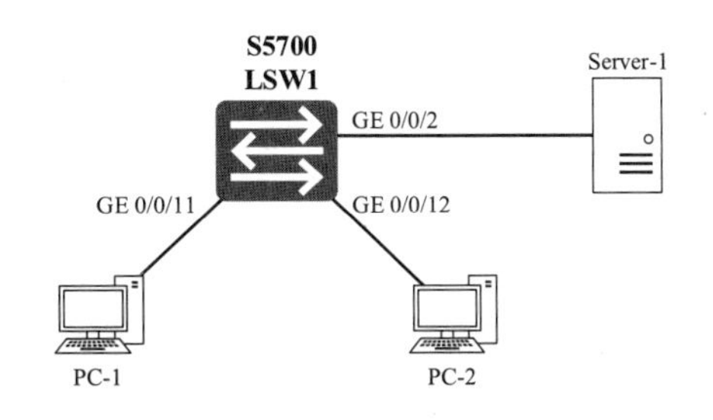

图 3-9　学生管理部门的交换式以太网

表 3-24　PC 和服务器的 IPv4 地址和子网掩码定义

	IPv4 地址	子网掩码
PC-1	192.168.100.11	255.255.255.0

续表

	IPv4 地址	子网掩码
PC-2	192.168.100.12	255.255.255.0
Server-1	192.168.100.2	255.255.255.0

实验步骤

步骤 1：加载拓扑

① 启动 eNSP，单击工具栏中的“打开文件”图标，加载实验 3.2.1 的拓扑文件 lab-3.2.1-MAC.Static.topo。

② 按定义配置各 PC 和 Server 的 IP 地址和子网掩码。

③ 单击工具栏中的“另存为”图标，将该拓扑另存为 lab-3.2.4-MAC.Disabled.topo。

步骤 2：启动设备

单击工具栏中的“开启设备”图标，启动全部设备。

步骤 3：通信测试

分别双击 PC-1 和 PC-2，在各自弹出的配置窗口中选中“命令行”标签。分别在它们的命令窗口中输入以下命令，测试 PC-1 与 PC-2 是否能相互通信，是否能与 Server-1 通信：

```
ping 192.168.100.11
ping 192.168.100.12
ping 192.168.100.2
```

双击 Server-1，选中“基础配置”标签。在“PING 测试”区中，在“目的 IPv4”中分别输入 PC-1 和 PC-2 的 IPv4 地址，在“次数”中输入大于 0 的正整数，例如 4，测试 Server-1 是否能与 PC-1 和 PC-2 通信。

> **注**：在继续下一步之前，应保证 PC-1、PC-2 和 Server-1 之间能相互通信。若不能通信，请按实验 3.2.1 中的步骤 2 连接 PC 和服务器，并设置它们的 IP 地址。但不要对交换机进行配置。

步骤 4：禁用端口的 MAC 地址学习功能

双击工作区中交换机 LSW1 的图标，打开控制台窗口，在提示符下输入以下命令：

```
# 进入系统视图，为交换机命名。
<huawei> system-view
[huawei] sysname LSW1
# 显示交换机 MAC 地址表。
[LSW1] display mac-address
```

提示 · 思考 · 动手

- ✓ 请将创建的网络拓扑的截图粘贴到实验报告中。
- ✓ 请将交换机 LSW1 配置前的 MAC 地址表的截图粘贴到实验报告中。
- ✓ PC-1 能 ping 通 PC-2 吗？请将 ping 命令执行结果的截图粘贴到实验报告中。
- ✓ Server-1 能 ping 通 PC-1 吗？请将 ping 命令执行结果的截图粘贴到实验报告中。

```
# 禁止端口学习 MAC 地址，丢弃源 MAC 地址不匹配的帧。
# action 为 discard（丢弃）时，帧的源 MAC 地址与静态 MAC 地址表匹配则通过，否则丢弃。
# action 为 forward（转发）时，按照帧的目的 MAC 地址转发（默认配置）。
[LSW1] interface gigabitethernet 0/0/11
[LSW1-GigabitEthernet0/0/11] mac-address learning disable action discard
[LSW1] quit
[LSW1] display mac-address
```

步骤 5：测试验证

① 重新连线。删除 PC-1 和 PC-2 与交换机端口 GE 0/0/11 和 GE 0/0/12 的连线，然后重新将 PC-1 连入交换机的端口 GE 0/0/12，将 PC-2 连入交换机的端口 GE 0/0/11。

② 测试端口的 MAC 地址学习功能是否被禁用。分别在 PC-1 和 PC-2 的命令窗口中输入以下命令，测试 PC-1 与 PC-2 是否能相互通信，是否能与 Server-1 通信：

```
ping 192.168.100.11
ping 192.168.100.12
ping 192.168.100.2
```

提示 · 思考 · 动手

- ✓ 请将重新连线后的网络拓扑的截图粘贴到实验报告中。
- ✓ 交换机 LSW1 学习到 PC-1 和 PC-2 的 MAC 地址了吗？请将其 MAC 地址表的截图粘贴到实验报告中。
- ✓ PC-1 能 ping 通 PC-2 吗？请将 ping 命令执行结果的截图粘贴到实验报告中。若不能 ping 通，请解释原因。
- ✓ PC-1 能 ping 通 Server-1 吗？请将 ping 命令执行结果的截图粘贴到实验报告中。若不能 ping 通，请解释原因。
- ✓ PC-2 能 ping 通 Server-1 吗？请将 ping 命令执行结果的截图粘贴到实验报告中。若不能 ping 通，请解释原因。

步骤 6：开启端口的 MAC 地址学习功能

在交换机 LSW1 的控制台窗口中输入以下命令：

```
<LSW1> system-view
# 开启端口的 MAC 地址学习功能。
[LSW1] interface gigabitethernet 0/0/11
```

```
[LSW1-GigabitEthernet0/0/11] undo mac-address learning disable action discard
[LSW1-GigabitEthernet0/0/11] quit
```

在 PC-2 命令窗口中输入以下命令，测试其是否能与 Server-1 通信：

```
ping 192.168.100.2
```

提示·思考·动手

- ✓ 交换机 LSW1 学习到 PC-2 的 MAC 地址了吗？请将其 MAC 地址表的截图粘贴到实验报告中。
- ✓ PC-2 能 ping 通 Server-1 吗？请将 ping 命令执行结果的截图粘贴到实验报告中。若不能 ping 通，请解释原因。

3.3 STP 配置与分析

实验目的

1. 理解 STP 的作用、概念和工作过程。
2. 掌握交换机启用和禁用 STP 的方法。
3. 掌握修改交换机 STP 模式的方法。

实验装置和工具

1. 华为 eNSP 软件。
2. ping。
3. Wireshark。

实验原理（背景知识）

1. 生成树协议 STP

为了提高网络的可靠性，在使用以太网交换机组网时，往往会增加一些冗余的链路。在这种情况下，交换机的学习和转发算法可能导致以太网帧在网络的某个地方中无限制地兜圈子，产生环路，从而引发广播风暴以及 MAC 地址表不稳定等故障现象，导致用户通信质量变差，甚至通信中断。为了解决这种兜圈子问题，IEEE 的 802.1D 标准制定了一种生成树协议 STP（Spanning Tree Protocol）。

STP 是数据链路层（第二层）协议，运行在网桥或交换机上。其要点是：不改变网络的实际拓扑，但在逻辑上切断某些链路，使得从一台主机到所有其他主机的路径是无环路的树状结构，从而消除了兜圈子现象。部署 STP 后，如果网络中出现环路，则 STP 通过拓扑计算，可以实现：

- 消除环路：通过阻塞冗余链路，消除网络中可能存在的通信环路。
- 链路备份：当前活动的路径发生故障时，激活冗余备份链路，恢复网络连通性。

2. STP 报文

STP 通过在交换机之间交换 BPDU（Bridge Protocol Data Unit，网桥协议数据单元）来确定网络的拓扑结构，STP 使用两种类型的 BPDU。

- 配置 BPDU：交换机使用该 BPDU 计算生成树，维护生成树拓扑。
- 拓扑变化通告 BPDU（TCN BPDU）：交换机使用该 BPDU 向交换机通告网络拓扑发生变化。

配置 BPDU 中包含足够的信息，保证交换机完成生成树的计算。主要信息包括：根网桥 ID、到达根网桥的路径代价、本网桥（交换机）ID、指定端口 ID（包括端口优先级和端口号）等。

3. STP 中的角色

STP 为网桥和端口规定了不同的角色。

（1）根网桥（Root Bridge）

生成树的根是一个被称为根网桥的设备。每个广播域中都只有一个根网桥。根网桥会根据网络拓扑的变化而改变，因此根网桥不是固定的。根网桥是根据交换机或网桥的 BID（Bridge ID）确定的。BID 由网桥优先级和 MAC 地址构成，其中优先级的取值范围是 0～61440，默认值是 32768，可以手动修改，但必须是 4096 的倍数。优先级值越小，优先级越高。具有最高优先级的交换机被选为根网桥。若优先级相等，则具有最小 MAC 地址的交换机就被选为根网桥。

（2）根端口（Root Port）

根端口是指非根网桥设备上离根网桥最近的端口。根端口负责与根网桥进行通信。非根网桥上有且只有一个根端口，根网桥上没有根端口。STP 将根端口标记为转发（Forwarding）状态。在确定了根网桥之后，每台非根网桥交换机都要确定到达根网桥的根端口。

在非根网桥交换机上，端口被选为根端口的依据如下。

- 端口到根网桥的路径代价最小。端口到根网桥的路径代价等于所经过端口的代价的累加和；
- 交换机的网桥 BID 值最小（比较收到的 BPDU）；
- 端口 ID 最小。端口 ID 由端口优先级和端口号组成，其中端口优先级的取值范围是 0～240，默认值是 128，可以手动修改，但必须是 16 的倍数。优先级值越小，优先级越高。具有最高优先级的端口被选为根端口。若优先级相等，则端口号最小的端口被选为根端口。

（3）指定端口（Designated Port）

指定端口是指在到达某指定网段的多个端口（这些端口位于相同或不同的交换机上）中到达根网桥路径代价最小的那个端口，网段通过指定端口到达根网桥。每个网段都只有一个指定端口，且只有指定端口负责向该网段转发帧。STP 将指定端口标记为转发（Forwarding）状态，将非指定端口标记为阻塞（Blocking）状态。每台非根网桥的交换机只能有一个根端口，但可以有多个指定端口。根网桥的所有端口都是指定端口。

端口被选为指定端口的依据如下。

- 端口到根网桥的路径代价最小，端口到根网桥的路径代价等于所经过端口的代价的累加和；
- 端口所在交换机的网桥 BID 值最小；
- 端口 ID 值最小；端口 ID 由端口优先级和端口号组成，其中端口优先级的取值范围是 0～240，默认值是 128，可以手动修改，但必须是 16 的倍数。优先级值越小，优先级越高。具有最高优先级的端口被选为指定端口。若优先级相等，则端口号最小的端口被选为指定端口。

（4）指定网桥（Designated Bridge）

简单地说，指定网桥就是指定端口所在的网桥。通过指定网桥，一个网段到达根网桥的路径代价是最小的。在一个网段上，只有指定网桥才会转发到达该网段或源自该网段的帧。

（5）阻塞端口（Blocked Port）

不是根端口、也不是指定端口的端口即为阻塞端口。

4. STP 端口状态

在运行 STP 的交换机上，每个端口都处于 5 种状态之一：阻塞（Blocking）、侦听（Listening）、学习（Learning）、转发（Forwarding）和禁用（Disabled）。STP 端口状态的说明见表 3-25。

表 3-25　STP 端口状态的说明

STP 端口状态	含　义	接收 BPDU	发送 BPDU	学习 MAC 地址	转发数据帧	持续时间
阻塞（Blocking）	在开机或选举阶段，所有端口都处于该状态。在该状态，端口仅接收和处理 BPDU，不发送 BPDU，不进行地址学习，不接收或转发用户数据帧。经过 20s 后，端口进入侦听状态。若交换机在规定时间内未收到 BPDU 或发现拓扑结构有变化，则重新进行选举	是	否	否	否	20s
侦听（Listening）	根端口或指定端口将进入侦听状态，其他端口仍处于阻塞状态。在该状态，端口从网段接收 BPDU，并将其发送给处理模块，不进行地址学习，不接收或转发用户数据帧。交换机检查网络拓扑结构，确保网络中没有环路。经过 15s 后，端口进入学习状态	是	是	否	否	15s
学习（Learning）	只有根端口和转发端口会从侦听状态进入学习状态。进入学习状态之后，端口开始处理用户数据帧、学习源 MAC 地址、更新 MAC 地址表，但不向目的端口转发用户数据帧。经过 15s 后，端口进入转发状态	是	是	是	否	15s
转发（Forwarding）	处于转发状态的端口通过所连接的网络转发用户数据帧，根据帧的源 MAC 地址更新 MAC 地址表。该状态是端口的正常状态，也被称为收敛。在 STP 收敛过程中，交换机不转发任何用户数据帧	是	是	是	是	—

续表

STP 端口状态	含义	接收 BPDU	发送 BPDU	学习 MAC 地址	转发数据帧	持续时间
禁用（Disabled）	处于禁用状态的端口不参与帧的接收和发送，不参与 STP 的操作。所有未连接任何设备的端口也处于该状态	否	否	否	否	—

5. STP 端口代价

STP 为每个端口都分配一个值，称为端口代价。端口代价与其所连接的链路有关。链路速率越高，代价的取值相应越小。华为交换机支持华为私有（legacy）、IEEE 802.1d（dot1d-1998）和 IEEE 802.1t（dot1t）三种取值方法。华为私有的链路速率与端口代价的推荐值见表 3-26。IEEE 802.1d（dot1d-1998）和 IEEE 802.1t（dot1t）的链路速率与端口代价的推荐值见表 3-27 和表 3-28。

表 3-26 华为私有的链路速率与端口代价的推荐值

链路速率	推荐的代价	推荐的代价范围	允许的代价范围
10Mbit/s	2 000	200～20 000	1～200 000
100Mbit/s	200	20～2000	1～200 000
1Gbit/s	20	2～200	1～200 000
10Gbit/s	2	2～20	1～200 000
10Gbit/s 以上	1	1～2	1～200 000

表 3-27 IEEE 802.1d（dot1d-1998）的链路速率与端口代价的推荐值

链路速率	推荐的代价	推荐的代价范围	允许的代价范围
10Mbit/s	100	50～600	1～65 535
100Mbit/s	19	10～60	1～65 535
1Gbit/s	4	3～10	1～65 535
10Gbit/s	2	1～5	1～65 535

表 3-28 IEEE 802.1t（dot1t）的链路速率与端口代价的推荐值

链路速率	推荐的代价	推荐的代价范围	允许的代价范围
10Mbit/s	2 000 000	200 000～20 000 000	1～200 000 000
100Mbit/s	200 000	20 000～2 000 000	1～200 000 000
1Gbit/s	20 000	2 000～200 000	1～200 000 000
10Gbit/s	2 000	200～20 000	1～200 000 000
100Gbit/s	200	20～2 000	1～200 000 000
1Tbit/s	20	2～200	1～200 000 000
10Tbit/s	2	1～20	1～200 000 000

6. STP 操作

STP 构建生成树的过程可以归纳为以下三部分。

- 选举根网桥。
- 选举根端口。
- 选举指定端口。

STP 协议的原则如下。

- 每个广播域中都只有一个根网桥，根网桥的端口都是指定端口，必须为转发状态。
- 每个非根网桥上都有一个根端口。根端口必须为转发状态。
- 每个网段都只有一个指定端口，且必须为转发状态。
- 连接交换机或网桥的非根端口和非指定端口都处于阻塞状态。连接工作站或 PC 的端口都处于转发状态。

实验 3.3.1：广播风暴与 MAC 地址表震荡分析

若网络中存在通信环路，则会产生广播风暴。所谓广播风暴，是指一个数据帧在网络中被大量复制和转发，以广播形式被传输到网络的每个节点，从而在网络中不断循环传输的现象。广播风暴会消耗大量带宽，导致用户通信质量变差，甚至中断。

任务要求

某交换式以太网的网络拓扑结构如图 3-10 所示。为提高可靠性，使用 2 条链路将 2 台 S5700 交换机 LSW1 和 LSW2 互连在一起，配置时禁用了交换机的 STP。PC 的 IPv4 地址和子网掩码定义如表 3-29 所示。请分析是否会产生广播风暴和 MAC 地址表不稳定问题。

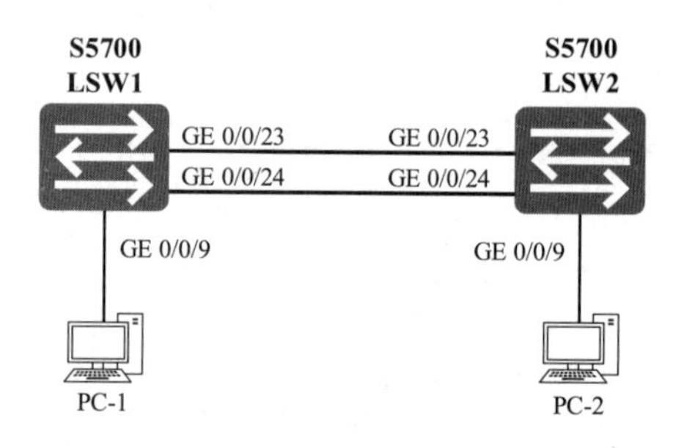

图 3-10　带冗余链路的交换式以太网

表 3-29　PC 的 IPv4 地址和子网掩码定义

	IPv4 地址	子 网 掩 码
PC-1	192.168.100.19	255.255.255.0
PC-2	192.168.100.29	255.255.255.0

实验步骤

步骤 1：创建拓扑

① 启动 eNSP，单击工具栏中的“新建拓扑”图标。

② 向空白工作区中添加 2 台 S5700 交换机和 2 台 PC。

③ 按指定端口将各交换机和 PC 互连。

④ 为交换机和 PC 命名。

步骤 2：为 PC 配置 IPv4 地址和子网掩码

① 分别双击各台 PC，在各自弹出的配置窗口中选中“基础配置”标签，为其配置 IPv4 地址和子网掩码。

② 配置完毕后，单击工具栏中的“保存”图标，保存拓扑到指定目录，将文件命名为 lab-3.3.1-STP.BStorm.topo。

步骤 3：启动设备

单击工具栏中的“开启设备”图标，启动全部设备。

步骤 4：开启和查看交换机 STP 状态

① 配置交换机 LSW1。双击工作区中交换机 LSW1 的图标，打开控制台窗口，在提示符下输入以下命令：

```
# 进入系统视图，为交换机命名。
<huawei> system-view
[huawei] sysname LSW1
# 设置为 STP 模式。默认情况下，交换机的 STP 是开启的。
[LSW1] stp mode stp
# 查看交换机 STP 生成树的状态和统计信息。
[LSW1] display stp
# 查看交换机端口的 STP 状态。
[LSW1] display stp brief
# 查看交换机的 MAC 地址表。
[LSW1] display mac-address
```

提示 · 思考 · 动手

- ✓ 请将创建的网络拓扑的截图粘贴到实验报告中。
- ✓ 请将交换机 LSW1 的 MAC 地址表内容的截图粘贴到实验报告中。
- ✓ 请将交换机 LSW1 及其端口的 STP 状态和生成树状态信息填入表 3-30 中。

表 3-30　开启交换机 LSW1 的 STP 后各端口的 STP 角色和状态

交换机 BID			网桥角色	□根网桥　□指定网桥
端口	端口角色	端口状态	端口 ID	路径代价
GE 0/0/9				
GE 0/0/23				
GE 0/0/24				

② 配置交换机 LSW2。双击工作区中交换机 LSW2 的图标，打开控制台窗口，在提示符下输入以下命令：

```
<huawei> system-view
[huawei] sysname LSW2
[LSW2] stp mode stp
[LSW2] display stp
[LSW2] display stp brief
```

```
[LSW2] display mac-address
```

提示·思考·动手

✓ 请将交换机 LSW2 的 MAC 地址表内容的截图粘贴到实验报告中。
✓ 请将交换机 LSW2 及其端口的 STP 状态和生成树状态信息填入表 3-31 中。

表 3-31 开启交换机 LSW2 的 STP 后各端口的 STP 角色和状态

交换机 BID		网桥角色	□根网桥	□指定网桥
端口	端口角色	端口状态	端口 ID	路径代价
GE 0/0/9				
GE 0/0/23				
GE 0/0/24				

步骤 5：禁用端口的 STP

① 禁用交换机 LSW1 端口的 STP。在交换机 LSW1 的控制台窗口中输入以下命令：

```
<LSW1> system-view
# 禁用 gigabitethernet 0/0/23 端口的 STP。
[LSW1] interface gigabitethernet 0/0/23
[LSW1-GigabitEthernet0/0/23] undo stp enable
[LSW1-GigabitEthernet0/0/23] quit
# 禁用 gigabitethernet 0/0/24 端口的 STP。
[LSW1] interface gigabitethernet 0/0/24
[LSW1-GigabitEthernet0/0/24] undo stp enable
[LSW1-GigabitEthernet0/0/24] quit
```

② 禁用交换机 LSW2 端口的 STP。在交换机 LSW2 的控制台窗口中输入以下命令：

```
<LSW2> system-view
[LSW1] interface gigabitethernet 0/0/23
[LSW1-GigabitEthernet0/0/23] undo stp enable
[LSW1-GigabitEthernet0/0/23] quit
[LSW1] interface gigabitethernet 0/0/24
[LSW1-GigabitEthernet0/0/24] undo stp enable
[LSW1-GigabitEthernet0/0/24] quit
```

步骤 6：广播风暴分析

利用 Wireshark 捕获通信，检查分析是否产生广播风暴。

① 开启数据抓包。可以在 2 台交换机端口 GE 0/0/23 和 GE 0/0/24 中的任何一个端口上开启数据抓包。假设在交换机 LSW1 的端口 GE 0/0/24 上开启数据抓包。

② 产生通信。在 PC-1 的命令窗口中输入以下命令：

```
ping 192.168.100.29 -c 1
```

提示·思考·动手

- ✓ Wireshark 是否抓取到了广播风暴？广播风暴的现象是什么？请将 Wireshark 中广播风暴通信的截图粘贴到实验报告中，并标记出这些广播风暴通信。
- ✓ 查看交换机 LSW1 和 LSW2 命令窗口中输出的日志信息。2 台交换机的 CPU 的利用率分别为多少？

步骤 7：MAC 地址表震荡分析

① 分别查看交换机 LSW1 和 LSW2 在控制台窗口中输出的日志信息。

提示·思考·动手

- ✓ 在交换机 LSW1 控制台窗口中输出的日志信息中，哪个或哪些 MAC 地址对应的交换机端口有变化？有何变化？请将该命令结果的截图粘贴到实验报告中，并标记出 MAC 地址对应的端口的变化情况。
- ✓ 在交换机 LSW2 控制台窗口中输出的日志信息中，哪个或哪些 MAC 地址对应的交换机端口有变化？有何变化？请将该命令结果的截图粘贴到实验报告中，并标记出 MAC 地址对应的端口的变化情况。

② 在交换机 LSW1 的控制台窗口中输入以下命令，查看其在不同时刻的 MAC 地址表内容。可以用相同方法查看交换机 LSW2 在不同时刻的 MAC 地址表内容。

```
# 在时刻 1 查看交换机 LSW1 的 MAC 地址表。
[LSW1] display mac-address
# 等数秒钟，在时刻 2 查看交换机 LSW1 的 MAC 地址表。
[LSW1] display mac-address
```

提示·思考·动手

- ✓ 请将禁用端口 STP 后交换机 LSW1 在时刻 1 和时刻 2 的 MAC 地址表内容的截图粘贴到实验报告中。
- ✓ 在不同时刻，交换机 LSW1 的端口 GE 0/0/9、GE 0/0/23 和 GE 0/0/24 学习到的 MAC 地址分别是什么？将结果填入表 3-32 中。

表 3-32　禁用端口 STP 后 LSW1 端口学习到的 MAC 地址

端　　口	时刻 1		时刻 2	
	时间 (年–月–日 时:分:秒)	学习到的 MAC 地址	时间 (年–月–日 时:分:秒)	学习到的 MAC 地址
GE 0/0/9				
GE 0/0/23				
GE 0/0/24				

- ✓ 如何停止或消除当前的广播风暴？
- ✓ 为减少或阻止此类因配置错误所导致的环路，有什么技术解决方案？

实验 3.3.2：配置 STP

任务要求

某交换式以太网的网络拓扑结构如图 3-11 所示，将 3 台 S5700 交换机 LSW1、LSW2 和 LSW3 互连成环状，并增加了冗余链路。为防止产生环路，需要在交换机上启用 STP。PC 的 IPv4 地址和子网掩码定义如表 3-33 所示。请配置 STP，检查 STP 生成树状态，以确定不会产生广播风暴和 MAC 地址表不稳定的问题。

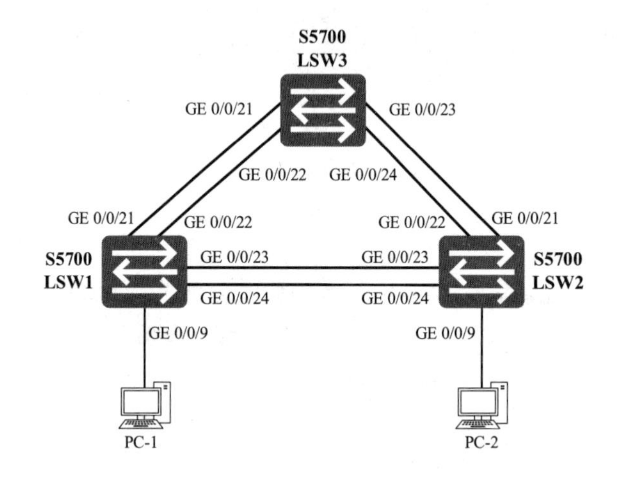

图 3-11　互连成环状、带冗余链路的交换式以太网

表 3-33　PC 的 IPv4 地址和子网掩码定义

	IPv4 地址	子网掩码
PC-1	192.168.100.19	255.255.255.0
PC-2	192.168.100.29	255.255.255.0

实验步骤

步骤 1：创建拓扑

① 启动 eNSP，单击工具栏中的“新建拓扑”图标。

② 向空白工作区中添加 3 台 S5700 交换机和 2 台 PC。

③ 按指定端口将各交换机与 PC 互连。

④ 为交换机和 PC 命名。

步骤 2：为 PC 配置 IPv4 地址和子网掩码

① 分别双击 PC-1 和 PC-2，在各自弹出的配置窗口中选中“基础配置”标签，为其配置 IPv4 地址和子网掩码。

② 配置完毕后，单击工具栏中的“保存”图标，保存拓扑到指定目录，将文件命名为 lab-3.3.2.STP.topo。

步骤 3：启动设备

单击工具栏中的“开启设备”图标▶，启动全部设备。

步骤 4：为交换机配置 STP

① 配置交换机 LSW1。双击工作区中的交换机 LSW1 的图标，打开控制台窗口，在提示符下输入以下命令：

```
# 进入系统视图，为交换机命名。
<huawei> system-view
[huawei] sysname LSW1
# 配置为 STP 工作模式。默认情况下，交换机的 STP 是开启的。
[LSW1] stp mode stp
# 查看交换机 STP 生成树的状态和统计信息及 STP 状态。
[LSW1] display stp
[LSW1] display stp brief
# 查看交换机端口 GE 0/0/21 的生成树状态和统计信息及 STP 状态。
[LSW1] display stp interface gigabitethernet 0/0/21
[LSW1] display stp interface gigabitethernet 0/0/21 brief
# 查看交换机的 MAC 地址表。
[LSW1] display mac-address
```

提示 · 思考 · 动手

- ✓ 请将创建的网络拓扑的截图粘贴到实验报告中。
- ✓ 请将交换机 LSW1 的 STP 生成树的状态和统计信息截图粘贴到实验报告中。
- ✓ 请将交换机 LSW1 端口的 STP 状态截图粘贴到实验报告中。
- ✓ 请将交换机 LSW1 端口 GE 0/0/21 的 STP 状态截图粘贴到实验报告中。
- ✓ 请将交换机 LSW1 的 MAC 地址表内容的截图粘贴到实验报告中。

② 配置交换机 LSW2。双击工作区中交换机 LSW2 的图标，打开控制台窗口，在提示符下输入以下命令：

```
<huawei> system-view
[huawei] sysname LSW2
[LSW2] stp mode stp
[LSW2] display stp
[LSW2] display stp brief
[LSW2] display stp interface gigabitethernet 0/0/21
[LSW2] display stp interface gigabitethernet 0/0/21 brief
[LSW2] display mac-address
```

提示 · 思考 · 动手

- ✓ 请将交换机 LSW2 的 STP 生成树的状态和统计信息截图粘贴到实验报告中。
- ✓ 请将交换机 LSW2 端口的 STP 状态截图粘贴到实验报告中。

- ✓ 请将交换机 LSW2 端口 GE 0/0/21 的 STP 状态的截图粘贴到实验报告中。
- ✓ 请将交换机 LSW2 的 MAC 地址表内容的截图粘贴到实验报告中。

③ 配置交换机 LSW3。双击工作区中交换机 LSW3 的图标，打开控制台窗口，在提示符下输入以下命令：

```
<huawei> system-view
[huawei] sysname LSW3
[LSW3] stp mode stp
[LSW3] display stp
[LSW3] display stp brief
[LSW3] display stp interface gigabitethernet 0/0/21
[LSW3] display stp interface gigabitethernet 0/0/21 brief
[LSW3] display mac-address
```

提示 · 思考 · 动手

- ✓ 请将交换机 LSW3 的 STP 生成树的状态和统计信息截图粘贴到实验报告中。
- ✓ 请将交换机 LSW3 端口的 STP 状态截图粘贴到实验报告中。
- ✓ 请将交换机 LSW3 端口 GE 0/0/21 的 STP 状态截图粘贴到实验报告中。
- ✓ 请将交换机 LSW3 的 MAC 地址表内容的截图粘贴到实验报告中。

提示 · 思考 · 动手

- ✓ 根据各交换机及其端口的 STP 状态和生成树状态信息，分别填表 3-34、表 3-35 和表 3-36。

表 3-34　开启交换机 LSW1 的 STP 后各端口的 STP 角色和状态

交换机 BID		交换机角色	□根网桥	□指定网桥
端口	端口角色	端口状态	端口 ID	路径代价
GE 0/0/9				
GE 0/0/21				
GE 0/0/22				
GE 0/0/23				
GE 0/0/24				

表 3-35　开启交换机 LSW2 的 STP 后各端口的 STP 角色和状态

交换机 BID		交换机角色	□根网桥	□指定网桥
端口	端口角色	端口状态	端口 ID	路径代价
GE 0/0/9				
GE 0/0/21				
GE 0/0/22				
GE 0/0/23				
GE 0/0/24				

表 3-36　开启交换机 LSW3 的 STP 后各端口的 STP 角色和状态

交换机 BID			交换机角色	□根网桥　　□指定网桥
端口	端口角色	端口状态	端口 ID	路径代价
GE 0/0/21				
GE 0/0/22				
GE 0/0/23				
GE 0/0/24				

步骤 5：协议分析

分别开启交换机 LSW1 端口 GE 0/0/21、GE 0/0/22、GE 0/0/23 和 GE 0/0/24，以及交换机 LSW2 端口 GE 0/0/21 和 GE 0/0/22 的数据抓包。分析所抓取的某个 BPDU。

提示·思考·动手

- ✓ 你查看分析的是哪种类型的 BPDU？该 BPDU 包括哪些字段？请给出各个字段的名称、长度和值。
- ✓ 该 BPDU 是由哪台交换机发出的？该 BPDU 发给了哪些交换机？
- ✓ 简述什么是根网桥和指定网桥。
- ✓ 简述什么是根端口和指定端口。

实验 3.3.3：控制根网桥的选举

任务要求

某网络拓扑结构如图 3-12 所示，与实验 3.3.2 中的网络拓扑相同，我们已经在实验 3.3.2 中为交换机配置了 STP，避免产生环路。现希望将交换机 LSW3 设置为 STP 生成树的根网桥。PC 的 IPv4 地址和子网掩码定义如表 3-37 所示，与实验 3.3.2 中的定义相同。请按要求完成系统配置。

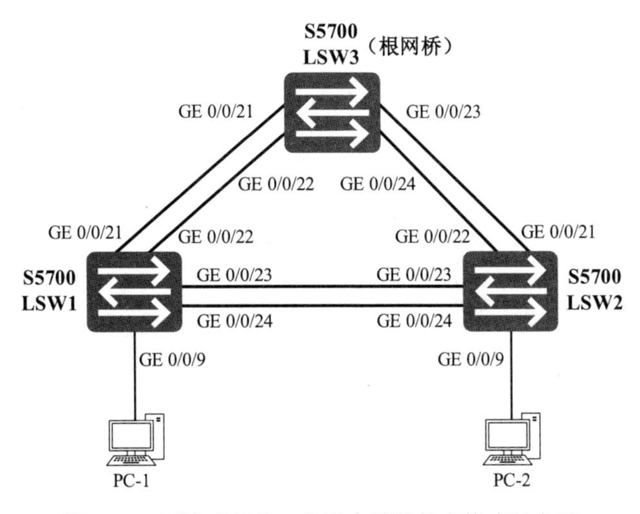

图 3-12　互连成环状、带冗余链路的交换式以太网

表 3-37 PC 的 IPv4 地址和子网掩码定义

	IPv4 地址	子网掩码
PC-1	192.168.100.19	255.255.255.0
PC-2	192.168.100.29	255.255.255.0

实验步骤

步骤 1：加载拓扑

① 启动 eNSP，单击工具栏中的“打开文件”图标，加载实验 3.3.2 的拓扑文件 lab-3.3.2.STP.topo。

② 按定义配置各 PC 的 IP 地址和子网掩码。

③ 单击工具栏中的“另存为”图标，将该拓扑另存为 lab-3.3.3-STP.RootBridge.topo。

步骤 2：启动设备

单击工具栏中的“开启设备”图标，启动全部设备。

步骤 3：配置根网桥

① 配置交换机 LSW3 为根网桥。双击工作区中 LSW3 的图标，打开控制台窗口，在提示符下输入以下命令：

```
# 进入系统视图，为交换机命名。
<huawei> system-view
[huawei] sysname LSW3
# 配置为 STP 工作模式。
[LSW3] stp mode stp
# 设置为根网桥。将其优先级设置为 3 台交换机中最高的，优先级必须是 4096 的倍数。
# 也可以使用命令 stp root primary 设置根网桥。该命令等同于 stp priority 0。
[LSW3] stp priority 4096
# 查看交换机 STP 生成树的状态和统计信息，以及端口的 STP 状态。
[LSW3] display stp
[LSW3] display stp brief
```

② 配置交换机 LSW1。双击工作区中的交换机 LSW1 的图标，打开控制台窗口，在提示符下输入以下命令：

```
<huawei> system-view
[huawei] sysname LSW1
[LSW1] stp mode stp
[LSW1] display stp brief
# 查看交换机端口 GE 0/0/21 的生成树状态和统计信息及 STP 状态。
[LSW1] display stp interface gigabitethernet 0/0/21
[LSW1] display stp interface gigabitethernet 0/0/21 brief
```

③ 配置交换机 LSW2。双击工作区中 LSW2 的图标，打开控制台窗口，在提示符下输入以下命令：

```
<huawei> system-view
```

```
[huawei] sysname LSW2
[LSW2] stp mode stp
[LSW2] display stp brief
[LSW2] display stp interface gigabitethernet 0/0/21
[LSW2] display stp interface gigabitethernet 0/0/21 brief
```

提示·思考·动手

✓ 请将创建的网络拓扑的截图粘贴到实验报告中。

✓ 根据各交换机及其端口的 STP 状态和生成树状态信息，填写表 3-38、表 3-39 和表 3-40。

表 3-38　开启交换机 LSW1 的 STP 后各端口的 STP 角色和状态

交换机 BID		交换机角色	□根网桥　□指定网桥	
端口	端口角色	端口状态	端口 ID	路径代价
GE 0/0/9				
GE 0/0/21				
GE 0/0/22				
GE 0/0/23				
GE 0/0/24				

表 3-39　开启交换机 LSW2 的 STP 后各端口的 STP 角色和状态

交换机 BID		交换机角色	□根网桥　□指定网桥	
端口	端口角色	端口状态	端口 ID	路径代价
GE 0/0/9				
GE 0/0/21				
GE 0/0/22				
GE 0/0/23				
GE 0/0/24				

表 3-40　开启交换机 LSW3 的 STP 后各端口的 STP 角色和状态

交换机 BID		交换机角色	□根网桥　□指定网桥	
端口	端口角色	端口状态	端口 ID	路径代价
GE 0/0/21				
GE 0/0/22				
GE 0/0/23				
GE 0/0/24				

实验 3.3.4：控制根端口的选举

根端口是指非根网桥上离根网桥最近的端口。端口被选为根端口的依据如下。

- 端口到根网桥的路径代价最小。端口到根网桥的路径代价等于所经过端口的代价的累加和。

- 交换机的网桥 BID 值最小（比较收到的 BPDU）。
- 端口 ID 最小。端口 ID 由端口优先级和端口号组成，其中端口优先级的取值范围是 0～240，默认值是 128，可以手动修改，但必须是 16 的倍数。优先级的值越小，优先级越高。具有最高优先级的端口被选为根端口。若优先级相等，则端口号最小的端口被选为根端口。

任务要求

某网络拓扑结构如图 3-13 所示，与实验 3.3.2 中的网络拓扑相同。现希望将交换机 LSW3 设置为生成树的根网桥，将交换机 LSW1 的端口 GE 0/0/22 设置为根端口，将交换机 LSW2 的端口 GE 0/0/22 设置为根端口。PC 的 IPv4 地址和子网掩码定义如表 3-41 所示，与实验 3.3.2 中的定义相同。请按要求完成系统配置。

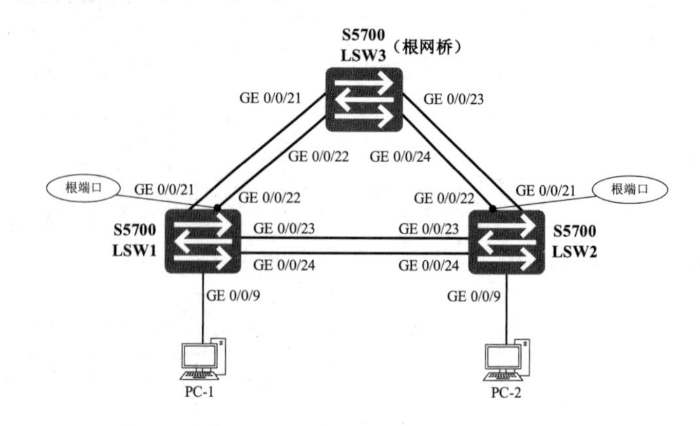

图 3-13　互连成环状、带冗余链路的交换式以太网

表 3-41　PC 的 IPv4 地址和子网掩码定义

	IPv4 地址	子网掩码
PC-1	192.168.100.19	255.255.255.0
PC-2	192.168.100.29	255.255.255.0

实验步骤

步骤 1：加载拓扑

① 启动 eNSP，单击工具栏中的“打开文件”图标，加载实验 3.3.2 的拓扑文件 lab-3.3.2.STP.topo。

② 按定义配置各 PC 的 IP 地址和子网掩码。

③ 单击工具栏中的“另存为”图标，将该拓扑另存为 lab-3.3.4-STP.RootPort.topo。

步骤 2：启动设备

单击工具栏中的“开启设备”图标，启动全部设备。

步骤 3：配置根网桥

按实验 3.3.3 中的步骤 3 完成根网桥的配置。

步骤 4：设置优先级，控制根端口选举

通过设置端口的优先级可以控制根端口的选举。

在交换机 LSW3 的控制台窗口中输入以下命令：

```
<LSW3> system-view
# 交换机 LSW1 的端口 GE 0/0/22 与本交换机的端口 GE 0/0/22 互连。若要将 LSW1 的端口 GE 0/0/22 设置为根端口，则可以修改本交换机端口 GE 0/0/22 优先级或修改 LSW1 端口 GE 0/0/22 的路径代价。
# 修改本交换机端口 GE 0/0/22 的优先级小于 GE 0/0/21 的优先级。优先级必须是 16 的倍数。
[LSW3] interface gigabitethernet 0/0/22
[LSW3-GigabitEthernet0/0/22] stp port priority 32
[LSW3-GigabitEthernet0/0/22] quit
# 交换机 LSW2 的端口 GE 0/0/22 与本交换机的端口 GE 0/0/24 互连。
# 修改端口 GE 0/0/24 的优先级小于 GE 0/0/23 的优先级。优先级必须是 16 的倍数。
[LSW3] interface gigabitethernet 0/0/24
[LSW3-GigabitEthernet0/0/24] stp port priority 64
[LSW3-GigabitEthernet0/0/24] quit
# 查看端口 GE 0/0/22 和 GE 0/0/24 的生成树状态与统计信息，以及 STP 状态。
[LSW3] display stp interface gigabitethernet 0/0/22
[LSW3] display stp interface gigabitethernet 0/0/24
[LSW3] display stp interface gigabitethernet 0/0/22 brief
[LSW3] display stp interface gigabitethernet 0/0/24 brief
```

提示 · 思考 · 动手

✓ 根据各交换机及其端口的 STP 状态和生成树状态信息，填写表 3-42、表 3-43 和表 3-44。

表 3-42　开启交换机 LSW1 的 STP 后各端口的 STP 角色和状态

交换机 BID		交换机角色	□根网桥　□指定网桥	
端口	端口角色	端口状态	端口 ID	路径代价
GE 0/0/9				
GE 0/0/21				
GE 0/0/22				
GE 0/0/23				
GE 0/0/24				

表 3-43　开启交换机 LSW2 的 STP 后各端口的 STP 角色和状态

交换机 BID		交换机角色	□根网桥　□指定网桥	
端口	端口角色	端口状态	端口 ID	路径代价
GE 0/0/9				
GE 0/0/21				
GE 0/0/22				
GE 0/0/23				
GE 0/0/24				

表 3-44　开启交换机 LSW3 的 STP 后各端口的 STP 角色和状态

交换机 BID		交换机角色	□根网桥　　□指定网桥	
端口	端口角色	端口状态	端口 ID	路径代价
GE 0/0/21				
GE 0/0/22				
GE 0/0/23				
GE 0/0/24				

✓ 请在拓扑图中画出 STP 生成树，标出各交换机的角色，以及每台交换机上各端口的角色。

✓ 交换机 LSW1 和 LSW2 的端口 GE 0/0/22 是根端口吗？为什么？

实验 3.3.5：控制指定端口的选举

指定端口负责向网段转发数据帧。端口被选为指定端口的依据如下。

- 端口到根网桥的路径代价最小。端口到根网桥的路径代价等于所经过端口的代价的累加和。
- 端口所在交换机的网桥 BID 值最小。
- 端口 ID 值最小；端口 ID 由端口优先级和端口号组成，其中端口优先级的取值范围是 0～240，默认值是 128，可以手动修改，但必须是 16 的倍数。优先级的值越小，优先级越高。具有最高优先级的端口被选为指定端口。若优先级相等，则端口号最小的端口被选为指定端口。

任务要求

某网络拓扑结构如图 3-14 所示，与实验 3.3.2 中的网络拓扑相同。现希望将交换机 LSW3 设置为生成树的根网桥，将交换机 LSW1 的端口 GE 0/0/22 设置为根端口，将交换机 LSW2 的端口 GE 0/0/22 设置为根端口，将交换机 LSW2 的端口 GE 0/0/23 和 GE 0/0/24 设置为指定端口。PC 的 IPv4 地址和子网掩码定义如表 3-45 所示，与实验 3.3.2 中的定义相同。请按要求完成系统配置。

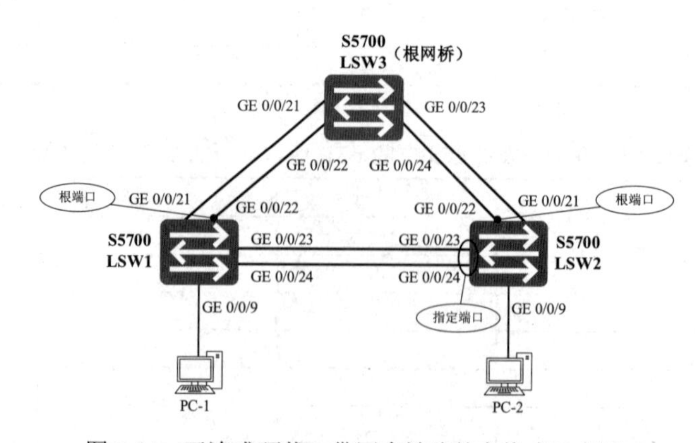

图 3-14　互连成环状、带冗余链路的交换式以太网

表 3-45　PC 的 IPv4 地址和子网掩码定义

	IPv4 地址	子网掩码
PC-1	192.168.100.19	255.255.255.0
PC-2	192.168.100.29	255.255.255.0

实验步骤

步骤 1：加载拓扑

① 启动 eNSP，单击工具栏中的“打开文件”图标，加载实验 3.3.2 的拓扑文件 lab-3.3.2.STP.topo。

② 按定义配置各 PC 的 IP 地址和子网掩码。

③ 单击工具栏中的“另存为”图标，将该拓扑另存为 lab-3.3.5-STP.DesignatedPort.topo。

步骤 2：启动设备

单击工具栏中的“开启设备”图标，启动全部设备。

步骤 3：配置根网桥

按实验 3.3.3 中的步骤 3 完成根网桥的配置。

步骤 4：修改路径代价，控制根端口选举

① 配置交换机 LSW1。在交换机 LSW1 的控制台窗口中输入以下命令：

```
<LSW1> system-view
# 同一网络内所有交换设备的端口路径代价应使用相同的计算方法。
# 设置端口路径代价采用华为私有（legacy）方法。
[LSW1] stp pathcost-standard legacy
# 设置端口 GE 0/0/22 为根端口。
# 端口代价的默认值为 20。将其端口代价设置为 16，小于其他端口的代价。
[LSW1] interface gigabitethernet 0/0/22
[LSW1-GigabitEthernet0/0/22] stp cost 16
[LSW1-GigabitEthernet0/0/22] quit
[LSW1] display stp
[LSW1] display stp brief
# 查看端口 GE 0/0/21 和 GE 0/0/22 的生成树状态和统计信息，以及 STP 状态。
[LSW1] display stp interface gigabitethernet 0/0/21
[LSW1] display stp interface gigabitethernet 0/0/21 brief
[LSW1] display stp interface gigabitethernet 0/0/22
[LSW1] display stp interface gigabitethernet 0/0/22 brief
```

② 配置交换机 LSW2。在交换机 LSW2 的控制台窗口中输入以下命令：

```
<LSW2> system-view
[LSW2] stp pathcost-standard legacy
[LSW2] interface gigabitethernet 0/0/22
[LSW2-GigabitEthernet0/0/22] stp cost 16
[LSW2-GigabitEthernet0/0/22] quit
[LSW2] display stp
```

```
[LSW2] display stp brief
[LSW2] display stp interface gigabitethernet 0/0/21
[LSW2] display stp interface gigabitethernet 0/0/21 brief
[LSW2] display stp interface gigabitethernet 0/0/22
[LSW2] display stp interface gigabitethernet 0/0/21 brief
```

提示·思考·动手

- ✓ 请将创建的网络拓扑的截图粘贴到实验报告中。
- ✓ 根据各交换机及其端口的 STP 状态和生成树状态信息，填写表 3-46、表 3-47 和表 3-48。

表 3-46　开启交换机 LSW1 的 STP 后各端口的 STP 角色和状态

交换机 BID		交换机角色	□根网桥　□指定网桥	
端口	端口角色	端口状态	端口 ID	路径代价
GE 0/0/9				
GE 0/0/21				
GE 0/0/22				
GE 0/0/23				
GE 0/0/24				

表 3-47　开启交换机 LSW2 的 STP 后各端口的 STP 角色和状态

交换机 BID		交换机角色	□根网桥　□指定网桥	
端口	端口角色	端口状态	端口 ID	路径代价
GE 0/0/9				
GE 0/0/21				
GE 0/0/22				
GE 0/0/23				
GE 0/0/24				

表 3-48　开启交换机 LSW3 的 STP 后各端口的 STP 角色和状态

交换机 BID		交换机角色	□根网桥　□指定网桥	
端口	端口角色	端口状态	端口 ID	路径代价
GE 0/0/21				
GE 0/0/22				
GE 0/0/23				
GE 0/0/24				

步骤 5：修改路径代价，控制指定端口选举

根据指定端口选举规则，需要将交换机 LSW2 端口 GE 0/0/23 和 GE 0/0/24 通过根端口 GE 0/0/22 到根网桥的路径代价设置为小于交换机 LSW1 根端口到根网桥的路径代价。

在交换机 LSW2 的控制台窗口中输入以下命令：

```
<LSW2> system-view
# 将端口 GE 0/0/22 的路径代价设置为 12，小于交换机 LSW1 端口路径的代价。
[LSW2] interface gigabitethernet 0/0/22
[LSW2-GigabitEthernet0/0/22] stp cost 12
```

```
[LSW2-GigabitEthernet0/0/22] quit
[LSW2] display stp
[LSW2] display stp brief
[LSW2] display stp interface gigabitethernet 0/0/22
[LSW2] display stp interface gigabitethernet 0/0/22 brief
```

提示·思考·动手

✓ 根据各交换机及其端口的 STP 状态和生成树状态信息，填写表 3-49、表 3-50 和表 3-51。

表 3-49　修改路径代价后交换机 LSW1 各端口的 STP 角色和状态

交换机 BID		交换机角色	□根网桥　□指定网桥	
端口	端口角色	端口状态	端口 ID	路径代价
GE 0/0/9				
GE 0/0/21				
GE 0/0/22				
GE 0/0/23				
GE 0/0/24				

表 3-50　修改路径代价后交换机 LSW2 各端口的 STP 角色和状态

交换机 BID		交换机角色	□根网桥　□指定网桥	
端口	端口角色	端口状态	端口 ID	路径代价
GE 0/0/9				
GE 0/0/21				
GE 0/0/22				
GE 0/0/23				
GE 0/0/24				

表 3-51　修改路径代价后交换机 LSW3 各端口的 STP 角色和状态

交换机 BID		交换机角色	□根网桥　□指定网桥	
端口	端口角色	端口状态	端口 ID	路径代价
GE 0/0/21				
GE 0/0/22				
GE 0/0/23				
GE 0/0/24				

✓ 请在拓扑图中画出 STP 生成树，标出各交换机的角色，以及每台交换机上各端口的角色。

✓ 还可以采用其他方法将交换机 LSW2 端口 GE 0/0/23 和 GE 0/0/24 设置为指定端口吗？请尝试你的方法，给出配置命令。

3.4　虚拟局域网（VLAN）配置与分析

实验目的

1．理解 VLAN 工作原理，掌握划分 VLAN 的方法。

2．理解并掌握 Access、Trunk 和 Hybird 类型端口的作用与配置方法。

实验装置和工具

1．华为 eNSP 软件。
2．ping。
3．Wireshark。

实验原理（背景知识）

1．虚拟局域网（VLAN）特点

基于交换技术发展起来的虚拟局域网（Virtual LAN，VLAN）是交换式以太网中的一项重要技术。VLAN 较好地解决了局域网（LAN）在扩展性、安全性和管理等方面存在的问题。

VLAN 技术具有以下主要优点。

① 改善性能。VLAN 把通信限制在一个 VLAN 内，减少了到其他 VLAN 的不必要的通信，减少了计算机对不必要通信的处理。

② 逻辑分组，简化了管理。利用 VLAN 可以很容易地把位于不同地理位置的用户划分到一个工作组里，可以很容易地为一个工作组增加或减少用户，用户的计算机不需要移动位置，也不需要重新布线和跳线。

③ 降低成本。划分广播域的另一种方法是使用路由器。但路由器的价格相对较高，性能相对较慢。利用速度相对较快、价格相对便宜的交换机，通过建立 VLAN 就可以划分广播域。当然，由于 VLAN 是基于第 2 层（数据链路层）工作的，因此为了实现不同 VLAN 上的计算机之间的通信，还必须使用第 3 层（网络层）的特性。这时需要使用具有第 3 层特性的以太网交换机或者路由器。

④ 改善安全性。VLAN 从逻辑上将用户或部门分隔开，将通信限制在一个 VLAN 内，减少了敏感数据被其他 VLAN 用户访问的可能性，允许管理员对 VLAN 之间的通信进行控制，从而提升了系统的安全性。

2．虚拟局域网（VLAN）划分方法

划分虚拟局域网（VLAN）的典型方法有 5 种，形成了 5 种不同类型的虚拟局域网（VLAN）。不同 VLAN 划分方法的特点和适用场景如表 3-52 所示。

表 3-52 不同 VLAN 划分方法的特点和适用场景

划分方法	说明	适用场景
基于端口	根据交换机的端口划分 VLAN，属于在第 1 层划分 VLAN 的方法。简单、常用，但不允许用户移动	适用于任何大小但位置比较固定的网络
基于 MAC 地址	根据数据帧的源 MAC 地址划分 VLAN，属于在第 2 层划分 VLAN 的方法。允许用户移动，但需要管理大量的 MAC 地址	适用于位置经常移动但网卡不经常更换的小型网络
基于协议类型	根据数据帧所属的协议类型及封装格式来划分 VLAN，属于在第 2 层划分 VLAN 的方法	适用于需要同时运行多协议的网络
基于 IP 子网地址	根据数据帧所属的协议类型和 IP 分组首部中的源 IP 地址来划分 VLAN，属于在第 3 层划分 VLAN 的方法	适用于对安全需求不高、对移动性和简易管理需求较高的场景中

续表

划分方法	说　明	适用场景
基于策略	根据配置的策略划分 VLAN，能实现多种组合的划分方式，包括端口、MAC 地址、IP 地址、应用等	适用于需求比较复杂的环境

3. 虚拟局域网（VLAN）的帧结构

为了使以太网交换机区分不同 VLAN 的通信，IEEE 批准了 802.3ac 标准。该标准允许在以太网帧格式中的源 MAC 地址字段和长度/类型字段之间插入一个 4 字节的标识符，称为 802.1Q 标记或 VLAN 标记（VLAN Tag），用来指明该帧属于哪个 VLAN。插入 VLAN 标记得到的帧被称为 802.1Q 帧或带标记的以太网帧（Tagged Ethernet Frame），简称 Tagged 帧，其结构如图 3-15 所示。与此相对，将标准的以太网帧称为不带标记的以太网帧（Untagged Ethernet Frame），简称 Untagged 帧。

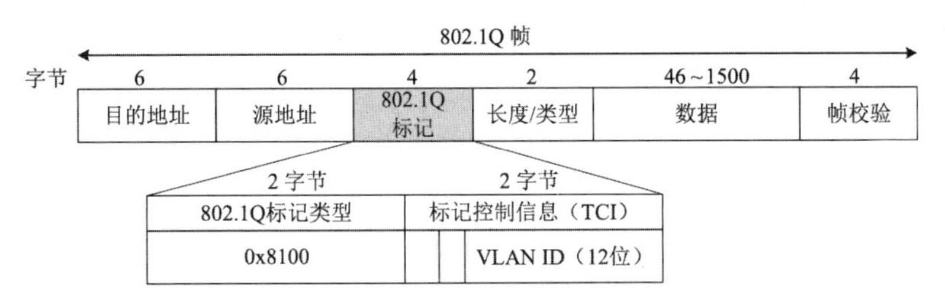

图 3-15　带标记的以太网帧结构

VLAN ID 唯一地标识了这个以太网帧所属的 VLAN。12 位的 VLAN ID 最多允许有 4096 个 VLAN。由于用于 VLAN 的以太网帧的首部增加了 4 字节，因此以太网的最大帧长度也从原来的 1518 字节变为 1522 字节。

实验 3.4.1：基于端口的 VLAN 的划分

1. 端口的链路类型

用户可以配置端口的链路类型及其默认 VLAN。链路类型决定了端口能否加入多个 VLAN。端口的链路类型分为三种：Access、Trunk 和 Hybrid。不同链路类型的端口在转发帧时，对 VLAN 标记的处理方式是不同的。关于端口链路类型的简单说明见表 3-53。

表 3-53　端口链路类型的简单说明

端口链路类型	允许通过的帧	典型用途	说　明
Access	一个 Untagged 帧	连接用户主机、服务器、打印机等。 连接在 Access 端口上的设备不知道它是哪个 VLAN 的成员	只能加入一个 VLAN。 如果未给 Access 端口配置 VLAN，则该端口属于默认 VLAN 1
Trunk	一个 Untagged 帧，多个 Tagged 帧	连接交换机、路由器、AP、语音终端等	可以加入多个 VLAN，但不属于某一特定 VLAN。 Trunk 端口的设计目的就是通过一条链路实现多个 VLAN 的跨交换机扩展

续表

端口链路类型	允许通过的帧	典型用途	说明
Hybrid	支持 Untagged 帧和 Tagged 帧	连接用户主机、服务器、打印机、Hub、交换机、路由器、AP、语音终端等	不属于任何 VLAN，是交换机端口的默认模式。 Hybrid 端口能发送多个 VLAN 的帧，发出去的帧可根据需要配置：某些 VLAN 的帧带 Tag（标记），某些 VLAN 的帧不带 Tag

2. 端口默认 VLAN

除了可以配置端口允许通过的 VLAN，还可以配置端口的默认 VLAN，即端口 PVID（Port VLAN ID）。当端口收到 Untagged 帧时，会认为该帧所属的 VLAN 为默认 VLAN。Access 端口的默认 VLAN 就是它所在的 VLAN，Trunk 端口和 Hybrid 端口可以允许多个 VLAN 通过，可以配置端口的默认 VLAN。

3. 端口对帧的处理方法

在配置了端口链路类型和端口默认 VLAN 后，不同链路类型端口对帧的处理是不同的。端口对帧的处理方法见表 3-54。

表 3-54 端口对帧的处理方法

端口链路类型	接收帧时的处理		发送帧时的处理
	接收到不带 Tag 的帧	接收到带 Tag 的帧	
Access	为帧添加端口默认 VLAN 的 Tag	检查帧的 VLAN ID 与端口的默认 VLAN ID 是否相同。 相同时，接收该帧。 不同时，丢弃该帧	剥除 Tag，发送该帧
Trunk	检查端口的默认 VLAN ID 是否在端口允许通过的 VLAN ID 列表里。 若在，则接收该帧，给帧添加端口默认 VLAN 的 Tag。 若不在，则丢弃该帧	检查帧的 VLAN ID 是否在端口允许通过的 VLAN ID 列表里。 若在，则接收该帧。 若不在，则丢弃该帧	当帧的 VLAN ID 与端口的默认 VLAN ID 相同，且是该端口允许通过的 VLAN ID 时，去掉 Tag，发送该帧。 当帧的 VLAN ID 与端口的默认 VLAN ID 不同，且是该端口允许通过的 VLAN ID 时，保持原有 Tag，发送该帧
Hybrid			当帧的 VLAN ID 是端口允许通过的 VLAN ID 时，发送该帧，并可以通过命令 port hybrid tagged vlan 或 port hybrid untagged vlan 配置端口在发送该 VLAN 的帧时是否携带 Tag

任务要求

某学校的学生管理部门包括招生就业部和学生工作部等，拟建立一个局域网将各部门的电脑互连在一起。为保护数据安全，各部门要求本部门的数据仅能被本部门的电脑访问，不能被其他部门的电脑访问。请设计一个交换式以太网，实现部门内部的通信，但隔离部门之间的通信。

实验步骤

步骤 1：网络设计

为简化设计，假设招生就业部有 2 台 PC，分别为 PC-10-1 和 PC-10-2，学生工作部有 2 台 PC，分别为 PC-30-1 和 PC-30-2。使用 1 台华为 S5700 第 3 层以太网交换机构建部门级交换式以太网，在交换机上按端口划分 2 个 VLAN，将交换机的千兆位端口 GE /0/0/9～GE 0/0/12 划分给 VLAN 10，端口 GE 0/0/13～GE 0/0/16 划分给 VLAN 30。招生就业部的 PC 连入属于 VLAN 10 的端口，学生工作部的 PC 连入属于 VLAN 30 的端口。网络的拓扑结构如图 3-16 所示。VLAN 和 PC 的 IPv4 地址与子网掩码定义如表 3-55 所示。

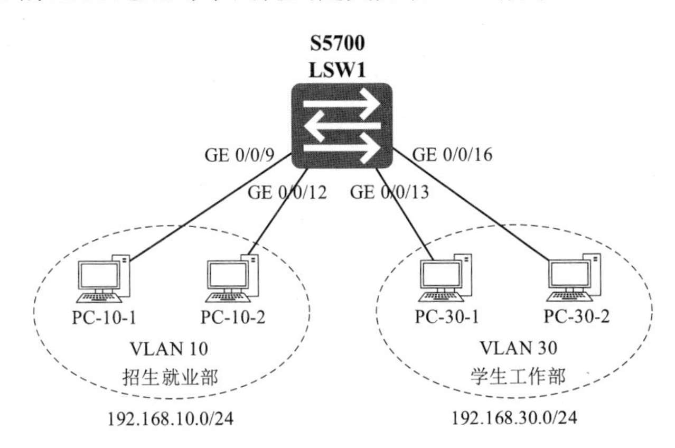

图 3-16　按端口划分 VLAN 的交换式以太网

表 3-55　VLAN 和 PC 的 IPv4 地址与子网掩码定义

	IPv4 地址	子 网 掩 码
VLAN 10	**192.168.10.0**	**255.255.255.0**
PC-10-1	192.168.10.11	255.255.255.0
PC-10-2	192.168.10.12	255.255.255.0
VLAN 30	**192.168.30.0**	**255.255.255.0**
PC-30-1	192.168.30.11	255.255.255.0
PC-30-2	192.168.30.12	255.255.255.0

步骤 2：创建拓扑

① 启动 eNSP，单击工具栏中的“新建拓扑”图标。

② 向空白工作区中添加 1 台 S5700 交换机和 4 台 PC。

③ 将各 PC 连接到交换机的指定端口。

④ 为交换机和 PC 命名。

步骤 3：为 PC 配置 IPv4 地址和子网掩码

① 分别双击各台 PC，在各自弹出的配置窗口中选择“基础配置”标签，为其配置 IPv4 地址和子网掩码。

② 配置完毕后，单击工具栏中的“保存”图标，保存拓扑到指定目录，将文件命名为 lab-3.4.1-VLAN.PORT.topo。

步骤 4：启动设备

单击工具栏中的“开启设备”图标▶，启动全部设备。

步骤 5：在交换机上按端口划分 VLAN

双击工作区中交换机 LSW1 的图标，打开控制台窗口，在提示符下输入以下命令：

```
# 进入系统视图，为交换机命名。
<huawei> system-view
[huawei] sysname LSW1
# 显示交换机中的当前 VLAN 信息。
[LSW1] display vlan
[LSW1] display vlan summary
# 创建 VLAN 10。
[LSW1] vlan 10
# 配置端口 GE 0/0/9、GE 0/0/10、GE 0/0/11 和 GE 0/0/12 的默认 VLAN 为 VLAN 10 并加入该 VLAN。
[LSW1-vlan10] port gigabitethernet 0/0/9 to 0/0/12
[LSW1-vlan10] quit
# 显示端口 GE 0/0/9 信息。
[LSW1] display interface gigabitethernet 0/0/9
# 显示端口 GE 0/0/9 的 VLAN 信息。
[LSW1] display port vlan gigabitethernet 0/0/9
# 显示 VLAN 10 信息。
[LSW1] display vlan 10
# 创建 VLAN 30。
[LSW1] vlan 30
[LSW1-vlan30] quit
# 对多个端口进行相同的配置时，如果对每个端口逐一进行配置，很容易出错，且造成大量重复工作。利用华为交换机的端口组功能，可以对端口进行统一处理。
# 将端口 GE 0/0/13、GE 0/0/14、GE 0/0/15 和 GE 0/0/16 批量加入 vlan 30。
# 创建端口组，名称为 pgvlan30。
[LSW1] port-group pgvlan30
# 将端口加入端口组中。
[LSW1-port-group-pgvlan30] group-member gigabitethernet 0/0/13 to gigabitethernet 0/0/16
# 设置端口链路类型。
[LSW1-port-group-pgvlan30] port link-type access
# 将端口批量加入 vlan 30。
[LSW1-port-group-pgvlan30] port default vlan 30
[LSW1-port-group-pgvlan30] quit
# 显示端口组信息。
[LSW1] display port-group
[LSW1] display port-group pgvlan30
# 显示 VLAN 30 信息。
[LSW1] display vlan 30
# 显示所有 VLAN 信息和 VLAN 包含的端口信息。
[LSW1] display vlan
[LSW1] display port vlan
```

操作提示：

① 批量创建 VLAN。

```
# 进入系统视图。
<Huawei> system-view
# 批量创建 VLAN 2，3，…，100。
[Huawei] vlan batch 2 to 100
```

② 快速恢复端口 VLAN 的默认配置。

默认情况下，交换机的所有端口都只加入 VLAN 1。可以将端口所属的 VLAN 恢复为交换机出厂默认的 VLAN 1。不同类型端口恢复默认配置的命令不同，见表 3.56。

表 3-56　华为交换机端口恢复默认配置的命令

端口链路类型	恢复默认配置的命令
Access	undo port default vlan
Trunk	undo port trunk pvid vlan undo port trunk allow-pass vlan all port trunk allow-pass vlan 1
Hybrid	undo port hybrid pvid vlan undo port hybrid vlan all port hybrid untagged vlan 1

③ 撤销或删除一个操作。

在操作命令的前面使用 undo 即可。例如：

```
# 删除 vlan 20。
undo vlan 20
# 批量删除 vlan。
undo vlan batch vlan 2 to vlan 100
# 将 9 号端口退出 vlan 10。
[L3SW1-GigabitEthernet0/0/9] undo port default vlan
```

提示 · 思考 · 动手

- ✓ 请将创建的网络拓扑的截图粘贴到实验报告中。
- ✓ 请将 VLAN 10 信息的截图粘贴到实验报告中。
- ✓ 请将 VLAN 30 信息的截图粘贴到实验报告中。
- ✓ 假设要新创建一个 VLAN 40，将端口 17～20 批量加入该 VLAN。请写出配置命令。

步骤 6：测试验证

分别双击 4 台 PC，在其各自弹出的配置窗口中选中“命令行”标签。

在 PC-10-1 和 PC-10-2 命令窗口中输入以下命令，测试它们是否能相互通信：

```
ping 192.168.10.11
ping 192.168.10.12
```

在 PC-30-1 和 PC-30-2 命令窗口中输入以下命令，测试它们是否能相互通信：

```
ping 192.168.30.11
ping 192.168.30.12
```

提示·思考·动手

- ✓ PC-10-1 能 ping 通 PC-10-2 吗？请将 ping 命令执行结果的截图粘贴到实验报告中。
- ✓ PC-30-1 能 ping 通 PC-30-2 吗？请将 ping 命令执行结果的截图粘贴到实验报告中。
- ✓ PC-10-1 能 ping 通 PC-30-1 吗？请将 ping 命令执行结果的截图粘贴到实验报告中。若不能 ping 通，请说明原因。

实验 3.4.2：基于 MAC 地址的 VLAN 的划分

任务要求

已经按实验 3.4.1 构建了一个交换式以太网，将招生就业部和学生工作部电脑互连在一起了。由于工作需要，招生就业部和学生工作部经常开会交流。两个部门各有一个会议室，各有一台笔记本电脑。现要求这两台笔记本电脑无论在哪个部门的会议室使用，均只能访问本部门的电脑。请给出解决方案，完成交换机的配置。

实验步骤

步骤 1：网络设计

保持原有网络的设计不变，但对其进行扩展。将两个部门的笔记本电脑分别连接到交换机 LSW1 的端口 GE 0/0/4 和 GE 0/0/5，在交换机上按 MAC 地址划分和配置 VLAN，交换机将根据连入端口 GE 0/0/4 和 GE 0/0/5 的笔记本电脑的 MAC 地址，将其分配到指定的 VLAN。该网络的拓扑设计如图 3-17 所示。VLAN 和 PC 的 IPv4 地址与子网掩码定义如表 3-57 所示。

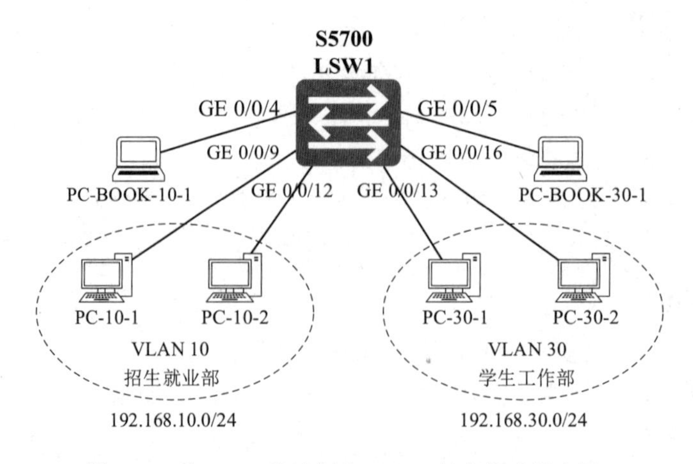

图 3-17　按 MAC 地址划分 VLAN 的交换式以太网

表 3-57　VLAN 和 PC 的 IPv4 地址与子网掩码定义

	IPv4 地址	子 网 掩 码
VLAN 10	**192.168.10.0**	**255.255.255.0**
PC-10-1	192.168.10.11	255.255.255.0
PC-10-2	192.168.10.12	255.255.255.0
PC-BOOK-10-1	192.168.10.14	255.255.255.0
VLAN 30	**192.168.30.0**	**255.255.255.0**
PC-30-1	192.168.30.11	255.255.255.0
PC-30-2	192.168.30.12	255.255.255.0
PC-BOOK-30-1	192.168.30.14	255.255.255.0

步骤 2：加载拓扑

启动 eNSP，单击工具栏中的“打开文件”图标，加载实验 3.4.1 的拓扑文件 lab-3.4.1-VLAN.PORT.topo。

步骤 3：修改拓扑

① 在工作区中增加 2 台用于模拟笔记本电脑的 PC，将它们分别连接至交换机端口 GE 0/0/4 和 GE 0/0/5。

② 为笔记本电脑命名。

③ 按定义配置各 PC 的 IP 地址和子网掩码。

④ 将 2 台笔记本电脑的 MAC 地址记录在表 3-58 中。

表 3-58　笔记本电脑 MAC 地址

笔记本电脑	MAC 地址
PC-BOOK-10-1	
PC-BOOK-30-1	

⑤ 单击工具栏中的“另存为”图标，将文件命名为 lab-3.4.2-VLAN.MAC.topo。

步骤 4：启动设备

单击工具栏中的“开启设备”图标，启动全部设备。

步骤 5：在交换机上按端口划分 VLAN

按实验 3.4.1 中的步骤 5 完成按端口划分 VLAN。

步骤 6：在交换机上按 MAC 地址划分 VLAN

在交换机 LSW1 的控制台窗口中输入以下命令：

```
<LSW1> system-view
# 将指定 MAC 地址加入 VLAN 10 和 VLAN 30。
# 进入 VLAN 配置模式。
[LSW1] vlan 10
# 分别取得 2 台笔记本电脑的 MAC 地址。
# 按 MAC 地址划分 VLAN。MAC 地址格式为：xxxx-xxxx-xxxx，例如：5489-9841-80E3。
[LSW1-vlan10] mac-vlan mac-address PC-BOOK10-1 的 MAC 地址 priority 0
```

```
[LSW1-vlan10] quit
[LSW1] vlan 30
[LSW1-vlan30] mac-vlan mac-address PC-BOOK30-1 的 MAC 地址 priority 0
[LSW1-vlan30] quit
# 使能端口 GE 0/0/4 和 GE 0/0/5 的基于 MAC 地址划分 VLAN 功能。
# 将端口链路类型设置为 Hybrid，并使其在发送 VLAN 10 和 VLAN 30 的帧时剥除 VLAN Tag。
[LSW1] interface gigabitethernet 0/0/4
[LSW1-GigabitEthernet0/0/4] port link-type hybrid
[LSW1-GigabitEthernet0/0/4] port hybrid untagged vlan 10 30
[LSW1-GigabitEthernet0/0/4] mac-vlan enable
[LSW1-GigabitEthernet0/0/4] quit
[LSW1] interface gigabitethernet 0/0/5
[LSW1-GigabitEthernet0/0/5] port link-type hybrid
[LSW1-GigabitEthernet0/0/5] port hybrid untagged vlan 10 30
[LSW1-GigabitEthernet0/0/5] mac-vlan enable
[LSW1-GigabitEthernet0/0/5] quit
# 查看所有基于 MAC 地址划分 VLAN 的配置信息。
[LSW1] display mac-vlan mac-address all
# 查看基于 MAC 地址划分的 VLAN 10 和 VLAN 30 的配置信息。
[LSW1] display mac-vlan vlan 10
[LSW1] display mac-vlan vlan 30
# 显示所有 VLAN 信息和 VLAN 包含的端口信息。
[LSW1] display vlan
[LSW1] display port vlan
```

提示·思考·动手

- ✓ 请将创建的网络拓扑的截图粘贴到实验报告中。
- ✓ 请将基于 MAC 地址划分 VLAN 的配置信息的截图粘贴到实验报告中。
- ✓ 采用基于 MAC 地址的方法向 VLAN 10 和 VLAN 30 添加成员时，添加成员前后的 VLAN 10 和 VLAN 30 信息有何不同？请将 VLAN 信息的截图粘贴到实验报告中。

步骤 7：测试验证

① 在 PC-10-1 和 PC-BOOK-10-1 命令窗口中输入以下命令，测试是否能相互通信：

```
ping 192.168.10.11
ping 192.168.10.14
ping 192.168.30.11
ping 192.168.30.14
```

② 在 PC-30-1 和 PC-BOOK-30-1 命令窗口中输入以下命令，测试是否能相互通信：

```
ping 192.168.30.11
ping 192.168.30.14
ping 192.168.10.11
ping 192.168.10.14
```

提示 · 思考 · 动手

- ✓ PC-BOOK-10-1 能 ping 通 PC-10-1 吗？请将 ping 命令结果的截图粘贴到实验报告中。
- ✓ PC-BOOK-10-1 能 ping 通 PC-BOOK-30-1 吗？请将 ping 命令结果的截图粘贴到实验报告中。
- ✓ PC-BOOK-30-1 能 ping 通 PC-30-1 吗？请将 ping 命令结果的截图粘贴到实验报告中。
- ✓ PC-BOOK-30-1 能 ping 通 PC-10-1 吗？请将 ping 命令结果的截图粘贴到实验报告中。

③ 重新连线。删除 PC-BOOK-10-1 和 PC-BOOK-30-1 与交换机的连接，然后重新将它们与交换机连接，将 PC-BOOK-10-1 接入端口 GE 0/0/4，将 PC-BOOK-30-1 接入端口 GE 0/0/5。

④ 测试验证。完成重新连线后，使用 ping 命令测试 PC-BOOK-10-1 和 PC-BOOK-30-1 是否能与所在 VLAN 的电脑通信。

提示 · 思考 · 动手

- ✓ 请将重新连线后的网络拓扑的截图粘贴到实验报告中。
- ✓ PC-BOOK-10-1 能 ping 通 PC-10-1 吗？请将 ping 命令执行结果的截图粘贴到实验报告中。
- ✓ PC-BOOK-10-1 能 ping 通 PC-BOOK-30-1 吗？请将 ping 命令执行结果的截图粘贴到实验报告中。
- ✓ PC-BOOK-30-1 能 ping 通 PC-30-1 吗？请将 ping 命令执行结果的截图粘贴到实验报告中。
- ✓ PC-BOOK-30-1 能 ping 通 PC-10-1 吗？请将 ping 命令执行结果的截图粘贴到实验报告中。

实验 3.4.3：基于 IP 地址的 VLAN 的划分

任务要求

已经按实验 3.4.1 构建了一个交换式以太网，实现了招生就业部和学生工作部电脑的连网。因工作需要，某招生就业部的工作人员既需要访问招生就业部的数据，也需要访问学生工作部的数据。请给出解决方案，完成系统配置。

实验步骤

步骤 1：网络设计

保持原有网络的设计不变，对其进行扩展。将该工作人员的电脑连接到交换机 LSW1 的端口 GE 0/0/8 上，在交换机上按 IP 地址划分 VLAN，交换机将根据从端口 GE 0/0/8 传入的 IP 分组首部中的源 IP 地址，将其分配到指定的 VLAN。该工作人员只需将电脑的 IP 地址切换到招生就业部或学生工作部的 IP 网段，就可以访问这些部门的数据了。网络的拓扑设计如图 3-18 所示。VLAN 和 PC 的 IPv4 地址与子网掩码定义如表 3-59 所示，其中该工作人员的电脑 PC-1030-1 可以使用 2 个 IP 地址，可以根据需要进行切换。

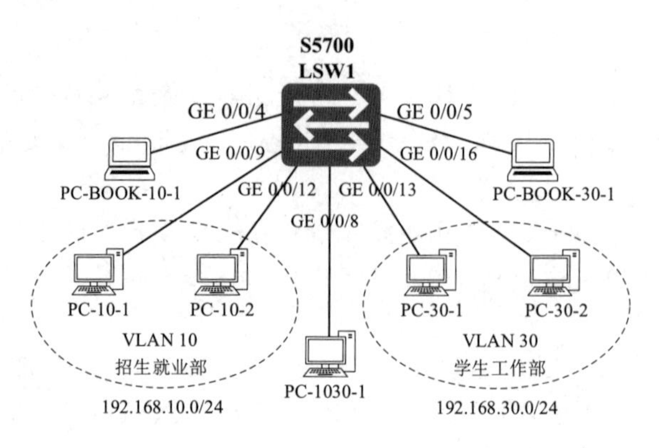

图 3-18　按 IP 地址划分 VLAN 的交换式以太网

表 3-59　VLAN 和 PC 的 IPv4 地址与子网掩码定义

	IPv4 地址	子 网 掩 码
VLAN 10	**192.168.10.0**	**255.255.255.0**
PC-10-1	192.168.10.11	255.255.255.0
PC-10-2	192.168.10.12	255.255.255.0
PC-BOOK-10-1	192.168.10.14	255.255.255.0
PC-1030-1	192.168.10.18	255.255.255.0
VLAN 30	**192.168.30.0**	**255.255.255.0**
PC-30-1	192.168.30.11	255.255.255.0
PC-30-2	192.168.30.12	255.255.255.0
PC-BOOK-30-1	192.168.30.14	255.255.255.0
PC-1030-1	192.168.30.18	255.255.255.0

步骤 2：加载拓扑

启动 eNSP，单击工具栏中的“打开文件”图标，加载实验 3.4.1 的拓扑文件 lab-3.4.1-VLAN.PORT.topo。

步骤 3：修改拓扑

① 在工作区中增加 1 台 PC，将它连接至交换机端口 GE 0/0/8。

② 为新增加的 PC 命名。

③ 按定义配置各 PC 的 IP 地址和子网掩码。先把 PC-1030-1 的 IPv4 地址和子网掩码设置为其在 VLAN 10 中的地址和子网掩码。

④ 单击工具栏中的“另存为”图标，将文件命名为 lab-3.4.3-VLAN.IP.topo。

步骤 4：启动设备

单击工具栏中“开启设备”图标，启动全部设备。

步骤 5：在交换机上按端口划分 VLAN

按实验 3.4.1 中的步骤 5 完成按端口划分 VLAN。

步骤 6：在交换机上按 MAC 地址划分 VLAN

按实验 3.4.2 中的步骤 6 完成按端口地址划分 VLAN。

步骤 7：在交换机上按 IP 地址划分 VLAN

在交换机 LSW1 的控制台窗口中输入以下命令：

```
<LSW1> system-view
[LSW1] vlan 10
# 按 IP 地址划分 vlan。
[LSW1-vlan10] ip-subnet-vlan 1 ip 192.168.10.0 24 priority 1
# 命令 ip-subnet-vlan 参数：
# 1 为 IP 子网索引，取值范围为 1～12 的整数。一个 vlan 最多可以绑定 12 个子网。
# 192.168.10.0 为子网地址，24 为前缀长度，也可以采用子网掩码 255.255.255.0。
# priority 为优先级，取值范围是 0～7，值越大，优先级越高。默认值是 0。
[LSW1-vlan10] quit
[LSW1] vlan 30
[LSW1-vlan30] ip-subnet-vlan 2 ip 192.168.30.0 24 priority 1
[LSW1-vlan30] quit
# 使能端口 GE 0/0/8 的基于 IP 地址划分 VLAN 功能。
# 将端口链路类型设置为 hybrid，并使其在发送 VLAN 10 和 VLAN 30 的帧时剥除 VLAN Tag。
[LSW1] interface gigabitethernet 0/0/8
[LSW1-GigabitEthernet0/0/8] port link-type hybrid
[LSW1-GigabitEthernet0/0/8] port hybrid untagged vlan 10 30
[LSW1-GigabitEthernet0/0/8] ip-subnet-vlan enable
[LSW1-GigabitEthernet0/0/8] quit
# 查看所有基于 IP 地址划分 VLAN 的配置信息。
[LSW1] display ip-subnet-vlan vlan all
# 查看基于 IP 地址划分的 VLAN 10 和 VLAN 30 的配置信息。
[LSW1] display ip-subnet-vlan vlan 10
[LSW1] display ip-subnet-vlan vlan 30
# 显示所有 VLAN 信息和 VLAN 包含的端口信息。
[LSW1] display vlan
[LSW1] display port vlan
```

提示 · 思考 · 动手

- ✓ 请将创建的网络拓扑的截图粘贴到实验报告中。
- ✓ 请将基于 IP 地址划分 VLAN 的配置信息的截图粘贴到实验报告中。
- ✓ 采用基于 IP 地址的方法向 VLAN 10 和 VLAN 30 添加成员时，添加成员前后的 VLAN 10 和 VLAN 30 信息有何不同？请将添加成员之前和之后的 VLAN 信息的截图粘贴到实验报告中。

步骤 8：测试验证

① 双击 PC-1030-1，弹出其配置窗口。将该 PC 的 IPv4 地址配置为 VLAN 10 中的地址 192.168.10.18。

② 在 PC-1030-1 命令窗口中输入以下命令，测试其是否能与 PC-10-1 和 PC-30-1 通信：

```
ping 192.168.10.11
ping 192.168.30.11
```

提示 · 思考 · 动手

- ✓ 切换到地址 192.168.10.18 后，PC-1030-1 能 ping 通 PC-10-1 吗？请将 ping 命令执行结果的截图粘贴到实验报告中。
- ✓ 切换到地址 192.168.10.18 后，PC-1030-1 能 ping 通 PC-30-1 吗？请将 ping 命令执行结果的截图粘贴到实验报告中。

③ 再将 PC-1030-1 的 IPv4 地址切换为 VLAN 30 中的地址 192.168.30.18。

④ 在PC-1030-1命令窗口中输入以下命令，再测试其是否能与PC-10-1和PC-30-1通信：

```
ping 192.168.10.11
ping 192.168.30.11
```

提示 · 思考 · 动手

- ✓ 切换到地址 192.168.30.18 后，PC-1030-1 能 ping 通 PC-10-1 吗？请将 ping 命令执行结果的截图粘贴到实验报告中。
- ✓ 切换到地址 192.168.10.18 后，PC-1030-1 能 ping 通 PC-30-1 吗？请将 ping 命令执行结果的截图粘贴到实验报告中。

实验 3.4.4：跨以太网交换机的 VLAN 扩展

任务要求

已经按实验 3.4.1 构建了一个交换式以太网，实现了招生就业部和学生工作部电脑的连网。近期，招生就业部和学生工作部的工作人员和电脑都增加了，办公室也有多个房间了，原有网络已经不能接入更多的电脑，需要对系统进行扩容。请给出解决方案，完成系统配置，使网络具有良好的扩展性，实现部门内部的通信，但隔离各部门之间的通信。

实验步骤

步骤 1：网络设计

对原有网络进行扩展。增加1台S5700以太网交换机LSW2，将两台交换机LSW1和LSW2的端口 GE 0/0/24 互连，对原有 VLAN 10 和 VLAN 30 进行跨交换机扩展，达到提高扩展能力和隔离不同部门通信的目的。该网络的拓扑设计如图 3-19 所示。VLAN 和 PC 的 IPv4 地址与子网掩码定义如表 3-60 所示。

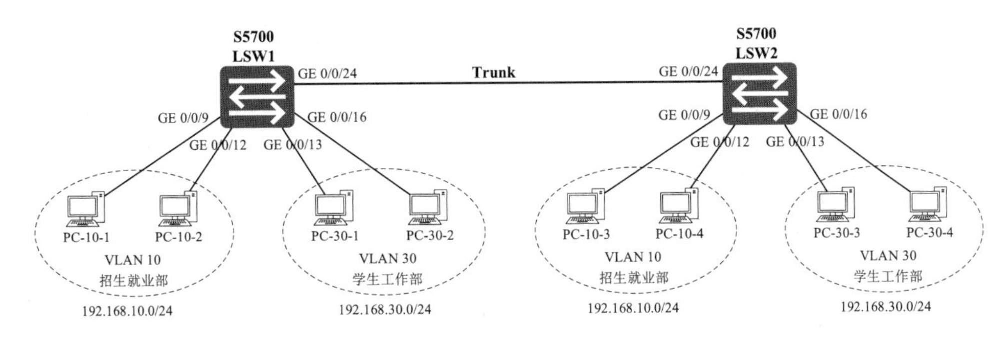

图 3-19　跨以太网交换机的 VLAN 扩展

表 3-60　VLAN 和 PC 的 IPv4 地址与子网掩码定义

	IPv4 地址	子网掩码
VLAN 10	**192.168.10.0**	**255.255.255.0**
PC-10-1	192.168.10.11	255.255.255.0
PC-10-2	192.168.10.12	255.255.255.0
PC-10-3	192.168.10.13	255.255.255.0
PC-10-4	192.168.10.14	255.255.255.0
VLAN 30	**192.168.30.0**	**255.255.255.0**
PC-30-1	192.168.30.11	255.255.255.0
PC-30-2	192.168.30.12	255.255.255.0
PC-30-3	192.168.30.13	255.255.255.0
PC-30-4	192.168.30.14	255.255.255.0

步骤 2：加载拓扑

启动 eNSP，单击工具栏中的“打开文件”图标，加载实验 3.4.1 的拓扑文件 lab-3.4.1-VLAN.PORT.topo。

步骤 3：修改拓扑

① 在工作区中再添加 1 台 S5700 交换机和 4 台 PC。
② 按指定端口将 PC、交换机互连。
③ 为 PC 和交换机命名。
④ 按定义配置各 PC 的 IP 地址和子网掩码。
⑤ 单击工具栏中的“另存为”图标，将文件命名为 lab-3.4.4-VLAN.TRUNK.topo。

步骤 4：启动设备

单击工具栏中“开启设备”图标，启动全部设备。

步骤 5：在交换机上配置 VLAN 和 Trunk

① 配置交换机 LSW1。首先按实验 3.4.1 中的步骤 5 在交换机上按端口划分 VLAN，然后按下列步骤配置端口 GE 0/0/24。

```
<LSW1> system-view
# 将端口 GE 0/0/24 的链路类型设置为 Trunk。
[LSW1] interface gigabitethernet 0/0/24
```

```
[LSW1-GigabitEthernet0/0/24] port link-type trunk
# 允许 Trunk 传输 VLAN 10 和 VLAN 30 的 VLAN 帧。
[LSW1-GigabitEthernet0/0/24] port trunk allow-pass vlan 10 30
# 也可以允许 Trunk 传输所有的 VLAN 帧。
# [LSW1-GigabitEthernet0/0/24] port trunk allow-pass vlan all
[LSW1-GigabitEthernet0/0/24] quit
# 显示所有 VLAN 信息和 VLAN 包含的端口信息。
[LSW1] display vlan
[LSW1] display port vlan
```

② 配置交换机 LSW2。交换机 LSW2 的配置与交换机 LSW1 的配置基本相同。请按配置 LSW1 的方法配置 LSW2，但需要将其命名为 LSW2。

步骤 6：测试验证

在 PC-10-1 和 PC-10-3 命令窗口中输入以下命令，测试是否能相互通信：

```
ping 192.168.10.11
ping 192.168.10.12
ping 192.168.10.13
```

在 PC-30-1 和 PC-30-3 命令窗口中输入以下命令，测试是否能相互通信：

```
ping 192.168.30.11
ping 192.168.30.12
ping 192.168.30.13
```

提示·思考·动手

- ✓ 请将创建的网络拓扑的截图粘贴到实验报告中。
- ✓ PC-10-1 能 ping 通 PC-10-3 吗？请将 ping 命令执行结果的截图粘贴到实验报告中。
- ✓ PC-30-1 能 ping 通 PC-30-3 吗？请将 ping 命令执行结果的截图粘贴到实验报告中。
- ✓ 如果在交换机 LSW1 的端口 GE 0/0/23 上再连接一台 S5700 交换机 LSW3，并将现有的 VLAN 10 和 VLAN 30 扩展到交换机 LSW3。请写出交换机 LSW1 和 LSW3 的配置命令。

步骤 7：通信分析

开启交换机 LSW1 端口 GE 0/0/9 和 GE 0/0/24 的数据抓包与交换机 LSW2 端口 GE 0/0/9 的数据抓包。从 PC-10-1 ping PC-10-3，分析抓取的 ping 通信。

提示·思考·动手

- ✓ 从交换机 LSW1 端口 GE 0/0/9 抓取的以太网帧是带标记还是不带标记的以太网帧呢？若为带标记的以太网帧，则 VLAN ID 为多少？请将抓到的以太网帧的字段信息的截图粘贴在实验报告中。

- ✓ 从交换机 LSW1 端口 GE 0/0/24 抓取的以太网帧是带标记的还是不带标记的以太网帧呢？若为带标记的以太网帧，则 VLAN ID 为多少？请将抓到的以太网帧的字段信息的截图粘贴在实验报告中。
- ✓ 从交换机 LSW2 端口 GE 0/0/9 抓取的以太网帧是带标记的还是不带标记的以太网帧呢？若为带标记的以太网帧，则 VLAN ID 为多少？请将抓到的以太网帧的字段信息的截图粘贴在实验报告中。

3.5　链路聚合配置与分析

实验目的

1. 理解以太网链路聚合的作用。
2. 掌握使用手动模式配置链路聚合的方法。

实验装置和工具

1. 华为 eNSP 软件。
2. ping。
3. Wireshark。

实验原理（背景知识）

1. 链路聚合

随着网络规模的不断扩大，用户对主干链路的带宽和可靠性的要求越来越高了。在传统技术中，通常采用的解决方案是硬件升级，用更高速率的接口卡或带有更高速率接口卡的设备替换原有接口卡或设备，这种方案费用昂贵且不够灵活。

链路聚合可以在不升级硬件的条件下，通过将多个物理接口捆绑为一个逻辑接口，达到增加链路带宽、实现冗余和备份、提高可靠性的目的。链路聚合具有以下优点。

- 增加带宽。链路聚合接口的带宽为各成员接口带宽之和。
- 提高可靠性。当某条活动链路出现故障时，可以把流量切换到其他活动链路上，从而提高链路聚合接口的可靠性。
- 负载均衡。在一个链路聚合组内，可以在各成员活动链路上实现负载均衡。

2. 基本概念

华为为链路聚合定义了以下基本概念。

- 链路聚合组和链路聚合端口。链路聚合组 LAG（Link Aggregation Group）是指将若干以太链路捆绑在一起所形成的逻辑链路。每个聚合组都唯一对应着一个逻辑端口，这个逻辑端口称为链路聚合端口或 Eth-Trunk 端口。链路聚合端口可以作为普通的以太网端口来使用，与普通以太网端口的差别在于：转发时，链路聚合组需要从成员端口中选择一个或多个端口进行数据转发。

- 成员接口和成员链路。组成 Eth-Trunk 端口的各个物理端口称为成员端口。成员端口对应的链路称为成员链路。
- 活动接口和非活动端口，活动链路和非活动链路。链路聚合组的成员端口存在活动端口和非活动端口两种。转发数据的端口称为活动端口，不转发数据的端口称为非活动端口。活动端口对应的链路称为活动链路，非活动端口对应的链路称为非活动链路。
- 备份链路。在链路聚合中，为了提高链路的可靠性，引入了备份链路的机制。这些备份链路对应的端口通常情况下为非活动端口。只有当前活动端口出现故障时，非活动端口才可以转变为活动端口。

3. 链路聚合模式

目前华为设备的链路聚合模式分为两种：手工模式和 LACP 模式。

手工模式是最常用、最基本的模式之一。在该模式下，聚合组的创建、成员端口的加入完全由手工来配置。在该模式下，所有成员端口（Selected）都参与数据的转发，分担负载流量。在手工模式创建的聚合组中，端口可能处于两种状态：Selected 或 Standby。处于 Selected 状态且端口号最小的端口为聚合组的主端口，其他处于 Selected 状态的端口为聚合组的成员端口。设备所能支持的聚合组中的最大端口数有限制，如果处于 Selected 状态的端口数超过设备所能支持的聚合组中的最大端口数，则系统将按照端口号从小到大的顺序选择一些端口为 Selected 端口，其他则为 Standby 端口。

LACP（Link Aggregation Control Protocol，链路聚合控制协议）模式为交换数据的设备提供一种标准的协商方式，以使系统根据自身配置自动形成聚合链路，并启动聚合链路收发数据。聚合链路形成以后，负责维护链路状态。在聚合条件发生变化时，自动调整或解散链路聚合。在 LACP 模式下，部分链路是活动链路，所有活动链路均参与数据转发。如果某条活动链路故障，则链路聚合组自动在非活动链路中选择一条链路作为活动链路，参与数据转发的链路数目不变。

4. 链路聚合主要应用

链路聚合主要应用见表 3-61。

表 3-61　链路聚合主要应用

应　用	说　明
直连交换机	在设备之间提供更多带宽和更高可靠性
交换机连接服务器	把服务器的多块网卡聚合成一个网卡组，提供更多的带宽和更高的可靠性，实现负载均衡
跨传输设备连接交换机	需要在相聚较远的交换机之间部署传输设备时，通过链路聚合提高可靠性，提供更多的带宽

实验 3.5.1：手工模式链路聚合

任务要求

在实验 3.4.4 中，已经通过配置 Trunk 端口扩展了招生就业部和学生工作部的 VLAN 10

和 VLAN 30。为了提高通信的性能和可靠性，在保持原有同一 VLAN 可以相互通信、不同 VLAN 间通信相互隔离和各 PC 原有配置的情况下，在两台交换机 LSW1 和 LSW2 之间再增加两条 Trunk 链路，并将三条 Trunk 链路聚合在一起。网络的拓扑如图 3-20 所示。VLAN 和 PC 的 IPv4 地址与子网掩码定义如表 3-62 所示，与实验 3.4.4 中的定义相同。请采用第二层手工模式链路聚合技术配置实现链路聚合。

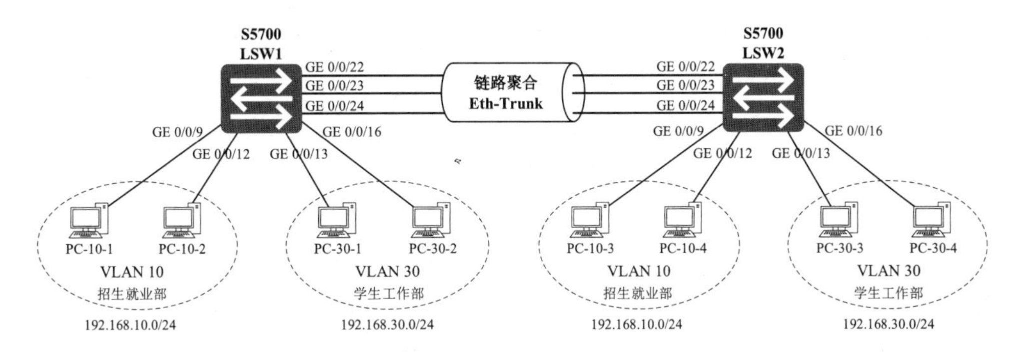

图 3-20　采用链路聚合技术的跨交换机 VLAN 网络

表 3-62　VLAN 和 PC 的 IPv4 地址与子网掩码定义

	IPv4 地址	子 网 掩 码
VLAN 10	**192.168.10.0**	**255.255.255.0**
PC-10-1	192.168.10.11	255.255.255.0
PC-10-2	192.168.10.12	255.255.255.0
PC-10-3	192.168.10.13	255.255.255.0
PC-10-4	192.168.10.14	255.255.255.0
VLAN 30	**192.168.30.0**	**255.255.255.0**
PC-30-1	192.168.30.11	255.255.255.0
PC-30-2	192.168.30.12	255.255.255.0
PC-30-3	192.168.30.13	255.255.255.0
PC-30-4	192.168.30.14	255.255.255.0

实验步骤

步骤 1：加载拓扑

启动 eNSP，单击工具栏中的“打开文件”图标，加载实验 3.4.4 的拓扑文件 lab-3.4.4-VLAN.TRUNK.topo。

步骤 2：修改拓扑

① 按指定端口互连交换机 LSW1 和 LSW2。
② 按定义配置各 PC 的 IP 地址和子网掩码。
③ 单击工具栏中的“另存为”图标，将文件命名为 lab-3.5.1-VLAN.LinkAM.topo。

步骤 3：启动设备

单击工具栏中的“开启设备”图标，启动全部设备。

步骤 4：在交换机上配置 VLAN 和链路聚合

① 配置交换机 LSW1。首先按实验 3.4.1 中的步骤 5 在交换机上按端口划分 VLAN，然后按下列步骤使用手工模式配置链路聚合。

```
<LSW1> system-view
# 创建链路聚合（eth-Trunk）端口 eth-trunk 1。eth-trunk 后的数值可以随意。
[LSW1] interface eth-trunk 1
# 允许成员端口处理 BPDU。
[LSW1-Eth-Trunk1] bpdu enable
# 加入成员端口 GE 0/0/22、GE 0/0/23 和 GE 0/0/24。
[LSW1-Eth-Trunk1] Trunkport gigabitethernet 0/0/22 to 0/0/24
# 配置 eth-trunk 1 为 trunk，允许 VLAN 10 和 VLAN 30 通过。
[LSW1-Eth-Trunk1] port link-type trunk
[LSW1-Eth-Trunk1] port trunk allow-pass vlan 10 30
# 配置 eth-trunk 1 输出时的负载分担方式。
# 负载分担方式可以为根据源 MAC 地址、目的 MAC 地址、源-目的 MAC 地址、源 IP 地址、目的 IP
地址、源-目的 IP 地址。
# 可以使用命令 load-balance 查看所支持的负载分担方式。
# 将负载分担方式配置为根据源和目的 MAC 地址。默认为 src-dst-ip。
[LSW1-Eth-Trunk1] load-balance src-dst-mac
[LSW1-Eth-Trunk1] quit
# 检查 eth-trunk 1 端口信息，以及成员端口是否正确加入。
[LSW1] display eth-trunk 1
[LSW1] display trunkmembership eth-trunk 1
# 查看 eth-trunk 1 端口状态。
[LSW1] display interface eth-trunk 1
# 查看所有 Eth-Trunk 端口信息和状态。
[LSW1] display eth-trunk
[LSW1] display interface eth-trunk
```

② 配置交换机 LSW2。交换机 LSW2 的配置与交换机 LSW1 的配置基本相同。请按配置 LSW1 的方法配置 LSW2，但需要将其命名为 LSW2。负载分担方式可以与 LSW1 的不同。

提示 · 思考 · 动手

- ✓ 请将创建的网络拓扑的截图粘贴到实验报告中。
- ✓ 请将交换机 LSW1 的 eth-trunk 1 端口信息截图粘贴到实验报告中。
- ✓ 请将交换机 LSW1 的 eth-trunk 1 端口状态信息截图粘贴到实验报告中。
- ✓ 交换机 LSW1 的 eth-trunk 1 的最大带宽是多少？当前带宽是多少？
- ✓ 请将交换机 LSW2 的 eth-trunk 1 的状态信息截图粘贴到实验报告中。
- ✓ 交换机 LSW2 的 eth-trunk 1 的最大带宽是多少？当前带宽是多少？

步骤 5：测试验证与通信分析

① 开启交换机 LSW1 端口 GE 0/0/22、GE 0/0/23 和 GE 0/0/24 的数据抓包，然后分别在 PC-10-1 和 PC-30-1 命令窗口中输入以下命令，测试是否能相互通信：

```
ping 192.168.10.13 -c 1
```

```
ping 192.168.30.13 -c 1
```

提示·思考·动手

- ✓ PC-10-1 能 ping 通 PC-10-3 吗？请将 ping 命令执行结果的截图粘贴到实验报告中。
- ✓ PC-30-1 能 ping 通 PC-30-3 吗？请将 ping 命令执行结果的截图粘贴到实验报告中。
- ✓ 分析抓取的 ping 通信，请将结果填入表 3-63。若通过了某端口，则在相应表格单元内打上标记×。

表 3-63　通信使用聚合链路情况

	GE 0/0/22	GE 0/0/23	GE 0/0/24
PC-10-1 发出的： ping 192.168.10.13 -c 1			
PC-10-2 发出的： ping 192.168.10.14 -c 1			
PC-30-1 发出的： ping 192.168.30.13 -c 1			
PC-30-2 发出的： ping 192.168.30.14 -c 1			

② 对链路聚合特性进行测试。

首先关闭交换机 LSW1 的端口 GE 0/0/22，模拟其所连接的链路发生故障，检查是否可以继续通信。在交换机 LSW1 的控制台窗口输入以下命令：

```
<LSW1> system-view
[LSW1] interface gigabitethernet 0/0/22
[LSW1-GigabitEthernet0/0/22] shutdown
[LSW1-GigabitEthernet0/0/22] quit
[LSW1] display eth-trunk 1
[LSW1] display interface eth-trunk 1
```

提示·思考·动手

- ✓ 请将交换机 LSW1 端口 GE 0/0/22 关闭后的 Eth-Trunk 1 端口信息截图粘贴到实验报告中。
- ✓ 关闭端口 GE 0/0/22 后，PC-10-1 还能 ping 通 PC-10-3 吗？将 ping 命令执行结果的截图粘贴到实验报告中。
- ✓ 如果再关闭端口 GE 0/0/23，PC-10-1 还能 ping 通 PC-10-3 吗？将 ping 命令执行结果的截图粘贴到实验报告中。
- ✓ 再继续关闭端口 GE 0/0/24，PC-10-1 还能 ping 通 PC-10-3 吗？将 ping 命令执行结果的截图粘贴到实验报告中。

再重新开启交换机 LSW1 的端口 GE 0/0/22，模拟其所连接的链路故障被修复。在交换机 LSW1 的控制台窗口输入以下命令：

```
<LSW1> system-view
[LSW1] interface gigabitethernet 0/0/22
[LSW1-GigabitEthernet0/0/22] undo shutdown
[LSW1-GigabitEthernet0/0/22] quit
[LSW1] display eth-trunk 1
[LSW1] display interface eth-trunk 1
```

提示·思考·动手

✓ 请将交换机 LSW1 端口 GE 0/0/22 再次开启后的 eth-trunk 1 端口信息截图粘贴到实验报告中。

✓ 重新开启端口 GE 0/0/22 后，PC-10-1 还能 ping 通 PC-10-3 吗？将 ping 命令执行结果的截图粘贴到实验报告中。

实验 3.5.2：静态 LACP 模式链路聚合

任务要求

某网络的拓扑如图 3-21 所示，与实验 3.5.1 的网络拓扑相同。在实验 3.5.1 中，已经采用第 2 层手工模式链路聚合技术，配置实现了链路聚合。现要求采用第 2 层静态 LACP 链路聚合技术将三条 Trunk 链路聚合在一起，并满足以下要求：

- 两条活动链路具有负载分担的能力。
- 两台交换机间的链路具有 1 条冗余备份链路。当活动链路出现故障时，备份链路替代故障链路，保持数据传输的可靠性。
- 同一 VLAN 可以相互通信，不同 VLAN 间通信相互隔离。

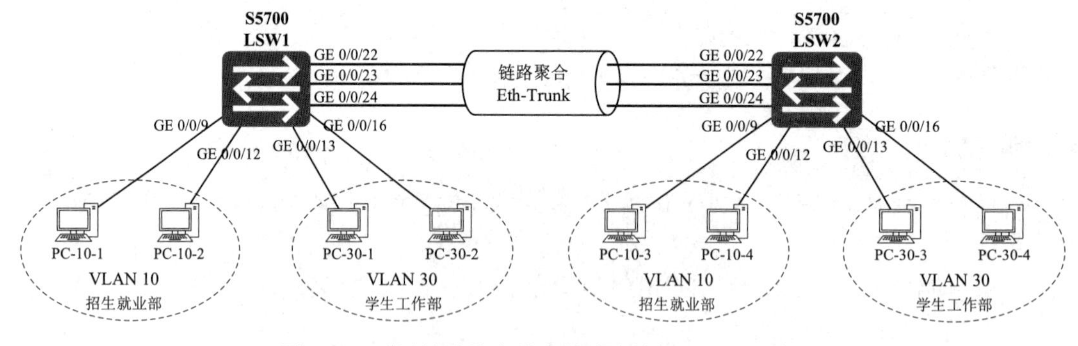

图 3-21　采用链路聚合技术的跨交换机 VLAN 网络

VLAN 和 PC 的 IPv4 地址与子网掩码定义如表 3-64 所示，与实验 3.5.1 中的定义相同。

表 3-64　VLAN 和 PC 的 IPv4 地址与子网掩码定义

	IPv4 地址	子 网 掩 码
VLAN 10	**192.168.10.0**	**255.255.255.0**
PC-10-1	192.168.10.11	255.255.255.0
PC-10-2	192.168.10.12	255.255.255.0

续表

	IPv4 地址	子 网 掩 码
PC-10-3	192.168.10.13	255.255.255.0
PC-10-4	192.168.10.14	255.255.255.0
VLAN 30	**192.168.30.0**	**255.255.255.0**
PC-30-1	192.168.30.11	255.255.255.0
PC-30-2	192.168.30.12	255.255.255.0
PC-30-3	192.168.30.13	255.255.255.0
PC-30-4	192.168.30.14	255.255.255.0

实验步骤

步骤 1：加载拓扑

① 启动 eNSP，单击工具栏中的“打开文件”图标，加载实验 3.5.1 的拓扑文件 lab-3.5.1-VLAN.LinkAM.topo。

② 按定义配置各 PC 的 IP 地址和子网掩码。

③ 单击工具栏中的“另存为”图标，将该拓扑另存为 lab-3.5.2-VLAN.LinkALACP.topo。

步骤 2：启动设备

单击工具栏中的“开启设备”图标，启动全部设备。

步骤 3：在交换机上配置 VLAN 和链路聚合

① 配置交换机 LSW1。首先按实验 3.4.1 中的步骤 5 在交换机上按端口划分 VLAN，然后按下列步骤配置使用静态 LACP 实现链路聚合。

```
<LSW1> system-view
# 创建链路聚合（eth-Trunk）端口 eth-trunk 1。eth-trunk 后的数值可以随意。
[LSW1] interface eth-trunk 1
# 允许成员端口处理 BPDU。
[LSW1-Eth-Trunk1] bpdu enable
# 配置为静态 LACP 模式。
[LSW1-Eth-Trunk1] mode lacp-static
# 配置活动端口上限阈值为 2。默认最大数为 8，最小数为 1。
# 按要求，3 条链路中，2 条为活动链路，1 条为备份链路。
[LSW1-Eth-Trunk1] max active-linknumber 2
# 配置 eth-trunk 1 为 Trunk，允许 VLAN 10 和 VLAN 30 的帧通过。
[LSW1-Eth-Trunk1] port link-type trunk
[LSW1-Eth-Trunk1] port trunk allow-pass vlan 10 30
[LSW1-Eth-Trunk1] quit
# 设置为 LACP 主动端。
# LACP 在选举主动端设备时，首先看优先级。默认优先级为 32 768。
# 优先级高的（数值小）作为主动端。如果优先级相同，则比较 MAC 地址。数值小的作为主动端。
# 在 LSW1 上配置其优先级为 100，高于 LSW2，使其成为 LACP 主动端。
[LSW1] lacp priority 100
# 加入成员端口 GE 0/0/22。设置其所连接的链路为活动链路。
[LSW1] interface gigabitethernet 0/0/22
[LSW1-GigabitEthernet0/0/22] eth-trunk 1
```

```
# 配置活动链路。
# LACP 首先看端口的优先级，首选优先级高的（数值小）为活动链路。如果优先级相同，则比较端口号，越小越优先。默认端口优先级为 32 768。
[LSW1-GigabitEthernet0/0/22] lacp priority 100
[LSW1-GigabitEthernet0/0/22] quit
# 加入成员端口 GE 0/0/23，设置其所连接的链路为活动链路。
[LSW1] interface gigabitethernet 0/0/23
[LSW1-GigabitEthernet0/0/23] eth-trunk 1
[LSW1-GigabitEthernet0/0/23] lacp priority 100
[LSW1-GigabitEthernet0/0/23] quit
# 加入成员端口 GE 0/0/24，设置其所连接的链路为备份链路。
[LSW1] interface gigabitethernet 0/0/24
[LSW1-GigabitEthernet0/0/24] eth-trunk 1
[LSW1-GigabitEthernet0/0/24] quit
# 使能优先级抢占。默认时是关闭的。
# 在静态 LACP 模式下，当活动链路中出现故障链路时，系统会从备份链路中选择优先级最高的链路替代故障链路；如果被替代的故障链路恢复了正常，而且该链路的优先级又高于替代自己的链路，若使能了优先级抢占，则高优先级链路会抢占低优先级链路，回切到活动状态；若不使能优先级抢占，则系统不会重新选择活动接口，故障恢复后的链路将作为备份链路。
# 在进行优先级抢占时，系统将根据主动端接口的优先级进行抢占。
[LSW1] interface eth-trunk 1
[LSW1-Eth-Trunk1] lacp preempt enable
# 配置抢占等待时间。默认为 30s。
# 当故障链路恢复正常时，经过 10s 后，取代低优先级链路，成为活动链路。
[LSW1-Eth-Trunk1] lacp preempt delay 10
# 配置 eth-trunk 1 的负载分担方式为根据源 MAC 地址和目的 MAC 地址。默认为 src-dst-ip。
[LSW1-Eth-Trunk1] load-balance src-dst-mac
[LSW1-Eth-Trunk1] quit
# 检查 eth-trunk 1 端口信息，成员端口是否正确加入。
[LSW1] display eth-trunk 1
[LSW1] display trunkmembership eth-trunk 1
# 查看 eth-trunk 1 端口状态。
[LSW1] display interface eth-trunk 1
# 查看所有 Eth-Trunk 端口信息和端口状态。
[LSW1] display eth-trunk
[LSW1] display interface eth-trunk
```

② 配置交换机 LSW2。首先在交换机 LSW2 上配置 VLAN，配置方法与交换机 LSW1 的配置方法相同，但需要将交换机命名为 LSW2。然后按下列步骤配置使用静态 LACP 实现链路聚合。

```
<LSW2> system-view
# 创建链路聚合（Eth-Trunk）端口 eth-trunk 2。
[LSW2] interface eth-trunk 2
[LSW2-Eth-Trunk2] bpdu enable
[LSW2-Eth-Trunk2] mode lacp-static
[LSW2-Eth-Trunk2] port link-type trunk
[LSW2-Eth-Trunk2] port trunk allow-pass vlan 10 30
# 加入成员端口 GE 0/0/22、GE 0/0/23 和 GE 0/0/24。
[LSW2-Eth-Trunk2] trunkport gigabitethernet 0/0/22 to 0/0/24
```

```
# 使能优先级抢占。默认时是关闭的。
[LSW2-Eth-Trunk2] lacp preempt enable
[LSW2-Eth-Trunk2] quit
[LSW2] display eth-trunk 2
[LSW2] display trunkmembership eth-trunk 2
[LSW2] display interface eth-trunk 2
[LSW2] display eth-trunk
[LSW2] display interface eth-trunk
```

提示 · 思考 · 动手

- ✓ 请将创建的网络拓扑的截图粘贴到实验报告中。
- ✓ 请将交换机 LSW1 的 eth-trunk 1 端口信息的截图粘贴到实验报告中。
- ✓ 请将交换机 LSW1 的 eth-trunk 1 端口状态的截图粘贴到实验报告中。
- ✓ 交换机 LSW1 的优先级是多少？最大活动链路数是多少？
- ✓ 交换机 LSW1 的 eth-trunk 1 中，活动端口有哪些？活动端口的优先级是多少？非活动端口有哪些？非活动端口的优先级是多少？
- ✓ 交换机 LSW1 的 eth-trunk 1 的最大带宽是多少？当前带宽是多少？
- ✓ 请将交换机 LSW2 的 eth-trunk 2 端口信息的截图粘贴到实验报告中。
- ✓ 请将交换机 LSW2 的 eth-trunk 2 端口状态截图粘贴到实验报告中。

步骤 4：测试验证与通信分析

① 开启交换机 LSW1 端口 GE 0/0/22、GE 0/0/23 和 GE 0/0/24 的数据抓包，然后分别在 PC-10-1 和 PC-30-1 命令窗口中输入以下命令，测试它们是否能相互通信：

```
ping 192.168.10.13 -c 1
ping 192.168.30.13 -c 1
```

提示 · 思考 · 动手

- ✓ PC-10-1 能 ping 通 PC-10-3 吗？请将 ping 命令执行结果的截图粘贴到实验报告中。
- ✓ PC-30-1 能 ping 通 PC-30-3 吗？请将 ping 命令执行结果的截图粘贴到实验报告中。
- ✓ 分析抓取的 ping 通信，请将结果填入表 3-65。若通过了某端口，则在相应表格单元内打上标记×。

表 3-65　通信使用聚合链路情况

	GE 0/0/22	GE 0/0/23	GE 0/0/24
PC-10-1 发出的： ping 192.168.10.13 -c 1			
PC-10-2 发出的： ping 192.168.10.14 -c 1			
PC-30-1 发出的： ping 192.168.30.13 -c 1			
PC-30-2 发出的： ping 192.168.30.14 -c 1			

② 对链路聚合特性进行测试。

首先关闭交换机 LSW1 的端口 GE 0/0/22，模拟其所连接的链路发生故障，检查端口 GE 0/0/24 是否会从备份链路变成活动链路。在交换机 LSW1 的控制台窗口输入以下命令：

```
<LSW1> system-view
[LSW1] interface gigabitethernet 0/0/22
[LSW1-GigabitEthernet0/0/22] shutdown
[LSW1-GigabitEthernet0/0/22] quit
[LSW1] display eth-trunk 1
[LSW1] display interface eth-trunk 1
```

提示 · 思考 · 动手

✓ 请将交换机 LSW1 端口 GE 0/0/22 关闭后的 eth-trunk 1 端口信息截图粘贴到实验报告中。

再重新开启交换机 LSW1 的端口 GE 0/0/22，模拟其所连接的链路故障被修复，等待所配置的抢占等待时间，例如 10s，检查端口 GE 0/0/22 是否会成为活动链路。在交换机 LSW1 的控制台窗口中输入以下命令：

```
<LSW1> system-view
[LSW1] interface gigabitethernet 0/0/22
[LSW1-GigabitEthernet0/0/22] undo shutdown
[LSW1-GigabitEthernet0/0/22] quit
[LSW1] display eth-trunk 1
[LSW1] display interface eth-trunk 1
```

提示 · 思考 · 动手

✓ 请将交换机 LSW1 端口 GE 0/0/22 重新开启后的 eth-trunk 1 端口信息截图粘贴到实验报告中。

3.6 端口隔离配置与分析

实验目的

1. 理解端口隔离的作用。
2. 掌握端口隔离的配置方法。
3. 掌握 Hybird 端口的配置方法

实验装置和工具

1. 华为 eNSP 软件。
2. ping。

实验原理（背景知识）

为了防范广播通信过多、病毒传播、ARP 攻击、控制通信方向等，需要隔离以太网交换机端口之间的通信。通常采用两种方法：一种是配置 VLAN；另一种是端口隔离技术。

通过配置 VLAN，可以将不同的端口加入不同的 VLAN，实现第 2 层（即数据链路层）通信的隔离，但需要较多的 VLAN 资源，而交换机支持的最大 VLAN 数量是有限的。

端口隔离是交换机端口之间的一种访问控制机制，它可以实现同一 VLAN 内端口之间的隔离。只需要将端口加入隔离组，就可以实现隔离组内端口之间第 2 层通信的隔离，而不用关心这些端口所属的 VLAN，从而节省 VLAN 资源。端口隔离功能为用户提供了更安全、更灵活的组网方案。

端口隔离可以是双向的，也可以是单向的。不同端口隔离的方法和应用场景见表 3-66。

表 3-66　不同端口隔离的方法和应用场景

端口隔离方法	应 用 场 景
配置隔离组	隔离组内端口之间实现第 2 层通信的隔离。隔离组内的端口与未加入隔离组的端口之间实现第 2 层双向互通
配置单向隔离	在接入同一个交换机不同端口的多台主机中，如果某台主机存在安全隐患，可能会向其他主机发送大量的广播报文。这时，可以通过配置端口间的单向隔离，实现该主机到其他主机的第 2 层通信隔离。为了实现不同端口隔离组的端口之间的通信隔离，也可以通过配置接口之间的单向隔离来实现

实验 3.6.1：配置双向隔离

任务要求

学生工作部使用 1 台华为 S5700 第 3 层以太网交换机将本部门电脑接入属于 VLAN 30 的端口 GE 0/0/13～GE 0/0/16。网络的拓扑如图 3-22 所示。除了本部门工作人员 A，该部门临时聘用了两名工作人员 B 和 C。现在希望 A 能与 B 和 C 之间相互通信，但是 B 和 C 之间不能相互通信。VLAN 和 PC 的 IPv4 地址与子网掩码定义如表 3-67 所示。请采用端口隔离技术实现系统需求。

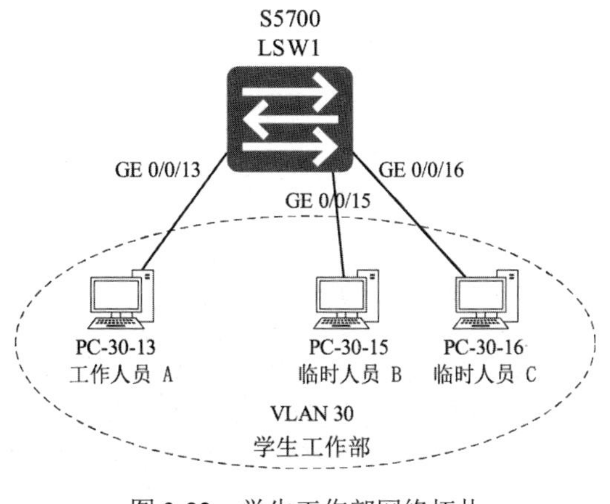

图 3-22　学生工作部网络拓扑

表 3-67　VLAN 和 PC 的 IPv4 地址与子网掩码定义

	IPv4 地址	子 网 掩 码
VLAN 30	**192.168.30.0**	**255.255.255.0**
PC-30-13	192.168.30.13	255.255.255.0
PC-30-15	192.168.30.15	255.255.255.0
PC-30-16	192.168.30.16	255.255.255.0

实验步骤

步骤 1：创建拓扑

① 启动 eNSP，单击工具栏中的“新建拓扑”图标。

② 向空白工作区中添加 1 台 S5700 交换机和 3 台 PC。

③ 将各 PC 连接到交换机的指定端口。

④ 为交换机和 PC 命名。

步骤 2：为 PC 配置 IPv4 地址和子网掩码

① 分别双击各台 PC，在各自弹出的配置窗口中选择“基础配置”标签，为其配置 IPv4 地址和子网掩码。

② 配置完毕后，单击工具栏中的“保存”图标，保存拓扑到指定目录，将文件命名为 lab-3.6.1-VLAN.PORT.iso.bi.topo。

步骤 3：启动设备

单击工具栏中的“开启设备”图标，启动全部设备。

步骤 4：配置 VLAN 和端口隔离

双击工作区中交换机 LSW1 的图标，打开控制台窗口，在提示符下输入以下命令：

```
# 进入系统视图，为交换机命名。
<huawei> system-view
[huawei] sysname LSW1
# 创建 VLAN 30，将 VLAN 30 配置为端口 GE 0/0/13 至 GE0/0/16 的默认 VLAN。
[LSW1] vlan 30
[LSW1-vlan30] port gigabitethernet 0/0/13 to 0/0/16
# 配置端口隔离。
# mode 参数：
# l2 = 指定端口隔离模式为 2 层（Layer 2）隔离，3 层（Layer 3）互通。
# all = 指定端口隔离模式为 2 层和 3 层都隔离。
[LSW1] port-isolate mode l2
# 配置端口 GE 0/0/15 和 GE 0/0/16 为双向隔离。
[LSW1] interface gigabitethernet 0/0/15
# 使能端口隔离功能，将端口加入隔离组 30。组 id 范围为 1～64。
# 默认情况下，未使能端口隔离功能。如果不指定隔离组 id，则默认加入端口隔离组 1。
[LSW1-GigabitEthernet0/0/15] port-isolate enable group 30
[LSW1-GigabitEthernet1/0/15] quit
```

```
[LSW1] interface gigabitethernet 0/0/16
[LSW1-GigabitEthernet0/0/16] port-isolate enable group 30
[LSW1-GigabitEthernet/0/16] quit
# 查看隔离组配置信息。
[LSW1] display port-isolate group 30
[LSW1] display port-isolate group all
```

步骤 5：测试验证与通信分析

开启交换机 LSW1 端口 GE 0/0/13、GE 0/0/15 和 GE 0/0/16 的数据抓包，然后分别在 PC-30-13、PC-30-15 和 PC-30-16 命令窗口中输入以下命令，测试它们是否能相互通信：

```
ping 192.168.30.13
ping 192.168.30.15
ping 192.168.30.16
```

提示 · 思考 · 动手

- ✓ PC-30-13 能 ping 通 PC-30-15 吗？请将 ping 命令执行结果的截图粘贴到实验报告中。
- ✓ PC-30-13 能 ping 通 PC-30-16 吗？请将 ping 命令执行结果的截图粘贴到实验报告中。
- ✓ PC-30-15 能 ping 通 PC-30-16 吗？请将 ping 命令执行结果的截图粘贴到实验报告中。
- ✓ 在交换机 LSW1 端口 GE 0/0/15 和 GE 0/0/16 上能捕获到 PC-30-15 与 PC-30-16 之间的 ping 通信吗？

实验 3.6.2：配置单向隔离

任务要求

学生工作部网络的拓扑如图 3-23 所示，与实验 3.6.1 中的网络拓扑相同。现希望 A 可以和 C 相互通信，A 可以发信息给 B，但不允许 B 发信息给 A，B 和 C 之间不能相互通信。VLAN 和 PC 的 IPv4 地址与子网掩码定义如表 3-68 所示，与实验 3.6.1 中的定义相同。请采用端口隔离技术实现配置。

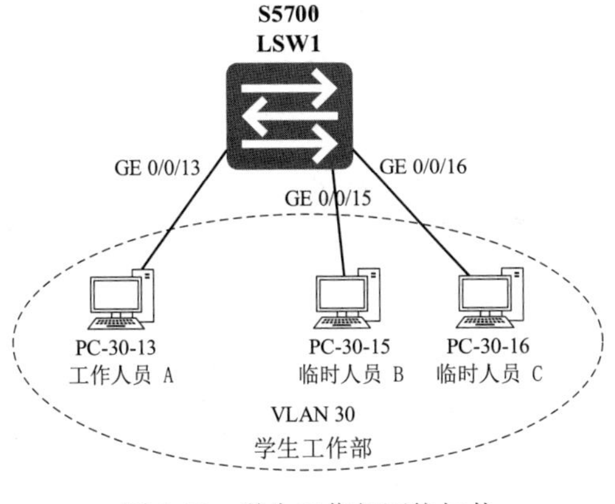

图 3-23　学生工作部网络拓扑

表 3-68　VLAN 和 PC 的 IPv4 地址与子网掩码定义

	IPv4 地址	子 网 掩 码
VLAN 30	**192.168.30.0**	**255.255.255.0**
PC-30-13	192.168.30.13	255.255.255.0
PC-30-15	192.168.30.15	255.255.255.0
PC-30-16	192.168.30.16	255.255.255.0

实验步骤

步骤 1：加载拓扑

① 启动 eNSP，单击工具栏中的“打开文件”图标，加载实验 3.6.1 的拓扑文件 lab-3.6.1-VLAN.PORT.iso.bi.topo。

② 按定义配置各 PC 的 IP 地址和子网掩码。

③ 单击工具栏中的“另存为”图标，将该拓扑另存为 lab-3.6.1-VLAN.PORT. iso.am.topo。

步骤 2：启动设备

单击工具栏中的“开启设备”图标，启动全部设备。

步骤 3：在交换机上配置 VLAN 和端口隔离

按实验 3.6.1 中的步骤完成交换机 LSW1 上 VLAN 和端口隔离的配置。

步骤 4：在交换机上配置端口单向隔离

在交换机 LSW1 的控制台窗口中输入以下命令：

```
<LSW1> system-view
# 配置端口 GE 0/0/13 和 GE 0/0/15 之间的单向隔离，禁止 GE 0/0/15 向 GE 0/0/13 发送。
[LSW1] interface gigabitethernet 0/0/15
[LSW1-GigabitEthernet0/0/15] am isolate gigabitethernet 0/0/13
```

步骤 5：测试验证与通信分析

开启交换机 LSW1 端口 GE 0/0/13、GE 0/0/15 和 GE 0/0/16 的数据抓包，然后在 PC-30-13、PC-30-15 和 PC-30-16 命令窗口中输入以下命令，测试是否能相互通信：

```
ping 192.168.30.13
ping 192.168.30.15
ping 192.168.30.16
```

提示 · 思考 · 动手

- ✓ PC-30-13 能 ping 通 PC-30-15 吗？请将 ping 命令执行结果的截图粘贴到实验报告中。
- ✓ PC-30-13 能 ping 通 PC-30-16 吗？请将 ping 命令执行结果的截图粘贴到实验报告中。

- ✓ PC-30-15 能 ping 通 PC-30-16 吗？请将 ping 命令执行结果的截图粘贴到实验报告中。
- ✓ 在交换机 LSW1 端口 GE 0/0/15 上能捕获到 PC-30-13 发给 PC-30-15 的 ping 通信吗？
- ✓ 在交换机 LSW1 端口 GE 0/0/13 上能捕获到 PC-30-15 发给 PC-30-13 的 ping 通信吗？

第 4 章　网络层

4.1　基于第三层交换机实现 VLAN 间通信

实验目的

1．加深对 VLAN 的理解，巩固对划分 VLAN 及不同类型端口配置方法的掌握。
2．理解和掌握利用第三层交换机实现 VLAN 之间通信的原理和方法。
3．理解 VLANIF 的作用，掌握配置 VLANIF 实现 VLAN 间通信的方法。
4．理解 Super VLAN 的作用，掌握配置 Super VLAN 实现 VLAN 间通信的方法。
5．理解 IP 路由。

实验装置和工具

1．华为 eNSP 软件。
2．ping。
3．tracert。
4．Wireshark。

实验原理（背景知识）

1. VLAN 间路由选择

由于每个 VLAN 的通信只能在各自 VLAN 内转发，不同 VLAN 的设备不能在数据链路层互相访问，因此无法实现 VLAN 之间的通信。

VLAN 之间的通信需要借助支持第三层（即网络层）路由技术的设备（如第三层交换机或路由器）才能实现。通常，将利用路由技术在不同 VLAN 之间转发通信，从而实现 VLAN 之间通信的过程称为 VLAN 间路由选择（Inter-Vlan Routing）。

2. 第三层交换机

第三层交换机是工作在网络层、具有部分路由器功能的交换机，实现了第二层交换和第三层路由。它可以作为交换机使用，实现同一个子网、网段或 VLAN 内的设备之间的通信，也可以作为路由器使用，实现不同子网或 VLAN 之间的通信。第三层交换机支持静态路由和 RIP、OSPF 等动态路由，根据 IP 地址对 IP 分组进行路由和转发，但它使用专用硬件（ASIC）实现基于 IP 地址和 MAC 地址的交换或转发，能够做到一次路由、多次转发，因此具有比传统路由器更高的性能。第三层交换机的作用主要是加快大型局域网或数据中心内的数据交换，而不是连接广域网 WAN，因此第三层交换机并不能完全替代路由器。

3. 基于第三层交换机的 VLAN 间路由选择技术

利用第三层交换机实现 VLAN 间路由选择的技术有多种，常用技术主要有两种：VLANIF

接口和 Super VLAN。

VLANIF 接口是一种第三层的逻辑接口，用于在第三层实现不同 VLAN 之间的通信。每个 VLAN 有一个 VLANIF 接口，并通过该接口在网络层转发 VLAN 通信。由于每个 VLAN 是一个广播域，每个 VLAN 可以被看作是一个 IP 网段，因此可以把 VLANIF 接口当作该 VLAN 的网关。通过在 VLANIF 接口上配置 IP 地址，并允许其基于 IP 地址进行第三层分组转发，就可以实现 VLAN 之间在第三层上的互相通信。

但通过 VLANIF 接口实现 VLAN 之间的通信需要为每个 VLAN 配置一个 VLANIF，并在该接口上指定一个 IP 网段。这种技术一方面比较浪费 IP 地址，另一方面只能实现不同 IP 网段的 VLAN 之间的通信。

Super VLAN（即 VLAN 聚合）可以实现位于相同 IP 网段的不同 VLAN 之间的通信。Super VLAN 的主要功能就是节约 IP 地址，隔离广播风暴，控制端口的二层互访。Super VLAN 下关联多个 Sub VLAN（子 VLAN），Sub VLAN 之间设置了二层隔离。所有 Sub VLAN 共用 Super VLAN 的 VLANIF 接口的 IP 地址与外部网络通信，并且可以通过该 VLANIF 接口实现 Sub VLAN 之间三层互通，从而节约 IP 地址。只需给 Super VLAN 分配一个 IP 网段，所有 Sub VLAN 都使用 Super VLAN 的 IP 网段和 VLANIF 接口进行三层通信。

Super VLAN 适用于用户多、VLAN 多、大量 VLAN 的 IP 地址在同一个网段，但是又要实现不同 VLAN 之间二层隔离、三层互通的场景。

实验 4.1.1：配置 VLANIF 接口实现 VLAN 之间的通信

基于 VLANIF 接口实现 VLAN 之间的通信，需要在三层交换机上配置 VLANIF 接口及其 IP 地址，并将 VLAN 内 PC 的默认网关配置为其所在 VLAN 的 VLANIF 接口的 IP 地址。

任务要求

某学校网络的拓扑结构如图 4-1 所示。招生就业部和学生工作部的 PC 通过 2 台 S5700 第三层交换机 LSW1 和 LSW2 互连在一起，将交换机 LSW1 和 LSW2 的端口 GE 0/0/09～0/0/12 划分给 VLAN 10，端口 GE 0/0/13～0/0/16 划分给 VLAN 30。招生就业部的 PC 连入属于 VLAN 10 的端口，学生工作部的 PC 连入属于 VLAN 30 的端口，VLAN 10 和 VLAN 30 位于不同的 IP 网段。由于业务需要，两个部门的用户需要交换数据，决定采用 VLANIF 接口技术实现 VLAN 之间的通信。请配置交换机，实现两个 VLAN 的二层隔离和三层互通。

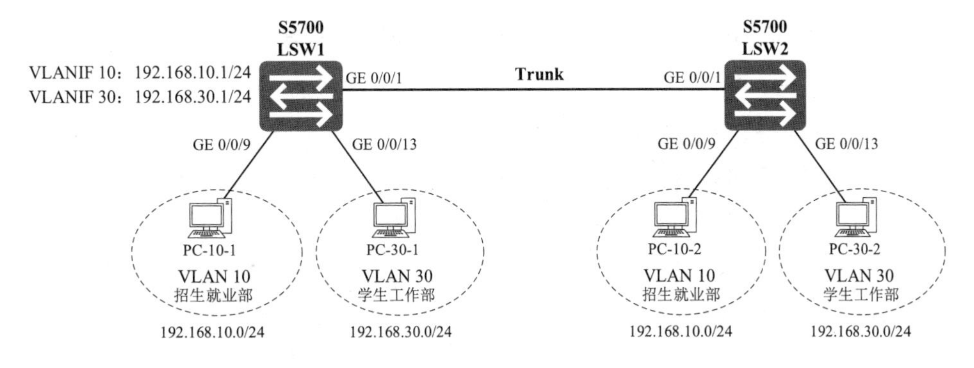

图 4-1　基于 VLANIF 接口实现 VLAN 之间的通信

VLAN、PC 和 VLANIF 接口的 IPv4 地址、子网掩码和网关定义如表 4-1 所示。

表 4-1　VLAN、PC 和 VLANIF 接口的 IPv4 地址、子网掩码和网关定义

	IPv4 地址	子网掩码	网关
VLAN 10	**192.168.10.0**	**255.255.255.0**	
PC-10-1	192.168.10.11	255.255.255.0	192.168.10.1
PC-10-2	192.168.10.12	255.255.255.0	192.168.10.1
VLAN 30	**192.168.30.0**	**255.255.255.0**	
PC-30-1	192.168.30.11	255.255.255.0	192.168.30.1
PC-30-2	192.168.30.12	255.255.255.0	192.168.30.1
VLANIF 接口			
VLANIF 10	192.168.10.1	255.255.255.0	
VLANIF 30	192.168.30.1	255.255.255.0	

实验步骤

步骤 1：创建拓扑

① 启动 eNSP，单击工具栏中的“新建拓扑”图标。
② 向空白工作区中添加 2 台 S5700 交换机和 4 台 PC。
③ 按指定端口将各交换机和 PC 互连。
④ 为交换机和 PC 命名。

步骤 2：为 PC 配置 IPv4 地址、子网掩码和网关

① 分别双击各台 PC，在各自弹出的配置窗口中选中“基础配置”标签，为其配置 IPv4 地址、子网掩码和默认网关。将默认网关的 IP 地址设置为其所在 VLAN 的 VLANIF 的 IP 地址。

② 配置完毕后，单击工具栏中的“保存”图标，将拓扑保存到指定目录，将文件命名为 lab-4.1.1-InterVlan.L3SW.VLANIF.topo。

步骤 3：启动设备

单击工具栏中的“开启设备”图标，启动全部设备。

步骤 4：在交换机上配置 VLAN

① 配置交换机 LSW1。双击工作区中交换机 LSW1 的图标，打开控制台窗口，在提示符下输入以下命令：

```
# 进入系统视图，为交换机命名。
<huawei> system-view
[huawei] sysname LSW1
# 批量创建 VLAN 10 和 VLAN 30。
[LSW1] vlan batch 10 30
# 将端口 GE 0/0/9、0/0/10、0/0/11 和 0/0/12 批量加入 VLAN 10。
# 创建端口组，名称为 PVLAN10。
[LSW1] port-group pvlan10
# 加入成员。
```

```
[LSW1-port-group-pvlan10] group-member gigabitethernet 0/0/9 to
gigabitethernet 0/0/12
# 设置端口链路类型为 access。
[LSW1-port-group-pvlan10] port link-type access
# 将端口批量加入 VLAN 10。
[LSW1-port-group-pvlan10] port default vlan 10
[LSW1-port-group-pvlan10] quit
# 将端口 GE 0/0/13、0/0/14、0/0/15 和 0/0/16 批量加入 VLAN 30。
[LSW1] port-group pvlan30
[LSW1-port-group-pvlan30] group-member gigabitethernet 0/0/13 to
gigabitethernet 0/0/16
[LSW1-port-group-pvlan30] port link-type access
[LSW1-port-group-pvlan30] port default vlan 30
[LSW1-port-group-pvlan30] quit
# 将端口 GE 0/0/1 的链路类型设置为 Trunk，允许 VLAN 10 和 VLAN 30 的帧通过。
[LSW1] interface gigabitethernet 0/0/1
[LSW1-GigabitEthernet0/0/1] port link-type trunk
[LSW1-GigabitEthernet0/0/1] port trunk allow-pass vlan 10 30
[LSW1-GigabitEthernet0/0/1] quit
# 显示 VLAN 信息，确认正确建立了 VLAN。
[LSW1] display vlan
# 查看交换机 IP 路由表。
[LSW1] display IP routing-table
```

② 配置交换机 LSW2。交换机 LSW2 的配置与交换机 LSW1 的配置基本相同。请按配置 LSW1 的方法配置 LSW2，但需要将其命名为 LSW2。

步骤 5：测试验证

分别双击 PC-10-1 和 PC-30-1，在各自弹出的配置窗口中选中“命令行”标签。在 PC-10-1 和 PC-30-1 命令窗口中输入以下命令，测试是否能与 PC-10-2 和 PC-30-2 通信：

```
ping 192.168.10.12
ping 192.168.30.12
```

提示·思考·动手

- ✓ 请将创建的网络拓扑的截图粘贴到实验报告中。
- ✓ 请将交换机 LSW1 的 IP 路由表的截图粘贴到实验报告中。
- ✓ PC-10-1 能 ping 通 PC-10-2 吗？请将 ping 命令执行结果的截图粘贴到实验报告中。若不能 ping 通，请根据 LSW1 的 IP 路由表说明原因。
- ✓ PC-30-1 能 ping 通 PC-30-2 吗？请将 ping 命令执行结果的截图粘贴到实验报告中。若不能 ping 通，请根据 LSW1 的 IP 路由表说明原因。
- ✓ PC-10-1 能 ping 通 PC-30-1 吗？请将 ping 命令执行结果的截图粘贴到实验报告中。若不能 ping 通，请根据 LSW1 的 IP 路由表说明原因。

步骤 6：在交换机上配置 VLANIF 接口

可以在 LSW1 或 LSW2 上配置 VLANIF 接口实现 VLAN 的三层互通。本实验在 LSW1 上配置 VLANIF 接口。在交换机 LSW1 的控制台窗口中输入以下命令：

```
<LSW1> system-view
# 创建 VLAN 10 的 VLANIF 接口，配置其 IP 地址。
[LSW1] interface vlanif 10
[LSW1-Vlanif10] ip address 192.168.10.1 24
# 掩码 24 也可以写为 255.255.255.0。
[LSW1-Vlanif10] quit
# 创建 VLAN 30 的 VLANIF 接口，配置其 IP 地址。
[LSW1] interface vlanif 30
[LSW1-Vlanif30] ip address 192.168.30.1 24
[LSW1-Vlanif30] quit
# 查看指定接口和所有接口的状态信息。
[LSW1] display interface vlanif 10
[LSW1] display interface vlanif 30
[LSW1] display interface brief
# 查看指定接口和所有接口的 IP 配置信息。
[LSW1] display IP interface vlanif 10
[LSW1] display IP interface vlanif 30
[LSW1] display ip interface brief
# 查看交换机 IP 路由表。
[LSW1] display IP routing-table
```

步骤 7：测试验证

在交换机 LSW1 的控制台窗口，以及 PC-10-1 和 PC-30-1 的命令窗口中输入以下命令，测试是否能与 VLANIF 10 和 VLANIF 30 及 PC-10-2 和 PC-30-2 通信：

```
ping 192.168.10.1
ping 192.168.30.1
ping 192.168.10.12
ping 192.168.30.12
```

提示 · 思考 · 动手

- ✓ 请将交换机 LSW1 的 IP 路由表截图粘贴到实验报告中。
- ✓ PC-10-1 能 ping 通 PC-30-2 吗？请将 ping 命令执行结果的截图粘贴到实验报告中。若不能 ping 通，请根据 LSW1 的 IP 路由表说明原因。
- ✓ PC-10-1 到 PC-30-2 的路由是什么？请将 PC-10-1 发出的“tracert 192.168.30.12”命令执行结果的截图粘贴到实验报告中。

步骤 8：通信分析

开启交换机 LSW1 端口 GE 0/0/1 的数据抓包。

提示·思考·动手

- ✓ 从 PC-10-1 ping PC-10-2，分析抓取的 ping 通信。离开和进入 LSW1 端口 GE 0/0/1 的以太网帧的 VLAN ID 分别是什么？
- ✓ 从 PC-10-1 ping PC-30-2，分析抓取的 ping 通信。离开和进入 LSW1 端口 GE 0/0/1 的以太网帧的 VLAN ID 分别是什么？

实验 4.1.2：配置 Super VLAN 实现 VLAN 之间的通信

Super VLAN 适用于 VLAN 多且大量 VLAN 的 IP 地址在同一个网段，但是又要实现不同 VLAN 之间二层隔离、三层互通的场景。

任务要求

某网络的拓扑如图 4-2 所示，与实验 4.1.1 中的网络拓扑基本相同。由于 IP 地址有限，将招生就业部 VLAN 和学生工作部 VLAN 的 IP 地址配置为共用同一个 IP 地址段，因此无法采用 VLANIF 接口技术实现 VLAN 之间的通信。为了实现这 2 个 VLAN 的二层隔离和三层互通，决定采用 Super VLAN 技术。请完成系统的配置。

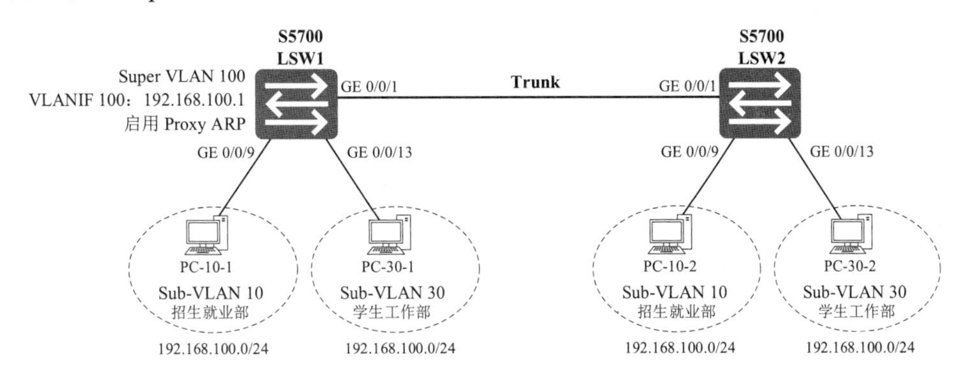

图 4-2　基于 Super VLAN 实现 VLAN 之间的通信

VLAN、PC 和 VLANIF 接口的 IPv4 地址、子网掩码和网关定义如表 4-2 所示。

表 4-2　VLAN、PC 和 VLANIF 接口的 IPv4 地址、子网掩码和网关定义

	IPv4 地址	子网掩码	网关
VLAN 10			
PC-10-1	192.168.100.11	255.255.255.0	192.168.100.1
PC-10-2	192.168.100.12	255.255.255.0	192.168.100.1
VLAN 30			
PC-30-1	192.168.100.31	255.255.255.0	192.168.100.1
PC-30-2	192.168.100.32	255.255.255.0	192.168.100.1
Super VLAN			
VLANIF 100	192.168.100.1	255.255.255.0	

实验步骤：

步骤 1：加载拓扑

① 启动 eNSP，单击工具栏中的“打开文件”图标，加载实验 4.1.1 的拓扑文件 lab-4.1.1-InterVlan.L3SW.VLANIF.topo。

② 按定义设置各 PC 的 IP 地址、子网掩码和网关。

③ 配置完毕后，单击工具栏中的“另存为”图标，将拓扑保存到指定目录，将文件命名为 lab-4.1.2-InterVlan.L3SW.SuperVLAN.topo。

步骤 2：启动设备

单击工具栏中的“开启设备”图标，启动全部设备。

步骤 3：在交换机上配置 VLAN

按实验 4.1.1 中的步骤 4 完成交换机 LSW1 和 LSW2 上 VLAN 的配置。配置完毕后，同一个 VLAN 中的 PC 可以相互通信，但不同 VLAN 中的 PC 不能互通，即不同 VLAN 在第二层是相互隔离的。

步骤 4：在交换机上配置 Super VLAN

可以在 LSW1 或 LSW2 上配置 Super VLAN 实现 VLAN 的三层互通。本实验在 LSW1 上配置 Super VLAN。在交换机 LSW1 的控制台窗口中输入以下命令：

```
<LSW1> system-view
# 配置 Super VLAN 100。
[LSW1] vlan 100
[LSW1-vlan100] aggregate-vlan
# 将 VLAN 10 和 VLAN 30 加入到 Super VLAN 100，作为其 Sub VLAN。
[LSW1-vlan100] access-vlan 10 30
[LSW1-vlan100] quit
# 显示 VLAN 信息。
[LSW1] display vlan
[LSW1] display vlan 100
[LSW1] display super-vlan
# 创建 Super VLAN 的 VLANIF 接口，配置其 IP 地址，使 Sub VLAN 可以通过 Super VLAN 互通。
[LSW1] interface vlanif 100
[LSW1-Vlanif100] ip address 192.168.100.1 24
# 开启 VLAN 间的 ARP 代理。必须配置，否则无法实现三层互通。
[LSW1-Vlanif100] arp-proxy inter-sub-vlan-proxy enable
[LSW1-Vlanif100] quit
# 查看状态信息。
[LSW1] display interface vlanif 100
[LSW1] display interface brief
# 查看 IP 配置信息。
[LSW1] display ip interface vlanif 100
[LSW1] display ip interface brief
# 查看交换机 IP 路由表。
[LSW1] display IP routing-table
```

步骤 5：测试验证

在 PC-10-1 命令窗口中输入以下命令，测试是否能与 VLANIF 100 及 PC-10-2 和 PC-30-2 通信：

```
ping 192.168.100.1
ping 192.168.100.12
ping 192.168.100.32
```

提示 · 思考 · 动手

- ✓ 请将创建的网络拓扑的截图粘贴到实验报告中。
- ✓ 请将 Super VLAN 信息的截图粘贴到实验报告中。
- ✓ 请将交换机 LSW1 的 IP 路由表截图粘贴到实验报告中。
- ✓ PC-10-1 能 ping 通 PC-30-2 吗？请将 ping 命令执行结果的截图粘贴到实验报告中。若不能 ping 通，请说明原因。
- ✓ PC-10-1 到 PC-30-2 的路由是什么？请将 PC-10-1 发出的"tracert 192.168.100.12"命令执行结果的截图粘贴到实验报告中。

步骤 6：通信分析

开启交换机 LSW1 端口 GE 0/0/1 的数据抓包。

提示 · 思考 · 动手

- ✓ 从 PC-10-1 ping PC-10-2，分析抓取的 ping 通信。离开和进入 LSW1 端口 GE 0/0/1 的以太网帧的 VLAN ID 分别是什么？
- ✓ 从 PC-10-1 ping PC-30-2，分析抓取的 ping 通信。离开和进入 LSW1 端口 GE 0/0/1 的以太网帧的 VLAN ID 分别是什么？
- ✓ 请解释说明 PC-10-1 与 PC-30-2 的通信过程。

4.2　单臂路由器配置

实验目的

1. 理解 Dot1q 终结和子接口作用。
2. 掌握配置单臂路由器实现 VLAN 之间通信的方法。
3. 理解 IP 路由和 IP 分组转发过程。

实验装置和工具

1. 华为 eNSP 软件。
2. ping。

3．tracert。

4．Wireshark。

实验原理（背景知识）

路由器是一种具有多个输入端口和多个输出端口的专用计算机，其任务是转发分组，实现网络之间的通信。路由器是一种用于网络互连的常用设备，它工作在 OSI 参考模型的第三层（网络层），其核心功能是分组转发和路由选择。

使用路由器互连 VLAN 的传统方法是：将路由器接口与交换机上特定 VLAN 的端口相连，这样该路由器接口就可以接收该 VLAN 的通信，然后将通信从连接其他 VLAN 的路由器接口转发出去。但这种方法存在以下主要问题：

- 容易形成性能瓶颈。因为路由器转发分组的速率低于交换机转发 MAC 帧的速率，容易在高速 VLAN 之间形成性能瓶颈。
- 成本提高。由于路由器接口数量有限，为支持众多 VLAN 之间的互连，需要部署大量路由器，增加了成本和网络复杂性。

为解决上述问题，可以使用 Dot1q 终结子接口技术，只需一个或几个路由器接口就可以实现众多 VLAN 之间的通信。若仅使用一个路由器接口实现 IP 子网或 VLAN 之间的通信，称该路由器为单臂路由器。

Dot1q 终结（Dot1q Termination）是指对收到的报文中的 IEEE 802.1Q VLAN 标记进行识别和移除，然后进行转发。转发出去的报文是否带有 VLAN 标记由出接口决定。对发送的报文，则在添加相应的 VLAN 标记后再发送。

子接口（Sub Interface）是通过协议和技术从一个物理接口（Interface）划分出来的虚拟接口。相对子接口，物理接口被称为主接口。可以从一个物理接口划分出多个子接口。每个子接口在功能和作用上与物理接口没有任何区别。子接口共用主接口的物理层参数，又可以分别配置各自的链路层和网络层参数。用户可以禁用或者激活子接口，而不会对主接口产生影响，但主接口状态的变化会对子接口产生影响，特别是只有主接口处于连通状态时，子接口才能正常工作。子接口的出现打破了每个设备物理接口数量有限的局限。但 Dot1q 终结子接口只能实现不同 IP 网段的 VLAN 间互通。

实验 4.2.1：配置单臂路由器实现 VLAN 之间的通信

任务要求

某学校网络的拓扑结构如图 4-3 所示。2 台 S5700 接入交换机 LSW1 和 LSW2 与汇聚交换机 LSW3 相连，LSW3 与路由器 RTA 相连。将交换机 LSW1 和 LSW2 的端口 GE 0/0/9～0/0/12 划分给 VLAN 10，端口 GE 0/0/13～0/0/16 划分给 VLAN 30。招生就业部的 PC 连入属于 VLAN 10 的端口，学生工作部的 PC 连入属于 VLAN 30 的端口，VLAN 10 和 VLAN 30 位于不同的 IP 地址段。由于业务需要，两个部门的用户需要交换数据，决定利用单臂路由器实现 VLAN 之间的通信。VLAN、PC 和子接口的 IPv4 地址、子网掩码和网关定义如表 4-3 所示。请配置交换机和路由器，实现 VLAN 的二层隔离和三层互通。

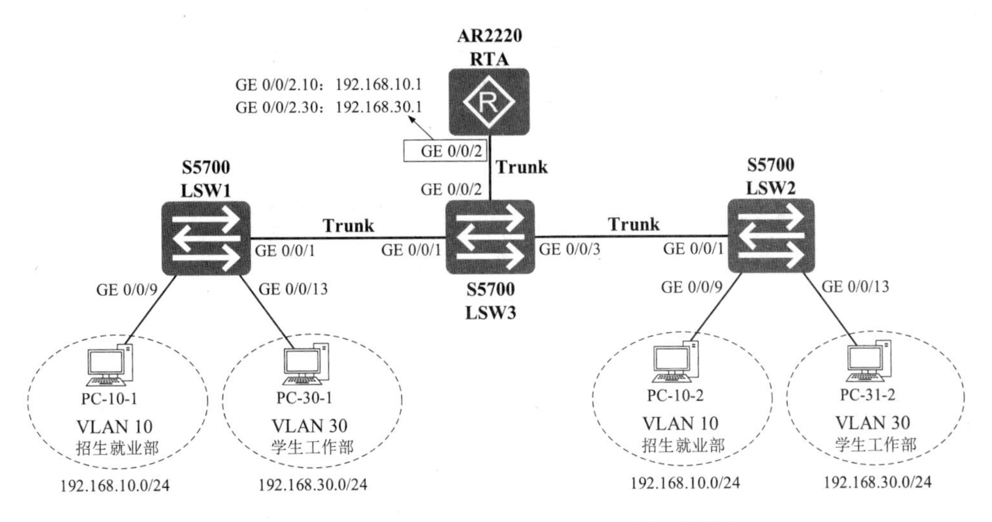

图 4-3　利用单臂路由器实现 VLAN 之间的通信

表 4-3　VLAN、PC 和子接口的 IPv4 地址、子网掩码和网关定义

	IPv4 地址	子网掩码	网关
VLAN 10	**192.168.10.0**	**255.255.255.0**	
PC-10-1	192.168.10.11	255.255.255.0	192.168.10.1
PC-10-2	192.168.10.12	255.255.255.0	192.168.10.1
VLAN 30	**192.168.30.0**	**255.255.255.0**	
PC-30-1	192.168.30.11	255.255.255.0	192.168.30.1
PC-30-2	192.168.30.12	255.255.255.0	192.168.30.1
路由器 RTA 子接口			
GE 0/0/2.10	192.168.10.1	255.255.255.0	
GE 0/0/2.30	192.168.30.1	255.255.255.0	

实验步骤

步骤 1：创建拓扑

① 启动 eNSP，单击工具栏中的“新建拓扑”图标。

② 向空白工作区中添加 3 台 S5700 交换机、1 台 AR2220 路由器和 4 台 PC。

③ 按指定端口将各交换机、路由器和 PC 互连。

④ 为交换机和 PC 命名。

步骤 2：为 PC 配置 IPv4 地址、子网掩码和网关

① 分别双击各台 PC，在各自弹出的配置窗口中选中“基础配置”标签，按定义为其配置 IPv4 地址、子网掩码和网关。需将网关的 IP 地址设置为其所对应的 Dot1q 终结子接口的 IP 地址。

② 配置完毕后，单击工具栏中的“保存”图标，将拓扑保存到指定目录，将文件命名为 lab-4.2.1-InterVlan.RT.dot1q.topo。

步骤 3：启动设备

单击工具栏中的“开启设备”图标▶，启动全部设备。

步骤 4：在交换机上配置 VLAN

① 配置交换机 LSW1 和 LSW2。按实验 4.1.1 中的步骤 4 完成交换机 LSW1 和 LSW2 上 VLAN 的配置。

② 配置交换机 LSW3。双击工作区中交换机 LSW3 的图标，打开控制台窗口，在提示符下输入以下命令：

```
# 进入系统视图。
<huawei> system-view
[huawei] sysname LSW3
[LSW3] vlan batch 10 30
# 将连接交换机 LSW1 端口的链路类型配置为 Trunk，允许 VLAN 10 和 VLAN 30 的 VLAN 帧通过。
[LSW3] interface gigabitethernet 0/0/1
[LSW3-GigabitEthernet0/0/1] port link-type trunk
[LSW3-GigabitEthernet0/0/1] port trunk allow-pass vlan 10 30
[LSW3-GigabitEthernet0/0/1] quit
# 将连接交换机 LSW2 端口的链路类型配置为 Trunk，允许 VLAN 10 和 VLAN 30 的 VLAN 帧通过。
[LSW3] interface gigabitethernet 0/0/3
[LSW3-GigabitEthernet0/0/3] port link-type trunk
[LSW3-GigabitEthernet0/0/3] port trunk allow-pass vlan 10 30
[LSW3-GigabitEthernet0/0/3] quit
# 配置连接路由器的端口。交换机端口与路由器端口连接时，若路由器对应端口配置为 Dot1q 终结子
接口，需将交换机端口的链路类型配置为 Trunk 或 Hybrid。
# 将端口 GE 0/0/2 的链路类型配置为 Trunk，允许 VLAN 10 和 VLAN 30 的 VLAN 帧通过。
[LSW3-GigabitEthernet0/0/2] port link-type trunk
[LSW3-GigabitEthernet0/0/2] port trunk allow-pass vlan 10 30
[LSW3-GigabitEthernet0/0/2] quit
# 显示 VLAN 信息，确认正确建立了 VLAN。
[LSW3] display vlan
```

步骤 5：在路由器上配置 Dot1q 终结子接口，实现单臂路由

双击工作区中路由器 RTA 的图标，打开路由器控制台窗口，在提示符下输入以下命令：

```
# 进入系统视图，为路由器命名。
<huawei> system-view
[huawei] sysname RTA
# 创建 Dot1q 终结子接口，终结 VLAN 10。
[RTA] interface gigabitethernet 0/0/2.10
[RTA-GigabitEthernet0/0/2.10] dot1q termination vid 10
# 为子接口分配 IP 地址。
[RTA-GigabitEthernet0/0/2.10] ip address 192.168.10.1 24
# 允许其发送 ARP 请求和转发 ARP 广播报文。终结子接口默认直接丢弃广播报文。
[RTA-GigabitEthernet0/0/2.10] arp broadcast enable
[RTA-GigabitEthernet0/0/2.10] quit
```

```
# 创建 Dot1q 终结子接口，终结 VLAN 30。
[RTA] interface gigabitethernet 0/0/2.30
[RTA-GigabitEthernet0/0/2.30] dot1q termination vid 30
[RTA-GigabitEthernet0/0/2.30] ip address 192.168.30.1 24
[RTA-GigabitEthernet0/0/2.30] arp broadcast enable
[RTA-GigabitEthernet0/0/2.30] quit
# 查看所有端口的状态信息和 IP 配置信息。
[RTA] display interface brief
[RTA] display ip interface brief
# 查看子接口 IP 配置信息与统计详细信息。
[RTA] display IP interface 0/0/2.10
[RTA] display IP interface 0/0/2.30
# 查看 IP 路由表。
[RTA] display IP routing-table
```

步骤 6：测试验证

分别在路由器 RTA、交换机 LSW3 的控制台窗口和 PC-10-1、PC-30-1 命令窗口中输入以下命令，测试是否能与子接口 GE 0/0/2.10、GE 0/0/2.30 及 PC-10-2 和 PC-30-2 通信：

```
ping 192.168.10.1
ping 192.168.30.1
ping 192.168.10.12
ping 192.168.30.12
```

提示 · 思考 · 动手

- ✓ 请将创建的网络拓扑的截图粘贴到实验报告中。
- ✓ 请将路由器 RTA 的 IP 路由表的截图粘贴到实验报告中。
- ✓ PC-10-1 能 ping 通 PC-30-2 吗？请将 ping 命令执行结果的截图粘贴到实验报告中，并说明原因。
- ✓ PC-10-1 到 PC-30-2 的路由是什么？请将 PC-10-1 发出的“tracert 192.168.30.12”命令执行结果的截图粘贴到实验报告中。

步骤 7：通信分析

开启交换机 LSW3 端口 GE 0/0/1、GE 0/0/2 和 GE 0/0/3 的数据抓包。从 PC-10-1 ping PC-30-2，分析抓取的 ping 通信。

提示 · 思考 · 动手

- ✓ 进入和离开 LSW3 端口 GE 0/0/1 的以太网帧的标记 VLAN ID 分别是什么？
- ✓ 进入和离开 LSW3 端口 GE 0/0/2 的以太网帧的标记 VLAN ID 分别是什么？
- ✓ 进入和离开 LSW3 端口 GE 0/0/3 的以太网帧的标记 VLAN ID 分别是什么？

4.3 静态路由与默认路由配置

实验目的

1．理解路由和路由表的作用，了解路由表结构。
2．理解静态路由与默认路由的作用，掌握配置静态路由与默认路由的方法。
3．理解地址聚合和最长前缀匹配概念和作用，掌握地址聚合的方法。

实验装置和工具

1．华为 eNSP 软件。
2．ping。
3．tracert。
4．Wireshark。

实验原理（背景知识）

1. 路由表

路由器是一种用于网络互连的常用设备，它工作在 OSI 参考模型的第三层（网络层），其核心功能是分组转发和路由选择。从路由器某个输入端口收到的 IP 分组，按照分组的目的 IP 地址，把该分组从路由器的某个合适的输出端口转发给下一跳路由器。下一跳路由器也按照这种方法处理分组，直到该分组到达终点为止。

路由就是 IP 分组从源到目的地的路径。为了转发 IP 分组，主机和路由器维护一张路由表。路由表中记录了到达目的网络的路由。路由表的典型结构如表 4-4 所示。在路由表中，对每一条路由最重要的信息是目的网络、子网掩码和下一跳路由器等。

表 4-4 路由表的典型结构

目的网络	子网掩码	下一跳路由器	接口	……

路由表并没有给分组指明到达目的地的完整路径。路由表指出：到目的地应当先到某个路由器（即下一跳路由器），在到达下一跳路由器后，下一跳路由器再继续查找其路由表，找到再下一步应当到哪一个路由器。这样一步一步地查找下去，直到最后到达目的地。

查找路由时，采用最长前缀匹配原则，即从匹配结果中选择具有最长网络前缀的路由。此外，路由的选取还与发现此路由的路由协议的优先级、路由的度量有关。当多条路由的协议优先级与路由度量都相同时，可以实现负载分担，缓解网络压力；当多条路由的协议优先级与路由度量不同时，可以构成路由备份，提高网络的可靠性。

2. 路由分类

（1）根据目的网络的不同，路由可以划分为：

特定网络路由：目的网络为目的主机所在网络的 IP 地址，其子网掩码表示的前缀长度小于 32 位（对于 IPv4 地址）或 128 位（对于 IPv6 地址）。采用特定网络路由可以减少路由表中路由的数量，便于路由的查找和维护。

特定主机路由：目的网络为目的主机的 IP 地址，其子网掩码表示的前缀长度为 32 位（对于 IPv4 地址）或 128 位（对于 IPv6 地址）。采用特定主机路由可使网络管理人员更方便地控制网络和测试网络，同时也可在需要考虑某种安全问题时采用这种特定主机路由。在对网络的连接或路由表进行排错时，指明到某一台主机的特殊路由就十分有用了。

默认路由（Default Route）：一种特殊的路由，是匹配所有目的地的路由，在路由表中未找到匹配的路由时才使用该路由。默认路由可以减小路由表所占用的空间和搜索路由表所用的时间，可以简化网络的配置。如果路由表中没有默认路由，且 IP 分组的目的地址不在路由表中，则路由器丢弃该分组，并向源端返回一个 ICMP 报文，报告该目的地址或网络不可达。在路由表中，默认路由以目的网络为 0.0.0.0、子网掩码也为 0.0.0.0 的路由形式出现。通常情况下，通过手工方式配置默认路由，但有些时候，也可以使路由选择协议生成默认路由。通过手工方式配置的默认路由被称为静态默认路由。可以不配置默认路由，若配置，则只能配置一条默认路由。

（2）根据路由是否随网络状态的变化而变化，路由可以划分为：

静态路由：路由不随网络状态的变化而变化。其特点是简单和开销较小，但不能及时适应网络状态的变化，需要人工配置。当网络发生故障或者拓扑发生变化后，必须由手工修改配置。与动态路由相比，静态路由使用更少的带宽，并且不占用 CPU 资源来计算和分析路由的更新。静态路由可以有多条。

动态路由：路由随网络状态的变化而变化。其特点是能较好地适应网络状态的变化，但实现较为复杂，开销比较大。动态路由适用于较复杂的大网络。动态路由由路由选择协议依据某种路由选择算法计算得到。

（3）根据目的网络与路由器是否直接相连，路由可以划分为：

直连路由：路由器与目的网络直接相连，可以直接交付分组，不需要再通过其他路由器进行转发。

间接路由：路由器与目的网络不是直接相连，至少经过一个路由器才能到达目的网络，需要将分组转发给下一跳路由器。

（4）根据目的地址类型的不同，路由还可以分为：

单播路由：路由的目的地址是一个单播 IP 地址。

组播路由：路由的目的地址是一个组播 IP 地址。

3. 路由选择协议

路由表中的动态路由由路由选择协议维护。路由选择协议依据某种路由算法进行路由选择，并将计算得到的路由写入路由表。互联网采用的路由选择协议主要是自适应的（即动态的）分布式路由选择协议。

互联网被划分为许多较小的自治系统（Autonomous System，AS）。互联网采用分层次的路由选择。互联网的路由选择协议划分为两大类：

（1）内部网关协议 IGP（Interior Gateway Protocol）：在一个自治系统内部使用的路由选

择协议，与互联网中其他自治系统选用什么路由选择协议无关。目前这类路由选择协议使用得最多。典型的内部网关协议包括 RIP 和 OSPF 协议等。

（2）外部网关协议 EGP（External Gateway Protocol）：自治系统之间使用的路由选择协议。目前使用最多的外部网关协议是 BGP-4。

实验 4.3.1：第三层交换机上配置静态和默认路由实现 VLAN 之间的通信

任务要求

某学校网络的拓扑结构如图 4-4 所示。招生就业部、学生工作部、学籍管理部和考试中心等 4 个部门的 PC 通过 2 台 S5700 第三层交换机 LSW1 和 LSW2 互连在一起，但它们属于不同的 VLAN，位于不同的 IP 网段。将交换机 LSW1 的端口 GE 0/0/9 划分给 VLAN 10，端口 GE 0/0/13 划分给 VLAN 30。将交换机 LSW2 的端口 GE 0/0/9 划分给 VLAN 80，端口 GE 0/0/13 划分给 VLAN 81，各部门的 PC 连入其所属 VLAN 的端口。由于业务需要，决定在交换机上配置 VLANIF 接口实现同一交换机上的 VLAN 之间的通信，配置静态和默认路由实现不同交换机上的 VLAN 之间的通信。VLAN、PC 和 VLANIF 接口的 IPv4 地址、子网掩码和网关定义如表 4-5 所示。请完成系统配置。

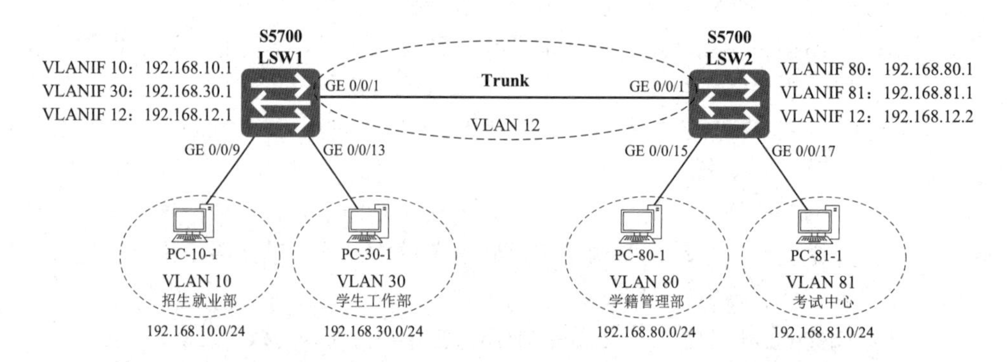

图 4-4 交换机配置 VLANIF 端口、静态和默认路由实现 VLAN 之间的通信

表 4-5 VLAN、PC 和 VLANIF 接口的 IPv4 地址、子网掩码和网关定义

	IPv4 地址	子网掩码	网关
VLAN 10	**192.168.10.0**	**255.255.255.0**	
PC-10-1	192.168.10.11	255.255.255.0	192.168.10.1
VLAN 30	**192.168.30.0**	**255.255.255.0**	
PC-30-1	192.168.30.11	255.255.255.0	192.168.30.1
VLAN 80	**192.168.80.0**	**255.255.255.0**	
PC-80-1	192.168.80.11	255.255.255.0	192.168.80.1
VLAN 81	**192.168.81.0**	**255.255.255.0**	
PC-81-1	192.168.81.11	255.255.255.0	192.168.81.1
VLAN 12	**192.168.12.0**	**255.255.255.0**	
LSW1 上的 VLANIF 接口			
VLANIF 10	192.168.10.1	255.255.255.0	
VLANIF 30	192.168.30.1	255.255.255.0	
VLANIF 12	192.168.12.1	255.255.255.0	

续表

	IPv4 地址	子网掩码	网关
LSW2 上的 VLANIF 接口			
VLANIF 80	192.168.80.1	255.255.255.0	
VLANIF 81	192.168.81.1	255.255.255.0	
VLANIF 12	192.168.12.2	255.255.255.0	

实验步骤

步骤 1：创建拓扑

① 启动 eNSP，单击工具栏中的“新建拓扑”图标。

② 向空白工作区中添加 2 台 S5700 交换机和 4 台 PC。

③ 按指定端口将各交换机和 PC 互连。

④ 为交换机和 PC 命名。

步骤 2：为 PC 配置 IPv4 地址、子网掩码和网关

① 分别双击各台 PC，在各自弹出的配置窗口中选中“基础配置”标签，按定义为其配置 IPv4 地址、子网掩码和网关。

② 配置完毕后，单击工具栏中的“保存”图标，将拓扑保存到指定目录，将文件命名为 lab-4.3.1-InterVlan.L3SW.SDRoute.topo。

步骤 3：启动设备

单击工具栏中的“开启设备”图标，启动全部设备。

步骤 4：在交换机上配置 VLAN

① 配置交换机 LSW1。双击工作区中交换机 LSW1 的图标，打开控制台窗口，在提示符下输入以下命令：

```
# 进入系统视图，为交换机命名。
<huawei> system-view
[huawei] sysname LSW1
# 批量创建 VLAN 10、VLAN 30 和 VLAN 12。
[LSW1] vlan batch 10 30 12
# 将端口 GE 0/0/9 和 GE 0/0/13 分别加入 VLAN 10 和 VLAN 30。
[LSW1] interface gigabitethernet 0/0/9
[LSW1-GigabitEthernet0/0/9] port link-type access
[LSW1-GigabitEthernet0/0/9] port default vlan 10
[LSW1-GigabitEthernet0/0/9] quit
[LSW1] interface gigabitethernet 0/0/13
[LSW1-GigabitEthernet0/0/13] port link-type access
[LSW1-GigabitEthernet0/0/13] port default vlan 30
[LSW1-GigabitEthernet0/0/13] quit
# 将端口 GE 0/0/1 的链路类型配置为 Trunk，允许 VLAN 12 的帧通过。
[LSW1] interface gigabitethernet 0/0/1
[LSW1-GigabitEthernet0/0/1] port link-type trunk
```

```
[LSW1-GigabitEthernet0/0/1] port trunk allow-pass vlan 12
[LSW1-GigabitEthernet0/0/1] quit
# 查看 VLAN 信息，确认正确建立了 VLAN。
[LSW1] display vlan
[LSW1] display port vlan
```

② 配置交换机 LSW2。双击工作区中交换机 LSW2 的图标，打开控制台窗口，在提示符下输入上述命令：

```
<huawei> system-view
[huawei] sysname LSW2
[LSW2] vlan batch 80 81 12
# 将端口 GE 0/0/15 加入 VLAN 80。
[LSW2] interface gigabitethernet 0/0/15
[LSW2-GigabitEthernet0/0/15] port link-type access
[LSW2-GigabitEthernet0/0/15] port default vlan 80
[LSW2-GigabitEthernet0/0/15] quit
# 将端口 GE 0/0/17 加入 VLAN 81。
[LSW2] interface gigabitethernet 0/0/17
[LSW2-GigabitEthernet0/0/17] port link-type access
[LSW2-GigabitEthernet0/0/17] port default vlan 81
[LSW2-GigabitEthernet0/0/17] quit
# 将端口 GE 0/0/1 的链路类型配置为 Trunk，允许 VLAN 12 的帧通过。
[LSW2] interface gigabitethernet 0/0/1
[LSW2-GigabitEthernet0/0/1] port link-type trunk
[LSW2-GigabitEthernet0/0/1] port trunk allow-pass vlan 12
[LSW2-GigabitEthernet0/0/1] quit
# 查看 VLAN 信息，确认正确建立了 VLAN。
[LSW2] display vlan
[LSW2] display port vlan
```

步骤 5：在交换机上配置 VLANIF 接口

① 在交换机 LSW1 的控制台窗口中输入以下命令：

```
<LSW1> system-view
# 配置到 VLAN 10 的 VLANIF 接口的 IP 地址。掩码 24 也可以写为 255.255.255.0。
[LSW1] interface vlanif 10
[LSW1-Vlanif10] ip address 192.168.10.1 24
[LSW1-Vlanif10] quit
# 配置到 VLAN 30 的 VLANIF 接口的 IP 地址。
[LSW1] interface vlanif 30
[LSW1-Vlanif30] ip address 192.168.30.1 24
[LSW1-Vlanif30] quit
# 配置到 VLAN 12 的 VLANIF 接口的 IP 地址。
[LSW1] interface vlanif 12
[LSW1-Vlanif12] ip address 192.168.12.1 24
[LSW1-Vlanif12] quit
# 查看所有端口的状态和 IP 配置信息。
[LSW1] display interface brief
```

```
[LSW1] display ip interface brief
# 查看交换机 IP 路由表。
[LSW1] display IP routing-table
```

② 在交换机 LSW2 的控制台窗口中输入以下命令：

```
<LSW2> system-view
[LSW2] interface vlanif 80
[LSW2-Vlanif80] ip address 192.168.80.1 24
[LSW2-Vlanif80] quit
[LSW2] interface vlanif 81
[LSW2-Vlanif81] ip address 192.168.81.1 24
[LSW2-Vlanif81] quit
[LSW2] interface vlanif 12
[LSW2-Vlanif12] ip address 192.168.12.2 24
[LSW2-Vlanif12] quit
[LSW2] display interface brief
[LSW2] display ip interface brief
[LSW2] display IP routing-table
```

步骤 6：在交换机上配置静态路由

在交换机 LSW1 的控制台窗口中输入以下命令：

```
<LSW1> system-view
# 配置到 VLAN 80 的静态路由。目的网络为 192.168.80.0，前缀长度为 24（可以写为
255.255.255.0），下一跳地址为 LSW2 上接口 VLAIF 12 的地址 192.168.12.2。
[LSW1] ip route-static 192.168.80.0 24 192.168.12.2
# 配置到 VLAN 81 的静态路由。目的网络为 192.168.81.0，前缀长度为 24，下一跳地址为 LSW2
上接口 VLAIF 12 的地址 192.168.12.2。
[LSW1] ip route-static 192.168.81.0 24 192.168.12.2
# 查看交换机 IP 路由表。
[LSW1] display IP routing-table
# 查看交换机 IP 路由表中目的地址为 192.168.80.0 的路由。
[LSW1] display IP routing-table 192.168.80.0
```

步骤 7：测试验证

分别在交换机 LSW1 和 LSW2 的控制台窗口及 PC-10-1 命令窗口中输入以下命令，测试是否能与 VLANIF 10、VLANIF 12、VLANIF 30、VLANIF 80、VLANIF 81 及 PC-10-1、PC-30-1、PC-80-1 和 PC-81-1 通信：

```
ping 192.168.10.1
ping 192.168.12.1
ping 192.168.12.2
ping 192.168.30.1
ping 192.168.80.1
ping 192.168.81.1
```

```
ping 192.168.30.11
ping 192.168.80.11
ping 192.168.81.11
```

提示 · 思考 · 动手

- ✓ 请将创建的网络拓扑的截图粘贴到实验报告中。
- ✓ 请将交换机 LSW1 的 IP 路由表的截图粘贴到实验报告中。
- ✓ 请将交换机 LSW2 的 IP 路由表的截图粘贴到实验报告中。
- ✓ 交换机 LSW1 能 ping 通交换机 LSW2 的地址 192.168.12.2 吗？请将 ping 命令执行结果的截图粘贴到实验报告中。
- ✓ 交换机 LSW1 能 ping 通交换机 LSW2 的地址 192.168.80.1 吗？请将 ping 命令执行结果的截图粘贴到实验报告中。
- ✓ PC-10-1 能 ping 通 PC-30-1 吗？请将 ping 命令执行结果的截图粘贴到实验报告中。
- ✓ PC-10-1 能 ping 通 PC-80-1 吗？请将 ping 命令执行结果的截图粘贴到实验报告中。

步骤 8：通信分析

开启交换机 LSW1 端口 GE 0/0/9、GE 0/0/24 和交换机 LSW2 端口 GE 0/0/15 的数据抓包。

提示 · 思考 · 动手

- ✓ 使用命令“ping 192.168.80.1 -c 1”从 PC-10-1 ping PC-80-1，分析抓取的 ping 通信，回答以下问题：
  1. 哪些端口或地址收到了 PC-10-1 发送的 ICMP Echo Request?
  2. 哪些端口或地址向 PC-10-1 发送了 ICMP 消息？发送的是什么消息？
- ✓ 使用命令“ping 192.168.10.1 -c 1”从 PC-80-1 ping PC-10-1，分析抓取的 ping 通信，回答以下问题：
  1. 哪些端口或地址收到了 PC-80-1 发送的 ICMP Echo Request?
  2. 哪些端口或地址向 PC-80-1 发送了 ICMP 消息？发送的是什么消息？
- ✓ 结合抓取到的通信，说明为何从 PC-10-1 能或不能 ping 通 PC-80-1。

步骤 9：在交换机上配置默认路由

在交换机 LSW2 的控制台窗口中输入以下命令：

```
<LSW2> system-view
# 配置默认路由。默认路由的目的网络为 0.0.0.0，子网掩码为 0.0.0.0，下一跳地址为 LSW1 上
接口 VLAIF 12 的地址 192.168.12.1。
[LSW2] ip route-static 0.0.0.0 0.0.0.0 192.168.12.1
# 查看交换机 IP 路由表。
[LSW2] display IP routing-table
```

步骤 10：测试验证

在 PC-10-1 命令窗口中输入以下命令，测试是否能与 VLANIF 80、VLANIF 81 及 PC-30-1、PC-80-1 和 PC-81-1 通信：

```
ping 192.168.80.1
ping 192.168.81.1
ping 192.168.30.11
ping 192.168.80.11
ping 192.168.81.11
```

提示 · 思考 · 动手

- ✓ 简述静态路由和默认路由的区别。
- ✓ 请将交换机 LSW1 的 IP 路由表的截图粘贴到实验报告中。
- ✓ 请将交换机 LSW2 的 IP 路由表的截图粘贴到实验报告中。
- ✓ 交换机 LSW1 能 ping 通交换机 LSW2 的地址 192.168.80.1 吗？请将 ping 命令执行结果的截图粘贴到实验报告中。
- ✓ PC-10-1 能 ping 通 PC-80-1 吗？请将 ping 命令执行结果的截图粘贴到实验报告中。
- ✓ 从 PC-10-1 到 PC-80-1 的路由是什么？请将 PC-10-1 发出的“tracert 192.168.80.11”命令执行结果的截图粘贴到实验报告中。

步骤 11：通信分析

打开步骤 7 开启的各端口的 Wireshark 数据抓包窗口。

提示 · 思考 · 动手

- ✓ 使用命令“ping 192.168.80.1 -c 1”从 PC-10-1 ping PC-80-1，分析抓取的 ping 通信，回答以下问题：
  1. PC-10-1 发出的 ICMP Echo Request 通过了哪些端口？能被 PC-80-1 收到吗？
  2. PC-80-1 回送的 ICMP Echo Reply 通过了哪些端口？能被 PC-10-1 收到吗？

实验 4.3.2：路由器配置静态和默认路由实现 VLAN 之间的通信

任务要求

某学校网络的拓扑结构如图 4-5 所示。招生就业部、学生工作部、学籍管理部和考试中心等 4 个部门的 PC 通过 2 台 S5700 第三层交换机 LSW1 和 LSW2 互连在一起，通过 AR2220 路由器 RTA 访问校园网。将交换机 LSW1 的端口 GE 0/0/9 划分给 VLAN 10，端口 GE 0/0/13 划分给 VLAN 30，交换机 LSW2 的端口 GE 0/0/15 划分给 VLAN 80，端口 GE 0/0/17 划分给 VLAN 81。各部门的 PC 连入其所属 VLAN 的端口，各 VLAN 位于不同的 IP 网段。由于业务需要，决定在交换机上配置 VLANIF 接口实现同一交换机上的 VLAN 之间的通信，在交换机和路由器上配置静态和默认路由实现不同交换机上的 VLAN 之间的通信，以及 VLAN 对校园网的访问。VLAN、PC、VLANIF 接口和路由器端口的 IPv4 地址、子网掩码和网关定义如表 4-6 所示。请完成系统配置。

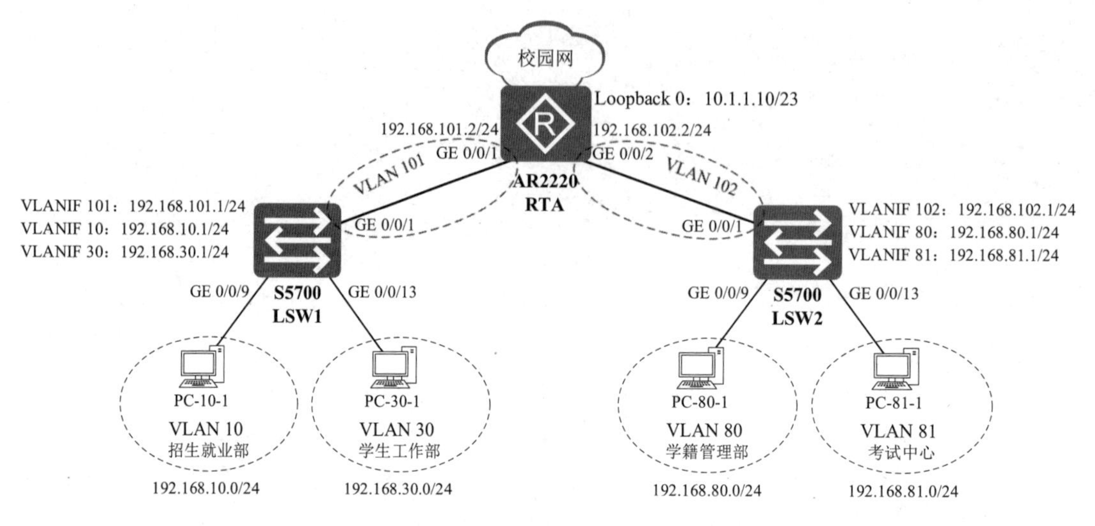

图 4-5 路由器配置静态和默认路由实现 VLAN 之间的通信和对校园网的访问

表 4-6 VLAN、PC、VLANIF 接口和路由器端口的 IPv4 地址、子网掩码和网关定义

	IPv4 地址	子网掩码	网关
VLAN 10	**192.168.10.0**	**255.255.255.0**	
PC-10-1	192.168.10.11	255.255.255.0	192.168.10.1
VLAN 30	**192.168.30.0**	**255.255.255.0**	
PC-30-1	192.168.30.11	255.255.255.0	192.168.30.1
VLAN 80	**192.168.80.0**	**255.255.255.0**	
PC-80-1	192.168.80.11	255.255.255.0	192.168.80.1
VLAN 81	**192.168.81.0**	**255.255.255.0**	
PC-81-1	192.168.81.11	255.255.255.0	192.168.81.1
LSW1 上的 VLANIF 接口			
VLANIF 101	192.168.101.1	255.255.255.0	
VLANIF 10	192.168.10.1	255.255.255.0	
VLANIF 30	192.168.30.1	255.255.255.0	
LSW2 上的 VLANIF 接口			
VLANIF 102	192.168.102.1	255.255.255.0	
VLANIF 80	192.168.80.1	255.255.255.0	
VLANIF 81	192.168.81.1	255.255.255.0	
路由器 RTA			
GE 0/0/1	192.168.101.2	255.255.255.0	
GE 0/0/2	192.168.102.2	255.255.255.0	
校园网	**10.1.0.0**	**255.255.0.0**	
Loopback 0 （模拟校园网上的一台主机）	10.1.1.10	255.255.254.0	

实验步骤

步骤 1：创建拓扑

① 启动 eNSP，单击工具栏中的“新建拓扑”图标。
② 向空白工作区中添加 2 台 S5700 交换机、1 台 AR2220 路由器和 4 台 PC。
③ 按指定端口将各交换机、路由器和 PC 互连。
④ 为交换机和 PC 命名。

步骤 2：为 PC 配置 IPv4 地址、子网掩码和网关

① 分别双击各台 PC，在各自弹出的配置窗口中选中“基础配置”标签，按定义为其配置 IPv4 地址、子网掩码和网关。

② 配置完毕后，单击工具栏中的“保存”图标，将拓扑保存到指定目录，将文件命名为 lab-4.3.2-InterVlan.RT.SDRoute.topo。

步骤 3：启动设备

单击工具栏中的“开启设备”图标，启动全部设备。

步骤 4：在交换机上配置 VLAN 和 VLANIF

① 配置交换机 LSW1。双击工作区中交换机 LSW1 的图标，打开控制台窗口，在提示符下输入以下命令：

```
# 进入系统视图，为交换机命名。
<huawei> system-view
[huawei] sysname LSW1
# 批量创建 VLAN 10、VLAN 30 和 VLAN 101。
[LSW1] vlan batch 10 30 101
# 将端口 GE 0/0/9 加入 VLAN 10。
[LSW1] interface gigabitethernet 0/0/9
[LSW1-GigabitEthernet0/0/9] port link-type access
[LSW1-GigabitEthernet0/0/9] port default vlan 10
[LSW1-GigabitEthernet0/0/9] quit
# 将端口 GE 0/0/13 加入 VLAN 30。
[LSW1] interface gigabitethernet 0/0/13
[LSW1-GigabitEthernet0/0/13] port link-type access
[LSW1-GigabitEthernet0/0/13] port default vlan 30
[LSW1-GigabitEthernet0/0/13] quit
# 配置连接路由器的端口 GE 0/0/1。将端口 GE 0/0/1 加入 VLAN 101。
[LSW1] interface gigabitethernet 0/0/1
[LSW1-GigabitEthernet0/0/1] port link-type access
[LSW1-GigabitEthernet0/0/1] port default vlan 101
[LSW1-GigabitEthernet0/0/1] quit
# 查看 VLAN 信息，确认正确建立了 VLAN。
[LSW1] display vlan
[LSW1] display port vlan
# 配置到 VLAN 101 的 VLANIF 接口的 IP 地址。
[LSW1] interface vlanif 101
```

```
[LSW1-Vlanif101] ip address 192.168.101.1 24
[LSW1-Vlanif101] quit
# 配置到 VLAN 10 的 VLANIF 接口的 IP 地址。
[LSW1] interface vlanif 10
[LSW1-Vlanif10] ip address 192.168.10.1 24
[LSW1-Vlanif10] quit
# 配置到 VLAN 30 的 VLANIF 接口的 IP 地址。
[LSW1] interface vlanif 30
[LSW1-Vlanif30] ip address 192.168.30.1 24
[LSW1-Vlanif30] quit
# 查看所有端口的状态和 IP 配置信息。
[LSW1] display interface brief
[LSW1] display ip interface brief
# 查看交换机 IP 路由表。
[LSW1] display IP routing-table
```

② 配置交换机 LSW2。双击工作区中交换机 LSW2 的图标，打开控制台窗口，在提示符下输入以下命令：

```
# 进入系统视图，为交换机命名。
<huawei> system-view
[huawei] sysname LSW2
# 批量创建 VLAN 80、VLAN 81 和 VLAN 102。
[LSW2] vlan batch 80 81 102
# 将端口 GE 0/0/15 加入 VLAN 80。
[LSW2] interface gigabitethernet 0/0/15
[LSW2-GigabitEthernet0/0/15] port link-type access
[LSW2-GigabitEthernet0/0/15] port default vlan 80
[LSW2-GigabitEthernet0/0/15] quit
# 将端口 GE 0/0/17 加入 VLAN 81。
[LSW2] interface gigabitethernet 0/0/17
[LSW2-GigabitEthernet0/0/17] port link-type access
[LSW2-GigabitEthernet0/0/17] port default vlan 81
[LSW2-GigabitEthernet0/0/17] quit
# 配置连接路由器的端口 GE 0/0/1。将端口 GE 0/0/1 加入 VLAN 102。
[LSW2] interface gigabitethernet 0/0/1
[LSW2-GigabitEthernet0/0/1] port link-type access
[LSW2-GigabitEthernet0/0/1] port default vlan 102
[LSW2-GigabitEthernet0/0/1] quit
# 查看 VLAN 信息和端口所属 VLAN，确认正确建立了 VLAN。
[LSW2] display vlan
[LSW2] display port vlan
# 配置到 VLAN 102 的 VLANIF 接口的 IP 地址。
[LSW2] interface vlanif 102
[LSW2-Vlanif102] ip address 192.168.102.1 24
[LSW2-Vlanif102] quit
# 配置到 VLAN 80 的 VLANIF 接口的 IP 地址。
[LSW2] interface vlanif 80
[LSW2-Vlanif80] ip address 192.168.80.1 24
[LSW2-Vlanif80] quit
# 配置到 VLAN 81 的 VLANIF 接口的 IP 地址。
```

```
[LSW2] interface vlanif 81
[LSW2-Vlanif81] ip address 192.168.81.1 24
[LSW2-Vlanif81] quit
# 查看所有端口的状态和 IP 信息。
[LSW2] display interface brief
[LSW2] display ip interface brief
# 查看交换机 IP 路由表。
[LSW2] display IP routing-table
```

步骤 5：配置路由器 RTA 端口 IP 地址

双击工作区中路由器 RTA 的图标，打开控制台窗口，在提示符下输入以下命令：

```
# 进入系统视图，为路由器命名。
<huawei> system-view
[huawei] sysname RTA
# 配置连接交换机 LSW1 的端口 GE 0/0/1 的 IP 地址。
[RTA] interface gigabitethernet 0/0/1
[RTA-GigabitEthernet0/0/1] ip address 192.168.101.2 24
[RTA-GigabitEthernet0/0/1] quit
# 配置连接交换机 LSW2 的端口 GE 0/0/2 的 IP 地址。
[RTA] interface gigabitethernet 0/0/2
[RTA-GigabitEthernet0/0/2] ip address 192.168.102.2 24
[RTA-GigabitEthernet0/0/2] quit
# 配置环回接口 Loopback 0 的 IP 地址，模拟校园网上的一台主机。其中 0 为接口 ID。
[RTA] interface loopback 0
[RTA-loopback0] ip address 10.1.1.10 23
[RTA-loopback0] quit
# 查看所有端口的状态和 IP 信息。
[RTA] display interface brief
[RTA] display ip interface brief
# 查看接口 IP 配置与统计详细信息。
[RTA] display IP interface 0/0/1
[RTA] display IP interface 0/0/2
[RTA] display IP interface loopback 0
# 查看交换机 IP 路由表。
[RTA] display IP routing-table
```

步骤 6：测试验证

分别在各 PC 的命令窗口、交换机 LSW1、交换机 LSW2 和路由器 RTA 的控制台窗口中输入以下命令，测试它们是否能与 VLANIF 10、VLANIF 30、VLANIF 101、VLANIF 102、VLANIF 80 和 VLANIF 81 及 PC-10-1、PC-30-1、PC-80-1、PC-81-1 和路由器的 Loopback 0 接口通信：

```
ping 192.168.10.1
ping 192.168.30.1
ping 192.168.101.1
ping 192.168.101.2
```

```
ping 192.168.102.1
ping 192.168.102.2
ping 192.168.80.1
ping 192.168.81.1
ping 192.168.10.11
ping 192.168.30.11
ping 192.168.80.11
ping 192.168.81.11
ping 10.1.1.10
```

提示·思考·动手

- ✓ 请将创建的网络拓扑的截图粘贴到实验报告中。
- ✓ 请将交换机 LSW1 的 IP 路由表的截图粘贴到实验报告中。
- ✓ 请将交换机 LSW2 的 IP 路由表的截图粘贴到实验报告中。
- ✓ 请将路由器 RTA 的 IP 路由表的截图粘贴到实验报告中。
- ✓ 交换机 LSW1 能 ping 通 VLANIF 102 吗？请将 ping 命令执行结果的截图粘贴到实验报告中，并结合路由表说明原因。
- ✓ 交换机 LSW1 能 ping 通 VLANIF 80 吗？请将 ping 命令执行结果的截图粘贴到实验报告中，并结合路由表说明原因。
- ✓ 交换机 LSW1 能 ping 通路由器的 Loopback 0 接口吗？请将 ping 命令执行结果的截图粘贴到实验报告中，并结合路由表说明原因。
- ✓ 路由器 RTA 能 ping 通 VLANIF 10 吗？请将 ping 命令执行结果的截图粘贴到实验报告中，并结合路由表说明原因。
- ✓ 路由器 RTA 能 ping 通 VLANIF 80 吗？请将 ping 命令执行结果的截图粘贴到实验报告中，并结合路由表说明原因。
- ✓ PC-10-1 能 ping 通 PC-30-1 吗？请将 ping 命令执行结果的截图粘贴到实验报告中，并结合路由表说明原因。
- ✓ PC-10-1 能 ping 通 PC-80-1 吗？请将 ping 命令执行结果的截图粘贴到实验报告中，并结合路由表说明原因。
- ✓ PC-10-1 能 ping 通路由器的 Loopback 0 接口吗？请将 ping 命令执行结果的截图粘贴到实验报告中，并结合路由表说明原因。
- ✓ PC-10-1 到 PC-80-1 的路由是什么？请将 PC-10-1 发出的“tracert 192.168.80.11”命令执行结果的截图粘贴到实验报告中。
- ✓ PC-10-1 到 Loopback 0 的路由是什么？请将 PC-10-1 发出的“tracert 10.1.1.10”命令执行结果的截图粘贴到实验报告中。

步骤 7：在交换机上配置默认路由

① 配置交换机 LSW1。在交换机 LSW1 的控制台窗口中输入以下命令：

```
<LSW1> system-view
# 配置通过路由器 RTA 到所有其他网络的默认路由，以简化路由配置。
# 默认路由的目的网络为 0.0.0.0，子网掩码为 0.0.0.0，下一跳地址为路由器 RTA 端口 GE 0/0/1
的 IP 地址 192.168.101.2。
[LSW1] ip route-static 0.0.0.0 0.0.0.0 192.168.101.2
# 查看交换机 IP 路由表。
[LSW2] display IP routing-table
```

② 配置交换机 LSW2。在交换机 LSW2 的控制台窗口中输入以下命令：

```
<LSW2> system-view
# 配置通过路由器 RTA 到所有其他网络的默认路由，以简化路由配置。
# 默认路由的目的网络为 0.0.0.0，子网掩码为 0.0.0.0，下一跳地址为路由器 RTA 端口 GE 0/0/2
的 IP 地址 192.168.102.2。
[LSW2] ip route-static 0.0.0.0 0.0.0.0 192.168.102.2
# 查看交换机 IP 路由表。
[LSW2] display IP routing-table
```

步骤 8：在路由器 RTA 上配置静态和默认路由

在路由器 RTA 的控制台窗口中输入以下命令：

```
<RTA> system-view
# 配置到 VLAN 10 的静态路由。子网掩码为 24，或 255.255.255.0，下一跳地址为交换机 LSW1
上 VLANIF 101 的 IP 地址 192.168.101.1。
[RTA] ip route-static 192.168.10.0 24 192.168.101.1
# 配置到 VLAN 30 的静态路由。前缀长度为 24，或 255.255.255.0，下一跳地址为交换机 LSW1
上 VLANIF 101 的 IP 地址 192.168.101.1。
[RTA] ip route-static 192.168.30.0 24 192.168.101.1
# 配置到 VLAN 80 和 VLAN 81 的路由为默认路由，因为到这两个 VLAN 的下一跳地址和出端口相同。
下一跳地址为交换机 LSW2 上 VLANIF 102 的 IP 地址 192.168.102.1。
[RTA] ip route-static 0.0.0.0 0.0.0.0 192.168.102.1
# 查看路由器 IP 路由表。
[RTA] display IP routing-table
```

步骤 9：测试验证

分别在各 PC 的命令窗口、交换机 LSW1、交换机 LSW2 和路由器 RTA 的控制台窗口中输入以下命令，测试它们是否能与 VLANIF 10、VLANIF 30、VLANIF 101、VLANIF 102、VLANIF 80 和 VLANIF 81 及 PC-10-1、PC-30-1、PC-80-1、PC-81-1 和路由器的 Loopback 0 接口通信：

```
ping 192.168.10.1
ping 192.168.30.1
ping 192.168.101.1
ping 192.168.101.2
ping 192.168.102.1
```

```
ping 192.168.102.2
ping 192.168.80.1
ping 192.168.81.1
ping 192.168.10.11
ping 192.168.30.11
ping 192.168.80.11
ping 192.168.81.11
ping 10.1.1.10
```

提示 · 思考 · 动手

- ✓ 请将交换机 LSW1 的 IP 路由表的截图粘贴到实验报告中。
- ✓ 请将交换机 LSW2 的 IP 路由表的截图粘贴到实验报告中。
- ✓ 请将路由器 RTA 的 IP 路由表的截图粘贴到实验报告中。
- ✓ PC-10-1 能 ping 通 PC-80-1 吗？请将 ping 命令执行结果的截图粘贴到实验报告中，并结合路由表说明原因。
- ✓ PC-10-1 能 ping 通路由器的 Loopback 0 接口吗？请将 ping 命令执行结果的截图粘贴到实验报告中，并结合路由表说明原因。
- ✓ PC-10-1 到 PC-80-1 的路由是什么？请将 PC-10-1 发出的"tracert 192.168.80.11"命令执行结果的截图粘贴到实验报告中。
- ✓ PC-10-1 到 Loopback 0 的路由是什么？请将 PC-10-1 发出的"tracert 10.1.1.10"命令执行结果的截图粘贴到实验报告中。

步骤 10：通信分析

分别开启 LSW1 端口 GE 0/0/9、GE 0/0/1，路由器 RTA 端口 GE0/0/1、GE 0/0/2 和 LSW2 端口 GE 0/0/2、GE 0/0/15 的数据抓包。从 PC-10-1 ping PC-80-1，分析抓取的 ping 通信。

提示 · 思考 · 动手

- ✓ PC-10-1 发出的 ICMP Echo Request 通过了哪些端口？能被 PC-80-1 收到吗？
- ✓ PC-80-1 回送的 ICMP Echo Reply 通过了哪些端口？能被 PC-10-1 收到吗？
- ✓ 结合抓取到的通信，说明为何从 PC-10-1 能或不能 ping 通 PC-80-1。

实验 4.3.3：路由器配置静态和默认路由实现 IP 子网之间的通信

任务要求

某学校网络的拓扑结构如图 4-6 所示。使用 3 台 AR2220 路由器 RTA、RTB 和 RTC 将处于不同 IP 网段的 4 个部门的网络互连在一起，其中招生就业部的 PC 连接在 S5700 交换机 LSW1 指定端口上，都属于子网 VLAN 10。为简化设计，其他 3 个部门的 PC 直接连接在路由器端口上。由于业务需要，4 个部门的用户需要交换数据。由于网络结构比较简单，决定在 3 台路由器上配置静态或默认路由实现 4 个部门网络之间的通信。各 IP 网段、PC 和路由器端口的 IPv4 地址、子网掩码和网关定义如表 4-7 所示。请完成系统配置。

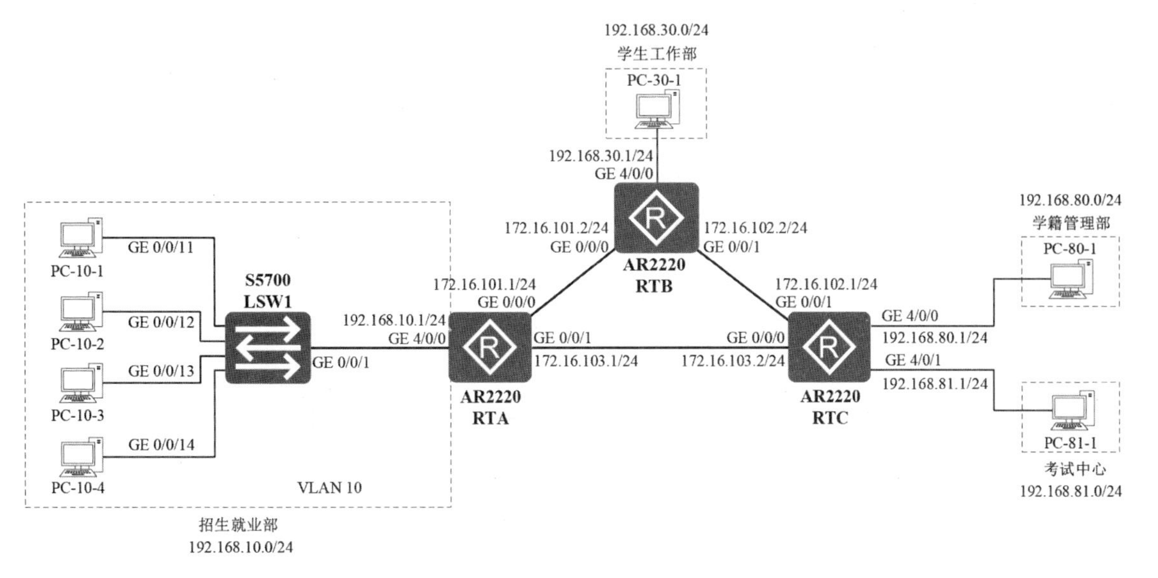

图 4-6　路由器配置静态或默认路由实现 IP 子网之间的通信

表 4-7　IP 网段、PC 和路由器端口的 IPv4 地址、子网掩码和网关定义

	IPv4 地址	子网掩码	网关
招生就业部网段	**192.168.10.0**	**255.255.255.0**	
PC-10-1	192.168.10.11	255.255.255.0	192.168.10.1
PC-10-2	192.168.10.12	255.255.255.0	192.168.10.1
PC-10-3	192.168.10.13	255.255.255.0	192.168.10.1
PC-10-4	192.168.10.14	255.255.255.0	192.168.10.1
学生工作部网段	**192.168.30.0**	**255.255.255.0**	
PC-30-1	192.168.30.11	255.255.255.0	192.168.30.1
学籍管理部网段	**192.168.80.0**	**255.255.255.0**	
PC-80-1	192.168.80.11	255.255.255.0	192.168.80.1
考试中心网段	**192.168.81.0**	**255.255.255.0**	
PC-81-1	192.168.81.11	255.255.255.0	192.168.81.1
路由器 RTA			
GE 0/0/0	172.16.101.1	255.255.255.0	
GE 0/0/1	172.16.103.1	255.255.255.0	
GE 4/0/0	192.168.10.1	255.255.255.0	
路由器 RTB			
GE 0/0/0	172.16.101.2	255.255.255.0	
GE 0/0/1	172.16.102.2	255.255.255.0	
GE 4/0/0	192.168.30.1	255.255.255.0	
路由器 RTC			
GE 0/0/0	172.16.103.2	255.255.255.0	
GE 0/0/1	172.16.102.1	255.255.255.0	
GE 4/0/0	192.168.80.1	255.255.255.0	
GE 4/0/1	192.168.81.1	255.255.255.0	

实验步骤

步骤 1：创建拓扑

① 启动 eNSP，单击工具栏中的“新建拓扑”图标。

② 向空白工作区中添加 1 台 S5700 交换机、3 台 AR2220 路由器和 7 台 PC。

③ 分别为 3 台路由器添加 4 端口-GE 电口 WAN 接口卡 4GEW-T。用鼠标右键单击某台路由器，从出现的快捷菜单中选择“设置”选项，在弹出的窗口中，选择“视图”选项卡，从“eNSP 支持的接口卡”中选择 4GEW-T（4 端口-GE 电口 WAN 接口卡），将其拖入路由器的第 1 个扩展插槽中，如图 4-7 所示。添加完毕后关闭窗口。

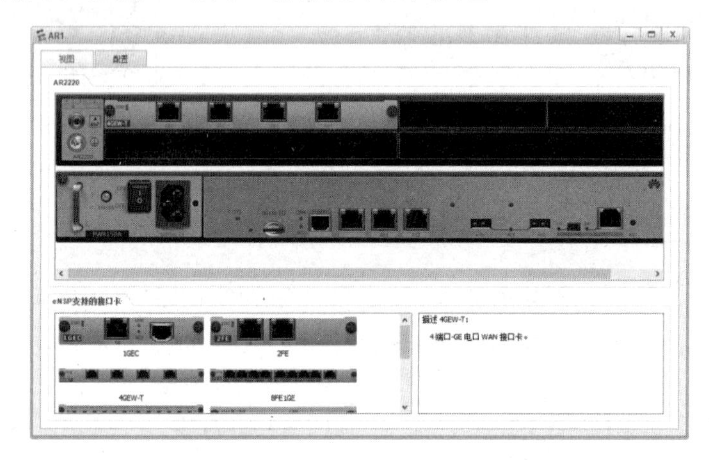

图 4-7 为路由器添加 4 端口-GE 电口 WAN 接口卡 4GEW-T

④ 按指定端口将交换机、路由器和 PC 互连。

⑤ 为交换机、路由器和 PC 命名。

步骤 2：为 PC 配置 IPv4 地址、子网掩码和网关

① 分别双击各台 PC，在各自弹出的配置窗口中选中“基础配置”标签，按定义为其配置 IPv4 地址、子网掩码和网关。

② 配置完毕后，单击工具栏中的“保存”图标，将拓扑保存到指定目录，将文件命名为 lab-4.3.3-IPSub.RT.SDRoute.topo。

步骤 3：启动设备

单击工具栏中的“开启设备”图标，启动全部设备。

步骤 4：在交换机上配置 VLAN

双击工作区中交换机 LSW1 的图标，打开控制台窗口，在提示符下输入以下命令：

```
# 进入系统视图，为交换机命名。
<huawei> system-view
[huawei] sysname LSW1
# 创建 VLAN 10。
```

```
    [LSW1] vlan batch 10
    # 利用端口组将 GE 0/0/1、GE 0/0/11 至 GE 0/0/14 等 5 个端口划分到 VLAN 10。
    # 创建端口组 GVLAN10。
    [LSW1] port-group gvlan10
    [LSW1-port-group-gvlan10] group-member gigabitethernet 0/0/1
    [LSW1-port-group-gvlan10] group-member gigabitethernet 0/0/11 to
gigabitethernet 0/0/14
    [LSW1-port-group-gvlan10] port link-type access
    [LSW1-port-group-gvlan10] port default vlan 10
    [LSW1-port-group-gvlan10] quit
    # 查看 VLAN 信息，确认正确建立了 VLAN。
    [LSW1] display vlan
    [LSW1] display port vlan
```

步骤 5：配置路由器端口 IP 地址

① 配置路由器 RTA。双击工作区中路由器 RTA 的图标，打开控制台窗口，在提示符下输入以下命令：

```
    # 进入系统视图，为路由器命名。
    <huawei> system-view
    [huawei] sysname RTA
    # 配置连接交换机 LSW1 端口的 IP 地址。
    [RTA] interface gigabitethernet 4/0/0
    [RTA-GigabitEthernet4/0/0] ip address 192.168.10.1 24
    [RTA-GigabitEthernet4/0/0] quit
    # 配置连接路由器 RTB 端口的 IP 地址。
    [RTA] interface gigabitethernet 0/0/0
    [RTA-GigabitEthernet0/0/0] ip address 172.16.101.1 24
    [RTA-GigabitEthernet0/0/0] quit
    # 配置连接路由器 RTC 端口的 IP 地址。
    [RTA] interface gigabitethernet 0/0/1
    [RTA-GigabitEthernet0/0/1] ip address 172.16.103.1 24
    [RTA-GigabitEthernet0/0/1] quit
    # 查看所有端口的状态和 IP 配置信息。
    [RTA] display ip interface brief
    # 查看路由器 IP 路由表。
    [RTA] display IP routing-table
```

② 配置路由器 RTB。双击工作区中路由器 RTB 的图标，打开控制台窗口，在提示符下输入以下命令：

```
    <huawei> system-view
    [huawei] sysname RTB
    # 配置连接 PC 端口的 IP 地址。
    [RTB] interface gigabitethernet 4/0/0
    [RTB-GigabitEthernet4/0/0] ip address 192.168.30.1 24
    [RTB-GigabitEthernet4/0/0] quit
    # 配置连接路由器 RTA 端口的 IP 地址。
    [RTB] interface gigabitethernet 0/0/0
```

```
[RTB-GigabitEthernet0/0/0] ip address 172.16.101.2 24
[RTB-GigabitEthernet0/0/0] quit
# 配置连接路由器 RTC 端口的 IP 地址。
[RTB] interface gigabitethernet 0/0/1
[RTB-GigabitEthernet0/0/1] ip address 172.16.102.2 24
[RTB-GigabitEthernet0/0/1] quit
[RTB] display ip interface brief
[RTB] display IP routing-table
```

③ 配置路由器 RTC。双击工作区中的路由器 RTC 的图标，打开控制台窗口，在提示符下输入以下命令：

```
<huawei> system-view
[huawei] sysname RTC
# 配置连接 PC 的端口的 IP 地址。
[RTC] interface gigabitethernet 4/0/0
[RTC-GigabitEthernet4/0/0] ip address 192.168.80.1 24
[RTC-GigabitEthernet4/0/0] quit
[RTC] interface gigabitethernet 4/0/1
[RTC-GigabitEthernet4/0/1] ip address 192.168.81.1 24
[RTC-GigabitEthernet4/0/1] quit
# 配置连接路由器 RTA 端口的 IP 地址。
[RTC] interface gigabitethernet 0/0/0
[RTC-GigabitEthernet0/0/0] ip address 172.16.103.2 24
[RTC-GigabitEthernet0/0/0] quit
# 配置连接路由器 RTB 端口的 IP 地址。
[RTC] interface gigabitethernet 0/0/1
[RTC-GigabitEthernet0/0/1] ip address 172.16.102.1 24
[RTC-GigabitEthernet0/0/1] quit
[RTC] display ip interface brief
[RTC] display IP routing-table
```

步骤 6：规划和配置路由

① 路由规划。从图 4-7 中可以看出，路由器 RTA 可以直达招生就业部网络，路由器 RTB 可以直达学生工作部网络，路由器 RTC 可以直达学籍管理部网络和考试中心网络，从一个部门的网络到达其他部门的网络的路由有 2 条，因此如何为每台路由器配置路由有多种选择。该网络有 4 个部门网络，其中招生就业部的 PC 最多。若为其中的每台 PC 都配置一条静态路由，需要做大量的配置工作，因此应合理使用静态路由和默认路由。其中的一种路由规划方案是：

- 将路由器 RTA 到除招生就业部网络（VLAN 10，其 IP 子网地址为 192.168.10.0/24）外的所有其他网络的路由设置为默认路由，下一跳地址为路由器 RTB 端口 GE 0/0/0 的 IP 地址 172.16.101.2。
- 将路由器 RTB 到招生就业部网络的路由设置为静态路由，下一跳地址为路由器 RTA 端口 GE 0/0/0 的 IP 地址 172.16.101.1；将到学籍管理部网络（其 IP 子网地址为 192.168.80.0/24）和考试中心网络（其 IP 子网地址为 192.168.81.0/24）的路由设置为默认路由，下一跳地址为路由器 RTC 端口 GE 0/0/1 的 IP 地址 172.16.102.1。

- 将路由器RTC到招生就业部网络和学生工作部网络（其IP子网地址为192.168.30.0/24）的路由设置为默认路由，下一跳地址为路由器 RTA 端口 GE 0/0/1 的 IP 地址 172.16.103.1。

3 台路由器的路由规划结果如表 4-8 所示。

表 4-8　路由器的路由规划

	目的网络	子网掩码	下一跳（说明）
路由器 RTA	0.0.0.0	0.0.0.0	172.16.101.2（路由器 RTB）
路由器 RTB	192.168.10.0	255.255.255.0	172.16.101.1（路由器 RTA）
	0.0.0.0	0.0.0.0	172.16.102.1（路由器 RTC）
路由器 RTC	0.0.0.0	0.0.0.0	172.16.103.1（路由器 RTA）

② 配置路由器 RTA 路由。在路由器 RTA 的控制台窗口中输入以下命令：

```
# 进入系统视图。
<RTA> system-view
# 配置默认路由。
[RTA] ip route-static 0.0.0.0 0.0.0.0 172.16.101.2
# 查看路由器 IP 路由表。
[RTA] display IP routing-table
```

③ 配置路由器 RTB 路由。在路由器 RTB 的控制台窗口中输入以下命令：

```
<RTB> system-view
# 配置静态路由和默认路由。
[RTB] ip route-static 192.168.10.0 24 172.16.101.1
[RTB] ip route-static 0.0.0.0 0.0.0.0 172.16.102.1
[RTB] display IP routing-table
```

④ 配置路由器 RTC 路由。在路由器 RTC 的控制台窗口中输入以下命令：

```
<RTC> system-view
# 配置静态默认路由。
[RTC] ip route-static 0.0.0.0 0.0.0.0 172.16.103.1
[RTA] display IP routing-table
```

步骤 7：测试验证

在路由器 RTA、RTB 和 RTC 的控制台窗口及 PC-10-1、PC-30-1、PC-80-1 和 PC-81-1 的命令窗口中输入以下命令，测试它们是否能与各 IP 子网中的主机通信：

```
ping 192.168.10.11
ping 192.168.30.11
ping 192.168.80.11
ping 192.168.81.11
```

提示·思考·动手

- ✓ 请将创建的网络拓扑的截图粘贴到实验报告中。
- ✓ 请将路由器 RTA 的 IP 路由表的截图粘贴到实验报告中。
- ✓ 请将路由器 RTB 的 IP 路由表的截图粘贴到实验报告中。
- ✓ 请将路由器 RTC 的 IP 路由表的截图粘贴到实验报告中。
- ✓ PC-10-1 能 ping 通 PC-80-1 吗？请将 ping 命令执行结果的截图粘贴到实验报告中。
- ✓ PC-30-1 能 ping 通 PC-81-1 吗？请将 ping 命令执行结果的截图粘贴到实验报告中。
- ✓ PC-10-1 到 PC-80-1 的路由是什么？请将 PC-10-1 发出的"tracert 192.168.80.11"命令执行结果的截图粘贴到实验报告中。所显示的路由是否与规划的路由相符？
- ✓ PC-30-1 到 PC-81-1 的路由是什么？请将 PC-30-1 发出的"tracert 192.168.81.11"命令执行结果的截图粘贴到实验报告中。所显示的路由是否与规划的路由相符？
- ✓ PC-80-1 到 PC-10-1 的路由是什么？请将 PC-80-1 发出的"tracert 192.168.10.11"命令执行结果的截图粘贴到实验报告中。所显示的路由是否与规划的路由相符？
- ✓ PC-81-1 到 PC-30-1 的路由是什么？请将 PC-80-1 发出的"tracert 192.168.30.11"命令执行结果的截图粘贴到实验报告中。所显示的路由是否与规划的路由相符？

步骤 8：通信分析

分别开启路由器 RTA 端口 GE 0/0/0 和 GE 0/0/1、路由器 RTC 端口 GE 0/0/1 的数据抓包。从 PC-10-1 ping PC-80-1。在 PC-10-1 命令窗口中输入以下命令，分析抓取的 ping 通信：

```
ping 192.168.80.11 -c 1
```

提示·思考·动手

- ✓ ICMP echo Request 消息的传输经过了哪些路由器端口？请用抓取的通信说明该 ICMP 消息的传输路径。
- ✓ ICMP echo Reply 消息的传输经过了哪些路由器端口？请用抓取的通信说明该 ICMP 消息的传输路径。
- ✓ ICMP echo Request 和 ICMP echo Reply 消息的传输路径相同吗？请说明。

步骤 9：路由规划练习

请为路由器规划其他实现这些 IP 子网之间通信的路由方案，并进行测试。

① 给出你的路由规划方案，说明设计思想。

② 配置路由，将配置好的各个路由器的 IP 路由表的截图粘贴到实验报告中。

③ 给出验证路由配置的测试用例，将测试结果的截图粘贴到实验报告中。

实验 4.3.4：地址聚合与最长前缀匹配路由配置

任务要求

某学校网络的拓扑结构如图 4-8 所示，与实验 4.3.3 中的网络拓扑结构相同。按实验 4.3.3 可以实现 4 个部门网络之间的通信，但用户提出：学籍管理部和考试中心 PC 与招生就业部的 PC-10-4 之间的通信必须通过路由器 RTB，其余 PC 之间通信的路由没有限制。各 IP 网段、PC 和路由器端口的 IPv4 地址、子网掩码和网关定义如表 4-9 所示，与实验 4.3.3 中的定义相同。请规划路由，并完成系统配置。

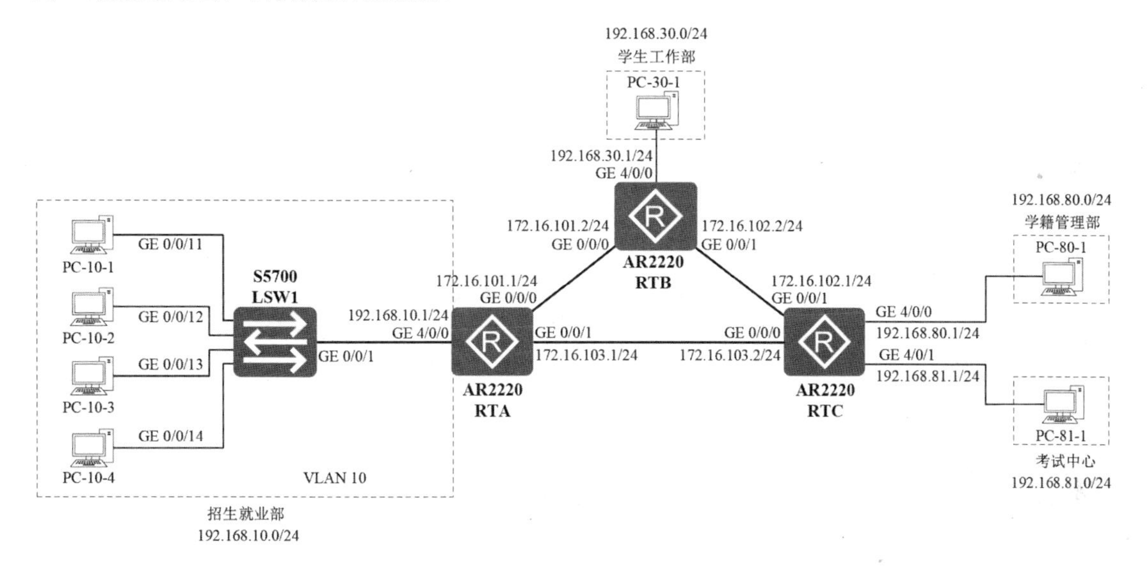

图 4-8　路由器配置静态或默认路由、地址聚合与最长前缀路由实现 IP 子网之间的通信

表 4-9　IP 网段、PC 和路由器端口的 IPv4 地址、子网掩码和网关定义

	IPv4 地址	子网掩码	网关
招生就业部网段	**192.168.10.0**	**255.255.255.0**	
PC-10-1	192.168.10.11	255.255.255.0	192.168.10.1
PC-10-2	192.168.10.12	255.255.255.0	192.168.10.1
PC-10-3	192.168.10.13	255.255.255.0	192.168.10.1
PC-10-4	192.168.10.14	255.255.255.0	192.168.10.1
学生工作部网段	**192.168.30.0**	**255.255.255.0**	
PC-30-1	192.168.30.11	255.255.255.0	192.168.30.1
学籍管理部网段	**192.168.80.0**	**255.255.255.0**	
PC-80-1	192.168.80.11	255.255.255.0	192.168.80.1
考试中心网段	**192.168.81.0**	**255.255.255.0**	
PC-81-1	192.168.81.11	255.255.255.0	192.168.81.1
路由器 RTA			
GE 0/0/0	172.16.101.1	255.255.255.0	
GE 0/0/1	172.16.103.1	255.255.255.0	
GE 4/0/0	192.168.10.1	255.255.255.0	

续表

	IPv4 地址	子网掩码	网关
路由器 RTB			
GE 0/0/0	172.16.101.2	255.255.255.0	
GE 0/0/1	172.16.102.2	255.255.255.0	
GE 4/0/0	192.168.30.1	255.255.255.0	
路由器 RTC			
GE 0/0/0	172.16.103.2	255.255.255.0	
GE 0/0/1	172.16.102.1	255.255.255.0	
GE 4/0/0	192.168.80.1	255.255.255.0	
GE 4/0/1	192.168.81.1	255.255.255.0	

实验步骤

步骤 1：加载拓扑

① 启动 eNSP，单击工具栏中的“打开文件”图标，加载实验 4.3.3 的拓扑文件 lab-4.3.3-IPSub.RT.SDRoute.topo。

② 按定义配置各 PC 的 IP 地址、子网掩码和网关。

③ 配置完毕后，单击工具栏中的“另存为”图标，将该拓扑另存为 lab-4.3.4-IPSub.RT.SDRouteAG.topo。

步骤 2：启动设备

单击工具栏中的“开启设备”图标，启动全部设备。

步骤 3：在交换机上配置 VLAN

按实验 4.3.3 中的步骤完成交换机 LSW1 VLAN 的配置。

步骤 4：配置路由器端口 IP 地址

按实验 4.3.3 中的步骤完成路由器 RTA、RTB 和 RTC 端口 IP 地址的配置。

步骤 5：规划和配置路由

① 路由规划。可以利用最长前缀匹配规则满足用户要求。其中的一种路由规划方案是：

- 将路由器 RTA 到除招生就业部网络（VLAN 10，IP 子网地址为 192.168.10.0/24）外的所有其他网络的路由设置为默认路由，下一跳地址为路由器 RTB 端口 GE 0/0/0 的 IP 地址 172.16.101.2。
- 将路由器 RTB 到招生就业部网络的路由设置为静态路由，下一跳地址为路由器 RTA 端口 GE 0/0/0 的 IP 地址 172.16.101.1。由于学籍管理部和考试中心网络的 IP 地址是连续的，为减少路由条目，可以将它们聚合为一个地址 192.168.80.0/23，将到学籍管理部和考试中心网络的路由设置为静态路由，目的地址为聚合地址 192.168.80.0，子网掩码为 255.255.254.0，下一跳地址为路由器 RTC 的 172.16.102.1。
- 在路由器 RTC 的路由表中配置一条到招生就业部和学生工作部网络的默认路由，下一跳地址为路由器 RTA 端口 GE 0/0/1 的 IP 地址 172.16.103.1。

- 为满足用户需求，在路由器 RTC 的路由表中再增加一条经过路由器 RTB 到招生就业部 PC-10-4 的静态路由，下一跳地址为路由器 RTB 端口 GE 0/0/1 的 IP 地址 172.16.102.2。按最长前缀匹配规则，将其子网掩码设置为 255.255.255.255。

3 台路由器的路由规划结果如表 4-10 所示。

表 4-10　路由器的路由规划

	目的网络	子网掩码	下一跳（说明）
路由器 RTA	0.0.0.0	0.0.0.0	172.16.101.2（路由器 RTB）
路由器 RTB	192.168.80.0	255.255.254.0	172.16.102.1（路由器 RTC）
	0.0.0.0	0.0.0.0	172.16.101.1（路由器 RTA）
路由器 RTC	192.168.10.14	255.255.255.255	172.16.102.2（路由器 RTB）
	0.0.0.0	0.0.0.0	172.16.103.1（路由器 RTA）

② 配置路由器 RTA 路由。在路由器 RTA 的控制台窗口中输入以下命令：

```
<RTA> system-view
[RTA] ip route-static 0.0.0.0 0.0.0.0 172.16.101.2
[RTA] display IP routing-table
```

③ 配置路由器 RTB 路由。在路由器 RTB 的控制台窗口中输入以下命令：

```
<RTB> system-view
[RTB] ip route-static 192.168.80.0 23 172.16.102.1
[RTB] ip route-static 0.0.0.0 0.0.0.0 172.16.101.1
[RTB] display IP routing-table
```

④ 配置路由器 RTC 路由。在路由器 RTC 的控制台窗口中输入以下命令：

```
<RTC> system-view
[RTC] ip route-static 192.168.10.14 32 172.16.102.2
[RTC] ip route-static 0.0.0.0 0.0.0.0 172.16.103.1
[RTC] display IP routing-table
```

步骤 6：测试验证

在 PC-80-1 命令窗口中输入以下命令，测试是否能与 PC-10-1、PC-10-4 和 PC-30-1 通信：

```
ping 192.168.10.11
ping 192.168.10.14
ping 192.168.30.11
```

提示 · 思考 · 动手

- ✓ 请将创建的网络拓扑的截图粘贴到实验报告中。
- ✓ 请将路由器 RTA 的 IP 路由表的截图粘贴到实验报告中。
- ✓ 请将路由器 RTB 的 IP 路由表的截图粘贴到实验报告中。
- ✓ 请将路由器 RTC 的 IP 路由表的截图粘贴到实验报告中。

- ✓ PC-80-1 能 ping 通 PC-10-1 吗？请将 ping 命令执行结果的截图粘贴到实验报告中。
- ✓ PC-80-1 到 PC-10-1 的路由是什么？请将从 PC-80-1 发出的“tracert 192.168.10.11”命令执行结果的截图粘贴到实验报告中。所显示的路由是否与规划的路由相符？
- ✓ PC-80-1 能 ping 通 PC-10-4 吗？请将 ping 命令执行结果的截图粘贴到实验报告中。
- ✓ PC-80-1 到 PC-10-4 的路由是什么？请将从 PC-80-1 发出的“tracert 192.168.10.14”命令执行结果的截图粘贴到实验报告中。所显示的路由是否与规划的路由相符？

步骤 7：通信分析

首先分别开启路由器 RTA 端口 GE 0/0/0 和 GE 0/0/1、路由器 RTC 端口 GE 0/0/1 的数据抓包，然后在 PC-80-1 命令窗口中输入以下命令：

```
ping 192.168.10.11 -c 1
ping 192.168.10.14 -c 1
ping 192.168.30.11 -c 1
```

提示 · 思考 · 动手

- ✓ 分析抓取的 PC-80-1 与 PC-10-1 之间的 ping 通信。ICMP Echo Request 和 Reply 消息的传输分别经过了哪些路由器端口？请用抓取的通信说明 ICMP 消息的传输路径与路由设置是否相符。
- ✓ 分析抓取的 PC-80-1 与 PC-10-4 之间的 ping 通信。ICMP Echo Request 和 Reply 消息的传输经过了哪些路由器端口？请用抓取的通信说明 ICMP 消息的传输路径与路由设置是否相符。
- ✓ 分析抓取的 PC-80-1 与 PC-30-1 之间的 ping 通信。ICMP Echo Request 和 Reply 消息的传输经过了哪些路由器端口？请用抓取的通信说明 ICMP 消息的传输路径与路由设置是否相符。

4.4 RIP 配置与分析

实验目的

1. 理解距离向量算法和 RIP 原理。
2. 掌握 RIPv1 的配置方法。
3. 掌握 RIPv2 的配置方法和 RIPv2 鉴别的配置方法。
4. 理解 RIP 路由环路和慢收敛问题。
5. 理解水平分割和毒性逆转作用和原理，掌握配置方法。

实验装置和工具

1. 华为 eNSP 软件。

2．ping。
3．tracert。
4．Wireshark。

实验原理（背景知识）

RIP（Routing Information Protocol，路由信息协议）是互联网的标准协议，是内部网关协议 IGP（Interior Gateway Protocol）中最先得到广泛使用的协议，但目前很少被使用。RIP 是一种分布式的基于距离向量（Distance-Vector）算法的路由选择协议，它具有以下特点：

（1）是一种基于距离向量路由选择算法的分布式路由选择协议。

（2）以“跳数”为距离。路由器到直接连接的网络的距离定义为 1，从一个路由器到非直接连接的网络的距离定义为所经过的路由器数加 1。允许一条路径最多只能包含 15 个路由器。距离的最大值为 16，相当于网络不可达。

（3）只选择一条距离最短的路由。

（4）定期更新路由。RIP 按固定的时间间隔（如每 30 秒）与所有相邻路由器以广播或组播方式交换路由信息，然后重新计算并更新路由。交换的信息是当前路由器所知道的全部信息，即完整路由表。当网络拓扑发生变化时，路由器也立即向相邻路由器通告拓扑变化后的路由信息。

（5）好消息传播得快，坏消息传播得慢。“坏消息传播得慢”使更新过程的收敛时间过长，导致产生路由环路。可以采用端口抑制、触发更新、水平分割、毒性逆转等措施，加快收敛，有效地防止路由环路。

（6）RIP 进程基于 UDP 实现通信，使用的端口号为 520。

（7）包括 RIPv1 和 RIPv2 两个版本，RIPv2 对 RIPv1 进行了扩充，包括：

- 支持地址聚合和 CIDR。
- 路由信息包括下一跳，可以支持指定下一跳，在广播网上可以选择到目的网络的最优下一跳地址。
- 支持以组播方式发送更新报文。
- 支持对报文进行鉴别，增强安全性。

RIP 的最大优点是实现简单，但缺点是收敛时间较长，交换的路由信息多，最大距离短等，因此，该协议主要应用于规模较小的网络。对于复杂环境和大型网络，一般不使用 RIP 协议。

实验 4.4.1：在路由器上配置 RIPv1 基本功能

任务要求

某学校的拓扑结构如图 4-9 所示。计划财务部和资产管理部的 PC 位于不同的 IP 网段，通过 3 台 AR2220 路由器 RTA、RTB 和 RTC 互连在一起。为简化设计，将两个部门的 PC 直接连接在路由器端口上。由于业务需要，两个部门的用户需要交换数据，决定在 3 个路由器上配置 RIPv1 实现网络之间的通信。各 PC 和路由器端口的 IPv4 地址、子网掩码和网关定义如表 4-11 所示。请完成系统配置。

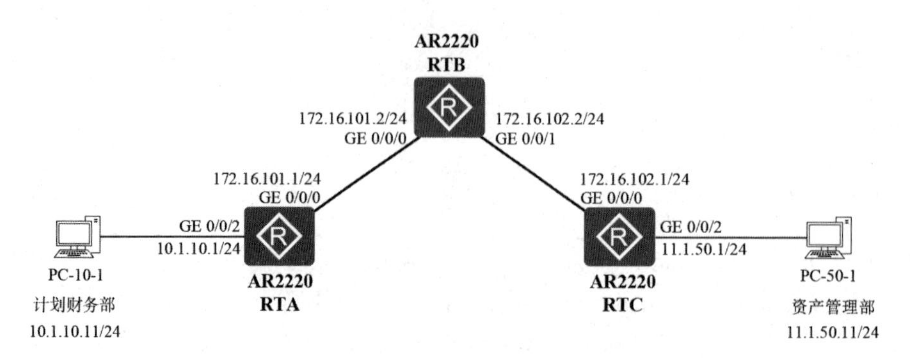

图 4-9　路由器配置 RIPv1 基本功能实现网络之间的通信

表 4-11　PC 和路由器端口的 IPv4 地址、子网掩码和网关定义

	IPv4 地址	子网掩码	网关
用户 PC			
PC-10-1	10.1.10.11	255.255.255.0	10.1.10.1
PC-50-1	11.1.50.11	255.255.255.0	11.1.50.1
路由器 RTA			
GE 0/0/0	172.16.101.1	255.255.255.0	
GE 0/0/2	10.1.10.1	255.255.255.0	
路由器 RTB			
GE 0/0/0	172.16.101.2	255.255.255.0	
GE 0/0/1	172.16.102.2	255.255.255.0	
路由器 RTC			
GE 0/0/0	172.16.102.1	255.255.255.0	
GE 0/0/2	11.1.50.1	255.255.255.0	

实验步骤

步骤 1：创建拓扑

① 启动 eNSP，单击工具栏中的“新建拓扑”图标。

② 向空白工作区中添加 3 台 AR2220 路由器和 2 台 PC。

③ 按指定端口将路由器和 PC 互连。

④ 为路由器和 PC 命名。

步骤 2：为 PC 配置 IPv4 地址、子网掩码和网关

① 分别双击各台 PC，在各自弹出的配置窗口中选中“基础配置”标签，按定义为其配置 IPv4 地址、子网掩码和网关。

② 配置完毕后，单击工具栏中的“保存”图标，将拓扑保存到指定目录，将文件命名为 lab-4.4.1-RT.RIPv1.topo。

步骤 3：启动设备

单击工具栏中的“开启设备”图标，启动全部设备。

步骤 4：配置路由器端口 IP 地址

① 配置路由器 RTA。双击工作区中路由器 RTA 的图标，打开控制台窗口，在提示符下输入以下命令：

```
# 进入系统视图，为路由器命名。
<huawei> system-view
[huawei] sysname RTA
# 配置连接 PC 的端口的 IP 地址。
[RTA] interface gigabitethernet 0/0/2
[RTA-GigabitEthernet0/0/2] ip address 10.1.10.1 24
[RTA-GigabitEthernet0/0/2] quit
# 配置连接路由器的端口的 IP 地址。
[RTA] interface gigabitethernet 0/0/0
[RTA-GigabitEthernet0/0/0] ip address 172.16.101.1 24
[RTA-GigabitEthernet0/0/0] quit
```

② 配置路由器 RTB。双击工作区中路由器 RTB 的图标，打开控制台窗口，在提示符下输入以下命令：

```
<huawei> system-view
[huawei] sysname RTB
[RTB] interface gigabitethernet 0/0/0
[RTB-GigabitEthernet0/0/0] ip address 172.16.101.2 24
[RTB-GigabitEthernet0/0/0] quit
[RTB] interface gigabitethernet 0/0/1
[RTB-GigabitEthernet0/0/1] ip address 172.16.102.2 24
[RTB-GigabitEthernet0/0/1] quit
```

③ 配置路由器 RTC。双击工作区中路由器 RTB 的图标，打开控制台窗口，在提示符下输入以下命令：

```
<huawei> system-view
[huawei] sysname RTC
[RTC] interface gigabitethernet 0/0/2
[RTC-GigabitEthernet0/0/2] ip address 11.1.50.1 24
[RTC-GigabitEthernet0/0/2] quit
[RTC] interface gigabitethernet 0/0/0
[RTC-GigabitEthernet0/0/1] ip address 172.16.102.1 24
[RTC-GigabitEthernet0/0/1] quit
```

步骤 5：配置路由器 RIPv1 基本功能

① 配置路由器 RTA。在路由器 RTA 的控制台窗口中输入以下命令：

```
<RTA> system-view
# 在指定网段上使能 RIP 进程，进程号为 1。RIP 进程号取值范围是 1～65535，默认值是 1。
[RTA] rip 1
# 对指定网段接口使能 RIP 路由。地址必须是不带子网的地址段，使用点分十进制形式。
[RTA-rip-1] network 10.0.0.0
```

```
[RTA-rip-1] network 172.16.0.0
[RTA-rip-1] quit
# 查看路由器 IP 路由表。
[RTA] display IP routing-table
# 查看路由器 IP 路由表中的 RIP 路由。
[RTA] display IP routing-table protocol rip
```

② 配置路由器 RTB 路由。在路由器 RTB 的控制台窗口中输入以下命令：

```
<RTB> system-view
[RTB] rip 1
[RTB-rip-1] network 172.16.0.0
[RTB-rip-1] quit
[RTB] display IP routing-table
[RTB] display IP routing-table protocol rip
```

③ 配置路由器 RTC 路由。在路由器 RTC 的控制台窗口中输入以下命令：

```
<RTC> system-view
[RTC] rip 1
[RTC-rip-1] network 11.0.0.0
[RTC-rip-1] network 172.16.0.0
[RTC-rip-1] quit
[RTC] display IP routing-table
[RTC] display IP routing-table protocol rip
```

步骤 6：检查配置结果

可以查看路由器 RTA、RTB 和 RTC 的配置结果。假设查看路由器 RTA 的 RIP 配置结果。在路由器 RTA 的控制台窗口中输入以下命令：

```
# 查看 RIP 进程的当前运行状态及配置信息。
<RTA> display rip
<RTA> display rip 1
# 查看 RIP 的接口信息。
<RTA> display rip 1 interface gigabitethernet 0/0/0
# 查看 RIP 的邻居信息。
<RTA> display rip 1 neighbor
# 查看 RIP 发布数据库的所有激活路由。这些路由以 RIP 更新报文的形式发送。
<RTA> display rip 1 database
# 查看所有从其他路由器学来的 RIP 路由信息，以及与每条路由相关的不同定时器的值。
<RTA> display rip 1 route
# 查看 RIP 接口上的统计信息，包括从接口上收到和发送的报文数量。
<RTA> display rip 1 statistics interface all
<RTA> display rip 1 statistics interface gigabitethernet 0/0/0
# 查看路由器 IP 路由表和 IP 路由表的详细信息。
<RTA> display IP routing-table
<RTA> display IP routing-table verbose
# 查看路由器 IP 路由表中的 RIP 路由。
<RTA> display IP routing-table protocol rip
# 查看 IPv4 路由表的综合路由统计信息。
```

```
<RTA> display ip routing-table statistics
```

步骤 7：测试验证

在 PC-10-1 命令窗口中输入以下命令，测试是否能与 PC-50-1 通信：

```
ping 11.1.50.11
```

提示 · 思考 · 动手

- ✓ 请将创建的网络拓扑的截图粘贴到实验报告中。
- ✓ 请将路由器 RTA 的 IP 路由表的截图粘贴到实验报告中。每条 RIP 路由的掩码分别是多少？在截图中标出这些 RIP 路由。
- ✓ 请将路由器 RTB 的 IP 路由表的截图粘贴到实验报告中。每条 RIP 路由的掩码分别是多少？在截图中标出这些 RIP 路由。
- ✓ 请将路由器 RTC 的 IP 路由表的截图粘贴到实验报告中。每条 RIP 路由的掩码分别是多少？在截图中标出这些 RIP 路由。
- ✓ PC-10-1 能 ping 通 PC-50-1 吗？请将 ping 命令执行结果的截图粘贴到实验报告中。
- ✓ PC-10-1 到 PC-50-1 的路由是什么？请将从 PC-10-1 发出的"tracert 11.1.50.11"命令执行结果的截图粘贴到实验报告中。

步骤 8：通信分析

开启路由器 RTB 端口 GE 0/0/0 和 GE 0/0/1 的数据抓包，分析抓取到的 RIPv1 通信。

提示 · 思考 · 动手

- ✓ RIPv1 报文类型有几种？它们分别是什么？
- ✓ 根据标准，RIPv1 路由更新的间隔时间为多长？
- ✓ RIPv1 使用哪个协议传输 RIP 报文？源端口号和目的端口号分别是多少？
- ✓ RTB 发出的 RIPv1 路由更新报文的目的 IP 地址是什么？是什么类型的 IP 地址？
- ✓ RTB 发出的 RIPv1 路由更新报文中有几条路由？每条路由包含哪些信息？请将抓取的更新路由报文包含的路由信息的截图粘贴到实验报告中。

实验 4.4.2：路由器配置 RIPv2 基本功能

任务要求

某学校网络的拓扑结构如图 4-10 所示，与实验 4.4.1 中的网络拓扑结构相同。在实验 4.4.1 中，通过在路由器上配置 RIPv1 实现了网络之间的通信。现决定在路由器上配置 RIPv2 实现网络之间的通信。各 PC 和路由器端口的 IPv4 地址、子网掩码和网关定义如表 4-12 所示，与实验 4.4.1 中的定义相同。请完成系统配置。

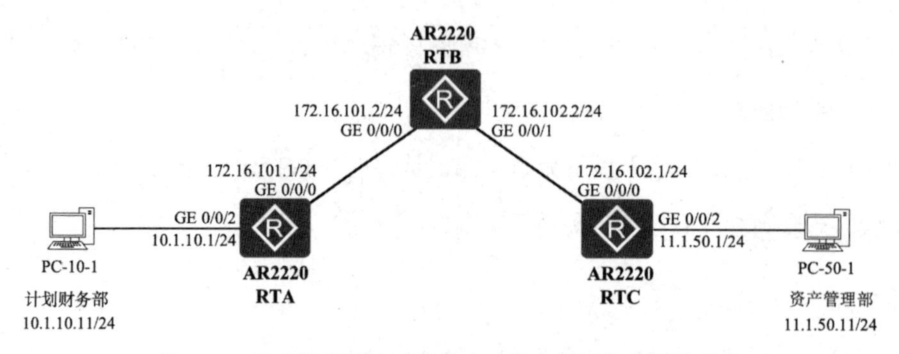

图 4-10　路由器配置 RIPv2 基本功能实现网络之间的通信

表 4-12　PC 和路由器端口的 IPv4 地址、子网掩码和网关定义

	IPv4 地址	子网掩码	网关
用户 PC			
PC-10-1	10.1.10.11	255.255.255.0	10.1.10.1
PC-50-1	11.1.50.11	255.255.255.0	11.1.50.1
路由器 RTA			
GE 0/0/0	172.16.101.1	255.255.255.0	
GE 0/0/2	10.1.10.1	255.255.255.0	
路由器 RTB			
GE 0/0/0	172.16.101.2	255.255.255.0	
GE 0/0/1	172.16.102.2	255.255.255.0	
路由器 RTC			
GE 0/0/0	172.16.102.1	255.255.255.0	
GE 0/0/2	11.1.50.1	255.255.255.0	

实验步骤

步骤 1：加载拓扑

① 启动 eNSP，单击工具栏中的“打开文件”图标，加载实验 4.4.1 的拓扑文件 lab-4.4.1-RT.RIPv1.topo。

② 按定义配置各 PC 的 IP 地址、子网掩码和网关。

③ 单击工具栏中的“另存为”图标，将该拓扑另存为 lab-4.4.2-RT.RIPv2.topo。

步骤 2：启动设备

单击工具栏中的“开启设备”图标，启动全部设备。

步骤 3：配置路由器端口 IP 地址

按实验 4.4.1 中的步骤 4 完成路由器 RTA、RTB 和 RTC 端口 IP 地址的配置。

步骤 4：配置路由器 RIPv2 基本功能

① 配置路由器 RTA。在路由器 RTA 的控制台窗口中输入以下命令：

```
# 进入系统视图。
<RTA> system-view
```

```
[RTA] rip 1
# 配置 RIPv2。默认为 RIPv1。
[RTA] version 2
# 对指定网段接口使能 RIP 路由。地址必须是不带子网的地址段，使用点分十进制形式。
[RTA-rip-1] network 10.0.0.0
[RTA-rip-1] network 172.16.0.0
[RTA-rip-1] quit
# 查看路由器 IP 路由表。
[RTA] display IP routing-table
# 查看路由器 IP 路由表中的 RIP 路由。
[RTA] display IP routing-table protocol rip
```

② 配置路由器 RTB 路由。在路由器 RTB 的控制台窗口中输入以下命令：

```
<RTB> system-view
[RTB] rip 1
[RTB] version 2
[RTB-rip-1] network 172.16.0.0
[RTB-rip-1] quit
[RTB] display IP routing-table
[RTB] display IP routing-table protocol rip
```

③ 配置路由器 RTC 路由。在路由器 RTC 的控制台窗口中输入以下命令：

```
<RTC> system-view
[RTC] rip 1
[RTC] version 2
[RTC-rip-1] network 11.0.0.0
[RTC-rip-1] network 172.16.0.0
[RTC-rip-1] quit
[RTC] display IP routing-table
[RTC] display IP routing-table protocol rip
```

步骤 5：检查配置结果

可以查看路由器 RTA、RTB 和 RTC 的配置结果。假设查看路由器 RTA 的 RIP 配置结果。在路由器 RTA 的控制台窗口中输入以下命令：

```
# 查看 RIP 进程的当前运行状态及配置信息。
<RTA> display rip
<RTA> display rip 1
# 查看 RIP 的接口信息。
<RTA> display rip 1 interface gigabitethernet 0/0/0
# 查看 RIP 的邻居信息。
<RTA> display rip 1 neighbor
# 查看 RIP 发布数据库的所有激活路由。这些路由以 RIP 更新报文的形式发送。
<RTA> display rip 1 database
# 查看所有从其他路由器学来的 RIP 路由信息，以及与每条路由相关的不同定时器的值。
<RTA> display rip 1 route
# 查看路由器 IP 路由表。
<RTA> display IP routing-table
```

```
<RTA> display IP routing-table protocol rip
```

步骤 6：测试验证

在 PC-10-1 命令窗口中输入以下命令，测试是否能与 PC-50-1 通信：

```
ping 11.1.50.11
```

提示·思考·动手

- ✓ 请将创建的网络拓扑的截图粘贴到实验报告中。
- ✓ 请将路由器 RTA 的 IP 路由表的截图粘贴到实验报告中。每条 RIP 路由的掩码分别是多少？在截图中标出这些 RIP 路由。
- ✓ 请将路由器 RTB 的 IP 路由表的截图粘贴到实验报告中。每条 RIP 路由的掩码分别是多少？在截图中标出这些 RIP 路由。
- ✓ 请将路由器 RTC 的 IP 路由表的截图粘贴到实验报告中。每条 RIP 路由的掩码分别是多少？在截图中标出这些 RIP 路由。
- ✓ PC-10-1 能 ping 通 PC-50-1 吗？请将 ping 命令执行结果的截图粘贴到实验报告中。
- ✓ PC-10-1 到 PC-50-1 的路由是什么？请将从 PC-10-1 发出的“tracert 11.1.50.11”命令执行结果的截图粘贴到实验报告中。

步骤 7：通信分析

开启路由器 RTB 端口 GE 0/0/0 和 GE 0/0/1 的数据抓包，分析抓取到的 RIPv2 通信。

提示·思考·动手

- ✓ RIPv2 报文类型有几种？它们分别是什么？
- ✓ 根据标准，RIPv2 路由更新的间隔时间为多长？
- ✓ RIPv2 使用哪个协议传输 RIP 报文？源端口号和目的端口号分别是多少？
- ✓ RTB 发出的 RIPv2 路由更新报文的目的 IP 地址是什么？是什么类型的 IP 地址？
- ✓ RTB 发出的 RIPv2 路由更新报文中有几条路由？每条路由包含哪些信息？请将抓取的更新路由报文包含的路由信息的截图粘贴到实验报告中。

实验 4.4.3：路由器配置 RIPv2 鉴别

RIP 路由更新报文以明文形式广播或组播给所有的 RIP 路由器，任何 RIP 路由器都可以发送和接收路由更新报文，从而改变或影响其他 RIP 路由器的路由选择结果。攻击者经常利用该特性对网络发动攻击，通过发送非法的路由更新报文，欺骗路由器更新路由表，将分组转发到错误的目的地。防止这种攻击的一种方法是使用鉴别。

RIPv1 不支持鉴别，但 RIPv2 支持鉴别。RIPv2 协议能够通过路由更新消息所包含的密码来验证该路由更新来源是否合法，其方式有两种：简单（Simple）鉴别和 MD5（Message Digest 5）密文鉴别。当一方开启鉴别之后，另一方也同样需要开启鉴别，且只有密码一致时，路由更新才生效。

在简单鉴别方式中，鉴别使用的密码以明文随着路由更新报文一起发送出去，因此安全性较低。在 MD5 鉴别方式中，不发送鉴别使用的密码，而是使用 MD5 算法根据一个随意长度的明文消息和密码产生一个哈希摘要，然后将该摘要随着路由更新报文一起发送出去，以确保不能通过窃听获取密码。拥有相同密码的接收者会计算它自己的哈希摘要，如果内容没有被更改，则接收者计算的哈希摘要应该和发送的哈希摘要相等。MD5 报文认证主要用于对安全性要求较高的内部网络中。

任务要求

某学校网络的拓扑结构如图 4-11 所示，与实验 4.4.2 中的网络拓扑结构相同，已经在实验 4.4.2 中通过在路由器上配置 RIPv2 实现了网络之间的通信。为防止非法路由更新，提高安全性，需要配置 RIPv2 鉴别。各 PC 和路由器端口的 IPv4 地址、子网掩码和网关定义如表 4-13 所示，与实验 4.4.2 中的定义相同。请完成系统配置。

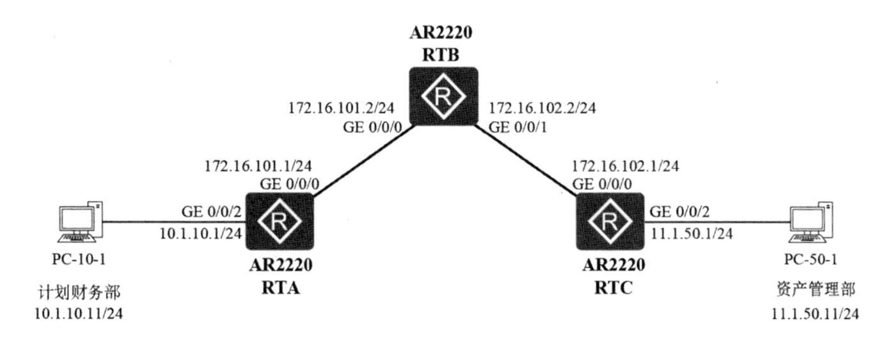

图 4-11　路由器配置 RIPv2 鉴别

表 4-13　PC 和路由器端口的 IPv4 地址、子网掩码和网关定义

	IPv4 地址	子网掩码	网关
用户 PC			
PC-10-1	10.1.10.11	255.255.255.0	10.1.10.1
PC-50-1	11.1.50.11	255.255.255.0	11.1.50.1
路由器 RTA			
GE 0/0/0	172.16.101.1	255.255.255.0	
GE 0/0/2	10.1.10.1	255.255.255.0	
路由器 RTB			
GE 0/0/0	172.16.101.2	255.255.255.0	
GE 0/0/1	172.16.102.2	255.255.255.0	
路由器 RTC			
GE 0/0/0	172.16.102.1	255.255.255.0	
GE 0/0/2	11.1.50.1	255.255.255.0	

实验步骤

步骤 1：加载拓扑

① 启动 eNSP，单击工具栏中的“打开文件”图标，加载实验 4.4.2 的拓扑文件 lab-4.4.2-RT.RIPv2.topo。

② 按定义配置各 PC 的 IP 地址、子网掩码和网关。

③ 单击工具栏中的“另存为”图标，将该拓扑另存为 lab-4.4.3-RT.RIPv2.Auth.topo。

步骤 2：启动设备

单击工具栏中的“开启设备”图标，启动全部设备。

步骤 3：配置路由器端口 IP 地址

按实验 4.4.1 中的步骤 4 完成路由器 RTA、RTB 和 RTC 端口 IP 地址的配置。

步骤 4：配置路由器 RIPv2 基本功能和鉴别

① 配置路由器 RTA。在路由器 RTA 的控制台窗口中输入以下命令：

```
# 进入系统视图。
<RTA> system-view
# 配置 RIPv2。
[RTA] rip 1
[RTA] version 2
[RTA-rip-1] network 10.0.0.0
[RTA-rip-1] network 172.16.0.0
[RTA-rip-1] quit
# 两端的鉴别方法和密码必须一致，否则不能通过验证导致鉴别失败。
[RTA] interface gigabitethernet 0/0/0
# 使用简单鉴别，密码为 12345，配置文件中的密码显示明文。
[RTA-GigabitEthernet0/0/0] rip authentication-mode simple 12345
# 或者：使用简单鉴别，密码为 12345，配置文件中的密码显示密文。
#[RTA-GigabitEthernet0/0/0] rip authentication-mode simple cipher 12345
[RTA-GigabitEthernet0/0/0] quit
```

② 配置路由器 RTB。在路由器 RTB 的控制台窗口中输入以下命令：

```
<RTB> system-view
[RTB] rip 1
[RTB] version 2
[RTB-rip-1] network 172.16.0.0
[RTB-rip-1] quit
# 两端的鉴别方法和密码必须一致，否则不能通过验证导致鉴别失败。
[RTB] interface gigabitethernet 0/0/0
[RTB-GigabitEthernet0/0/0] rip authentication-mode simple 12345
# 或者：使用简单鉴别，密码为 12345，配置文件中密码显示密文。
#[RTB-GigabitEthernet0/0/0] rip authentication-mode simple cipher 12345
[RTB-GigabitEthernet0/0/0] quit
[RTB] interface gigabitethernet 0/0/1
# 使用 MD5 鉴别，密码为 12345，配置文件中的密码显示明文，使用通用报文格式。
# usual：使用通用报文格式；nonstandard：使用非标准报文格式（IETF 标准）。
# 两端的鉴别方法和密码必须一致，否则不能通过验证，导致鉴别失败。
[RTB-GigabitEthernet0/0/1] rip authentication-mode md5 usual 12345
# 或者：使用 MD5 鉴别，密码为 12345，配置文件中的密码显示密文，使用通用报文格式。
```

```
#[RTB-GigabitEthernet0/0/1] rip authentication-mode md5 usual cipher 12345
[RTB-GigabitEthernet0/0/1] quit
```

③ 配置路由器 RTC。在路由器 RTC 的控制台窗口中输入以下命令：

```
<RTC> system-view
[RTC] rip 1
[RTC] version 2
[RTC-rip-1] network 11.0.0.0
[RTC-rip-1] network 172.16.0.0
[RTC-rip-1] quit
[RTC] interface gigabitethernet 0/0/0
# 使用 MD5 鉴别，密码为 12345，配置文件中密码显示明文，使用通用报文格式。
# 两端的鉴别方法和密码必须一致，否则不能通过验证导致鉴别失败。
[RTC-GigabitEthernet0/0/0] rip authentication-mode md5 usual 12345678
# 或者：使用 MD5 鉴别，密码为 12345，配置文件中密码显示密文，使用通用报文格式。
#[RTC-GigabitEthernet0/0/0] rip authentication-mode md5 usual cipher 12345
[RTC-GigabitEthernet0/0/0] quit
```

步骤 5：检查配置结果

可以查看路由器 RTA、RTB 和 RTC 的配置结果。假设查看路由器 RTA 的 RIP 配置结果。在路由器 RTA 的控制台窗口中输入以下命令：

```
# 查看 RIP 进程的当前运行状态及配置信息。
<RTA> display rip
<RTA> display rip 1
# 查看 RIP 的接口信息。
<RTA> display rip 1 interface gigabitethernet 0/0/0
# 查看 RIP 的邻居信息。
<RTA> display rip 1 neighbor
# 查看 RIP 发布数据库的所有激活路由。这些路由以 RIP 更新报文的形式发送。
<RTA> display rip 1 database
# 查看所有从其他路由器学来的 RIP 路由信息，以及与每条路由相关的不同定时器的值。
<RTA> display rip 1 route
# 查看路由器 IP 路由表。
<RTA> display IP routing-table
<RTA> display IP routing-table protocol rip
```

步骤 6：测试验证

在 PC-10-1 命令窗口中输入以下命令，测试是否能与 PC-50-1 通信：

```
ping 11.1.50.11
```

提示 · 思考 · 动手

✓ 请将创建的网络拓扑的截图粘贴到实验报告中。

- ✓ 请将路由器 RTB 的 IP 路由表的截图粘贴到实验报告中。每条 RIP 路由的掩码分别是多少？在截图中标出这些 RIP 路由。
- ✓ PC-10-1 能 ping 通 PC-50-1 吗？请将 ping 命令执行结果的截图粘贴到实验报告中。
- ✓ PC-10-1 到 PC-50-1 的路由是什么？请将从 PC-10-1 发出的“tracert 11.1.50.11”命令执行结果的截图粘贴到实验报告中。

步骤 7：通信分析

开启路由器 RTB 端口 GE 0/0/0 和 GE 0/0/1 的数据抓包，分析抓取到的 RIPv2 通信。

提示 · 思考 · 动手

- ✓ 路由器 RTA 和 RTB 之间的 RIPv2 路由更新报文采用什么鉴别方式？密码是什么？请将抓取的更新路由报文包含的鉴别方式和路由信息的截图粘贴到实验报告中。
- ✓ 路由器 RTB 和 RTC 之间的 RIPv2 路由更新报文采用什么鉴别方式？密码是什么？请将抓取的更新路由报文包含的鉴别方式和路由信息的截图粘贴到实验报告中。

步骤 8：RIPv2 鉴别验证

① 修改路由器 RTA 的 RIPv2 鉴别配置，其他配置不变。在路由器 RTA 的控制台窗口中输入以下命令：

```
<RTA> system-view
[RTA] interface gigabitethernet 0/0/0
# 检查已对该端口进行了哪些配置。
[RTA-GigabitEthernet0/0/0] display this
# 取消所有鉴别。
[RTA-GigabitEthernet0/0/0] undo rip authentication-mode
# 使用简单鉴别，密码为 1234，配置文件中密码显示明文。
[RTA-GigabitEthernet0/0/0] rip authentication-mode simple 1234
# 或者：使用简单鉴别，密码为 1234，配置文件中密码显示密文。
# [RTA-GigabitEthernet0/0/0] rip authentication-mode simple cipher 1234
[RTA-GigabitEthernet0/0/0] quit
```

② 查看路由器 RTA、RTB 和 RTC 的配置结果。假设查看路由器 RTA 的 RIP 配置结果。在路由器 RTA 的控制台窗口中输入以下命令：

```
<RTA> display rip 1
<RTA> display rip 1 interface gigabitethernet 0/0/0
# 查看所有从其他路由器学来的 RIP 路由信息，以及与每条路由相关的不同定时器的值。
<RTA> display rip 1 route
# 查看路由器 IP 路由表。RIP 路由的更新要花费一定的时间，需要等待一定的时间。
<RTA> display IP routing-table
<RTA> display IP routing-table protocol rip
```

③ 测试验证。在 PC-10-1 命令窗口中输入以下命令，测试是否能与 PC-50-1 通信：

```
ping 11.1.50.11
```

提示·思考·动手

- ✓ 请将路由器 RTA 的 IP 路由表的截图粘贴到实验报告中。
- ✓ 请将路由器 RTB 的 IP 路由表的截图粘贴到实验报告中。
- ✓ 请将路由器 RTC 的 IP 路由表的截图粘贴到实验报告中。
- ✓ PC-10-1 能 ping 通 PC-50-1 吗？请将 ping 命令执行结果的截图粘贴到实验报告中。

实验 4.4.4：RIP 路由环路和慢收敛问题的验证与解决

RIP 存在这样一个特点：当网络出现故障时，要经过比较长的时间才能将此信息传送到所有的路由器，但如果一个路由器发现了更短的路由，那么这种更新信息就传播得很快。RIP 的这一特点叫作：好消息传播得快，而坏消息传播得慢。“坏消息传播得慢”有可能会产生路由环路。为了使坏消息传播得更快些，加快收敛，消除路由环路，可以采取以下机制：

- 将距离等于 16 的路由定义为不可达（Infinity）。在链路断开或路由环路发生时，路由的距离将会增加到 16，该路由被认为不可达。
- 触发更新（Triggered Updates）：若网络拓扑没有变化，则按通常的间隔发送路由更新报文。一旦网络拓扑有变化，例如某条路由的距离发生了变化，就立刻向邻居路由器发布路由更新报文，而不是等到更新周期的到来。
- 水平分割（Split Horizon）：RIP 从某个端口学到的路由，不会从该端口再发回给邻居路由器。这样不但减少了带宽消耗，还可以防止路由环路。
- 毒性逆转（Poison Reverse）：RIP 从某个端口学到路由后，将该路由的距离设置为 16（不可达），并从原端口发回给邻居路由器。利用这种方式，可以清除对方路由表中的无用信息。

RIPv1 和 RIPv2 都支持水平分割、毒性反转和触发更新。

在华为设备上，水平分割默认是开启的，毒性逆转默认是关闭的。如果同时开启了水平分割和毒性逆转，则毒性逆转替代水平分割。

任务要求

某学校网络的拓扑结构如图 4-12 所示，与实验 4.4.1 中的网络拓扑结构相同，已经在实验 4.4.1 中通过在路由器上配置 RIPv1 实现了网络之间的通信。各 PC 和路由器端口的 IPv4 地址、子网掩码和网关定义如表 4-14 所示，与实验 4.4.1 中的定义相同。请分别配置水平分割和毒性反转，验证这两种机制加快收敛和消除路由环路的效果。

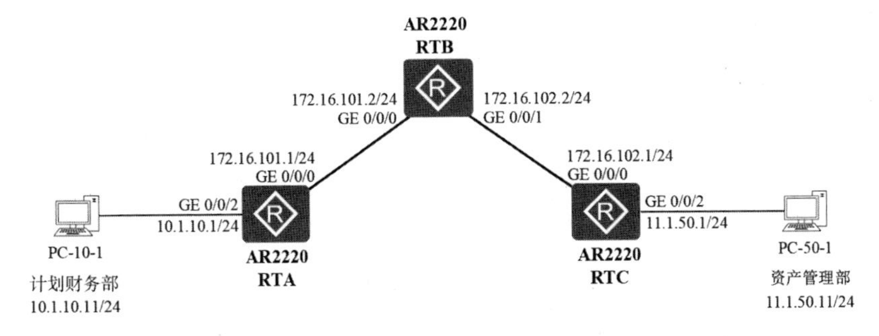

图 4-12　路由器配置 RIPv1 基本功能实现网络之间的通信

表 4-14　PC 和路由器端口的 IPv4 地址、子网掩码和网关定义

	IPv4 地址	子网掩码	网关
用户 PC			
PC-10-1	10.1.10.11	255.255.255.0	10.1.10.1
PC-50-1	11.1.50.11	255.255.255.0	11.1.50.1
路由器 RTA			
GE 0/0/0	172.16.101.1	255.255.255.0	
GE 0/0/2	10.1.10.1	255.255.255.0	
路由器 RTB			
GE 0/0/0	172.16.101.2	255.255.255.0	
GE 0/0/1	172.16.102.2	255.255.255.0	
路由器 RTC			
GE 0/0/0	172.16.102.1	255.255.255.0	
GE 0/0/2	11.1.50.1	255.255.255.0	

实验步骤

步骤 1：加载拓扑

① 启动 eNSP，单击工具栏中的“打开文件”图标，加载实验 4.4.1 的拓扑文件 lab-4.4.1-RT.RIPv1.topo。

② 按定义配置各 PC 的 IP 地址、子网掩码和网关。

③ 单击工具栏中的“另存为”图标，将该拓扑另存为 lab-4.4.4-RT.RIPv1.loop.topo。

步骤 2：启动设备

单击工具栏中的“开启设备”图标，启动全部设备。

步骤 3：配置路由器端口 IP 地址

按实验 4.4.1 中的步骤 4 完成路由器 RTA、RTB 和 RTC 端口 IP 地址的配置。

步骤 4：配置路由器 RIPv1 基本功能

按实验 4.4.1 中的步骤 5 完成路由器 RTA、RTB 和 RTC 上 RIPv1 基本功能的配置。

步骤 5：检查配置结果

可以查看路由器 RTA、RTB 和 RTC 的配置结果。假设查看路由器 RTA 的 RIP 配置结果，在路由器 RTA 的控制台窗口中输入以下命令：

```
# 查看 RIP 进程的当前运行状态及配置信息。
<RTA> display rip 1
# 查看路由器 IP 路由表。
<RTA> display IP routing-table
<RTA> display IP routing-table protocol rip
```

步骤 6：测试验证

在 PC-10-1 命令窗口中输入以下命令，测试是否能与 PC-50-1 通信：

```
ping 11.1.50.11
```

提示 · 思考 · 动手

- ✓ 请将创建的网络拓扑的截图粘贴到实验报告中。
- ✓ 请将路由器 RTA 的 IP 路由表的截图粘贴到实验报告中，在截图中标出 RIP 路由。
- ✓ 请将路由器 RTB 的 IP 路由表的截图粘贴到实验报告中，在截图中标出 RIP 路由。
- ✓ 请将路由器 RTC 的 IP 路由表的截图粘贴到实验报告中，在截图中标出 RIP 路由。
- ✓ PC-10-1 能 ping 通 PC-50-1 吗？请将 ping 命令执行结果的截图粘贴到实验报告中。

注：在验证 RIPv1 的配置正确之后，再继续下面的步骤。否则，按实验 4.4.1 中步骤完成 RIPv1 基本功能的配置，直到 PC-10-1 与 PC-50-1 能相互 ping 通为止。

步骤 7：验证路由环路和慢收敛

① 开启路由器 RTB 端口 GE 0/0/0 和 GE 0/0/1 的数据抓包。

② 修改路由器 RTA 的 RIPv1 配置，关闭自动地址聚合，关闭与路由器 RTB 之间的水平分割和毒性逆转。在路由器 RTA 的控制台窗口中输入以下命令：

```
<RTA> system-view
# 关闭自动地址聚合功能。
[RTA] rip 1
[RTA-rip-1] undo summary
[RTA-rip-1] quit
# 关闭水平分割和毒性逆转。
[RTA] interface gigabitethernet 0/0/0
[RTA-GigabitEthernet0/0/0] undo rip split-horizon
[RTA-GigabitEthernet0/0/0] undo rip poison-reverse
[RTA-GigabitEthernet0/0/0] quit
```

③ 修改路由器 RTB 的 RIPv1 配置，关闭自动地址聚合，关闭与路由器 RTA 和 RTC 之间的水平分割和毒性逆转。在路由器 RTB 的控制台窗口中输入以下命令：

```
<RTB> system-view
[RTB] rip 1
[RTB-rip-1] undo summary
[RTB-rip-1] quit
[RTB] interface gigabitethernet 0/0/0
[RTB-GigabitEthernet0/0/0] undo rip split-horizon
[RTB-GigabitEthernet0/0/0] undo rip poison-reverse
[RTB-GigabitEthernet0/0/0] quit
[RTB] interface gigabitethernet 0/0/1
[RTB-GigabitEthernet0/0/1] undo rip split-horizon
[RTB-GigabitEthernet0/0/1] undo rip poison-reverse
[RTB-GigabitEthernet0/0/1] quit
```

④ 修改路由器 RTC 的 RIPv1 配置，关闭自动地址聚合，关闭与路由器 RTB 之间的水平分割和毒性逆转。在路由器 RTC 的控制台窗口中输入以下命令：

```
<RTC> system-view
[RTC] rip 1
[RTC-rip-1] undo summary
[RTC-rip-1] quit
[RTC] interface gigabitethernet 0/0/0
[RTC-GigabitEthernet0/0/0] undo rip split-horizon
[RTC-GigabitEthernet0/0/0] undo rip poison-reverse
[RTC-GigabitEthernet0/0/0] quit
```

提示 · 思考 · 动手

✓ 分析在路由器 RTB 端口 GE 0/0/0 上抓取到的 RIPv1 通信，并回答下列问题：

1. 路由器 RTA 发给路由器 RTB 的路由更新报文中有几条路由？每条路由包含哪些信息？与关闭自动地址聚合、水平分割和毒性逆转之前相比，路由更新报文中增加了哪些路由？请将抓取的路由器 RTA 发给路由器 RTB 的路由更新报文中所包含的路由信息的截图粘贴到实验报告中。

2. 路由器 RTB 发给路由器 RTA 的路由更新报文中有几条路由？每条路由包含哪些信息？与关闭自动地址聚合、水平分割和毒性逆转之前相比，路由更新报文中增加了哪些路由？请将抓取的路由器 RTB 发给路由器 RTA 的路由更新报文中所包含的路由信息的截图粘贴到实验报告中。

✓ 在路由器 RTA 路由表中，到 PC-50-1 所在网络的路由是什么？请将路由器 RTA 的 IP 路由表的截图粘贴到实验报告中，在截图中标出该路由。

✓ 此时产生路由环路和慢收敛问题了吗？

⑤ 模拟坏消息。关闭路由器 RTC 端口 GE 0/0/2，模拟与 PC-50-1 之间的链路故障。在路由器 RTC 的控制台窗口中输入以下命令：

```
<RTC> system-view
# 关闭端口 GE 0/0/2.
[RTC] interface gigabitethernet 0/0/2
[RTC-GigabitEthernet0/0/2] shutdown
[RTC-GigabitEthernet0/0/2] quit
```

提示 · 思考 · 动手

✓ 分析在路由器 RTB 端口 GE 0/0/0 上抓取到的 RIPv1 通信，并回答下列问题：

1. 路由器 RTA 发给路由器 RTB 的路由更新报文中有几条路由？每条路由包含哪些信息？

2. 更新报文中到 PC-50-1 所在网络的路由的距离是如何变化的？发送了多少个更新报文，其距离才变为 16？

✓ 分析在路由器 RTB 端口 GE 0/0/1 上抓取到的 RIPv1 通信，并回答下列问题：

1. 路由器 RTB 发给路由器 RTC 的路由更新报文中有几条路由？每条路由包含哪些信息？

2. 路由器 RTB 发送的更新报文中到 PC-50-1 所在网络的路由的距离是如何变化的？发送了多少个更新报文，其距离才变为 16？

✓ 在路由器 RTA 路由表中，到 PC-50-1 所在网络的路由更新了多少次才无效？

✓ 在路由器 RTB 路由表中，到 PC-50-1 所在网络的路由更新了多少次才无效？

✓ 在路由器 RTC 路由表中，到 PC-50-1 所在网络的路由更新了多少次才无效？

✓ 此时产生路由环路和慢收敛问题了吗？

⑥ 模拟好消息。开启路由器 RTC 端口 GE 0/0/2，模拟与 PC-50-1 之间的链路故障被修复。在路由器 RTC 的控制台窗口中输入以下命令：

```
<RTC> system-view
# 打开端口 GE 0/0/2。
[RTC] interface gigabitethernet 0/0/2
[RTC-GigabitEthernet0/0/2] undo shutdown
[RTC-GigabitEthernet0/0/2] quit
```

提示 · 思考 · 动手

✓ 分析在路由器 RTB 端口 GE 0/0/0 上抓取到的 RIPv1 通信，并回答下列问题：

1. 路由器 RTA 发给路由器 RTB 的路由更新报文中有几条路由？每条路由包含哪些信息？

2. 更新报文中到 PC-50-1 的路由的距离是如何变化的？发送了多少个更新报文，其距离才变为最短？请将抓取的更新路由报文中包含的路由信息的截图粘贴到实验报告中。

✓ 分析在路由器 RTB 端口 GE 0/0/1 上抓取到的 RIPv1 通信，并回答下列问题：

1. 路由器 RTB 发给路由器 RTC 的路由更新报文中有几条路由？每条路由包含哪些信息？

2. 更新报文中到 PC-50-1 的路由的距离是如何变化的？发送了多少个更新报文，其距离才变为最短？请将抓取的更新路由报文中包含的路由信息的截图粘贴到实验报告中。

✓ 在路由器 RTA 路由表中，到 PC-50-1 所在网络的路由更新了多少次？

✓ 在路由器 RTB 路由表中，到 PC-50-1 所在网络的路由更新了多少次？

✓ 在路由器 RTC 路由表中，到 PC-50-1 所在网络的路由更新了多少次？

✓ 此时产生路由环路和慢收敛问题了吗？

步骤 8：验证水平分割对路由环路和慢收敛的作用

① 修改路由器 RTA 的 RIPv1 配置，开启与路由器 RTB 之间的水平分割。在路由器 RTA 的控制台窗口中输入以下命令：

```
<RTA> system-view
# 开启水平分割。
[RTA] interface gigabitethernet 0/0/0
[RTA-GigabitEthernet0/0/0] rip split-horizon
[RTA-GigabitEthernet0/0/0] quit
```

② 修改路由器 RTB 的 RIPv1 配置，开启与路由器 RTA 和 RTC 之间的水平分割。在路由器 RTB 的控制台窗口中输入以下命令：

```
<RTB> system-view
[RTB] interface gigabitethernet 0/0/0
[RTB-GigabitEthernet0/0/0] rip split-horizon
[RTB-GigabitEthernet0/0/0] quit
[RTB] interface gigabitethernet 0/0/1
[RTB-GigabitEthernet0/0/1] rip split-horizon
[RTB-GigabitEthernet0/0/1] quit
```

③ 修改路由器 RTC 的 RIPv1 配置，开启与路由器 RTB 之间的水平分割。在路由器 RTC 的控制台窗口中输入以下命令：

```
<RTC> system-view
[RTC] interface gigabitethernet 0/0/0
[RTC-GigabitEthernet0/0/0] rip split-horizon
[RTC-GigabitEthernet0/0/0] quit
```

④ 模拟坏消息。关闭路由器 RTC 端口 GE 0/0/2，模拟与 PC-50-1 之间的链路故障。在路由器 RTA 的控制台窗口中输入以下命令：

```
<RTC> system-view
# 关闭端口 GE 0/0/2。
[RTC] interface gigabitethernet 0/0/2
[RTC-GigabitEthernet0/0/2] shutdown
[RTC-GigabitEthernet0/0/2] quit
```

提示 · 思考 · 动手

✓ 分析在路由器 RTB 端口 GE 0/0/0 上抓取到的 RIPv1 通信，并回答下列问题：

1. 路由器 RTA 发给路由器 RTB 的路由更新报文中有几条路由？每条路由包含哪些信息？

2. 更新报文中到 PC-50-1 所在网络的路由的距离是如何变化的？发送了多少个更新报文，其距离才变为 16？请将抓取的更新路由报文中包含的路由信息的截图粘贴到实验报告中。

✓ 分析在路由器 RTB 端口 GE 0/0/1 上抓取到的 RIPv1 通信，并回答下列问题：

1. 路由器 RTB 发给路由器 RTC 的路由更新报文中有几条路由？每条路由包含哪些信息？

2. 更新报文中到 PC-50-1 所在网络的路由的距离是如何变化的？发送了多少个更新报文，其距离才变为 16？请将抓取的更新路由报文中包含的路由信息的截图粘贴到实验报告中。

✓ 在路由器 RTA 路由表中，到 PC-50-1 所在网络的路由更新了多少次才无效？
✓ 在路由器 RTB 路由表中，到 PC-50-1 所在网络的路由更新了多少次才无效？
✓ 在路由器 RTC 路由表中，到 PC-50-1 所在网络的路由更新了多少次才无效？
✓ 此时产生路由环路和慢收敛问题了吗？

⑤ 模拟好消息。

开启路由器 RTC 端口 GE 0/0/2，模拟与 PC-50-1 之间的链路故障被修复。在路由器 RTC 的控制台窗口中输入以下命令：

```
<RTC> system-view
# 打开端口 GE 0/0/2。
[RTC] interface gigabitethernet 0/0/2
[RTC-GigabitEthernet0/0/2] undo shutdown
[RTC-GigabitEthernet0/0/2] quit
```

提示 · 思考 · 动手

✓ 分析在路由器 RTB 端口 GE 0/0/0 上抓取到的 RIPv1 通信，并回答下列问题：

1. 路由器 RTA 发给路由器 RTB 的路由更新报文中有几条路由？每条路由包含哪些信息？

2. 更新报文中到 PC-50-1 的路由的距离是如何变化的？发送了多少个更新报文，其距离才变为最短？请将抓取的更新路由报文中包含的路由信息的截图粘贴到实验报告中。

✓ 分析在路由器 RTB 端口 GE 0/0/1 上抓取到的 RIPv1 通信，并回答下列问题：

1. 路由器 RTB 发给路由器 RTC 的路由更新报文中有几条路由？每条路由包含哪些信息？

2. 更新报文中到 PC-50-1 的路由的距离是如何变化的？发送了多少个更新报文，其距离才变为最短？请将抓取的更新路由报文中包含的路由信息的截图粘贴到实验报告中。

✓ 在路由器 RTA 路由表中，到 PC-50-1 所在网络的路由更新了多少次才无效？
✓ 在路由器 RTB 路由表中，到 PC-50-1 所在网络的路由更新了多少次才无效？
✓ 在路由器 RTC 路由表中，到 PC-50-1 所在网络的路由更新了多少次才无效？
✓ 此时产生路由环路和慢收敛问题了吗？

提示·思考·动手

✓ 综合以上分析结果，填写表4-15中的内容。

表4-15 水平分割对路由更新的影响

	关闭水平分割后		打开水平分割后	
	RTC端口GE 0/0/2关闭后（坏消息）	RTC端口GE 0/0/2开启后（好消息）	RTC端口GE 0/0/2关闭后（坏消息）	RTC端口GE 0/0/2开启后（好消息）
路由器RTA路由表中到PC-50-1所在网络的路由	距离： 更新次数：	距离： 更新次数：	距离： 更新次数：	距离： 更新次数：
路由器RTB路由表中到PC-50-1所在网络的路由	距离： 更新次数：	距离： 更新次数：	距离： 更新次数：	距离： 更新次数：
路由器RTC路由表中到PC-50-1所在网络的路由	距离： 更新次数：	距离： 更新次数：	距离： 更新次数：	距离： 更新次数：

步骤9：验证毒性逆转对路由环路和慢收敛的作用

① 修改路由器RTA的RIPv1配置，关闭与路由器RTB水平分割，开启毒性逆转。在路由器RTA的控制台窗口中输入以下命令：

```
<RTA> system-view
# 关闭水平分割。
[RTA] interface gigabitethernet 0/0/0
[RTA-GigabitEthernet0/0/0] undo rip split-horizon
# 开启毒性逆转。
[RTA-GigabitEthernet0/0/0] rip poison-reverse
[RTA-GigabitEthernet0/0/0] quit
```

② 修改路由器RTB的RIPv1配置，关闭与路由器RTA和RTC的水平分割，开启毒性逆转。在路由器RTB的控制台窗口中输入以下命令：

```
<RTB> system-view
[RTB] interface gigabitethernet 0/0/0
[RTB-GigabitEthernet0/0/0] undo rip split-horizon
[RTB-GigabitEthernet0/0/0] rip poison-reverse
[RTB-GigabitEthernet0/0/0] quit
[RTB] interface gigabitethernet 0/0/1
[RTB-GigabitEthernet0/0/1] undo rip split-horizon
[RTB-GigabitEthernet0/0/1] rip poison-reverse
[RTB-GigabitEthernet0/0/1] quit
```

③ 修改路由器RTC的RIPv1配置，关闭与路由器RTB的水平分割，开启毒性逆转。在路由器RTC的控制台窗口中输入以下命令：

```
<RTC> system-view
```

```
[RTC] interface gigabitethernet 0/0/0
[RTC-GigabitEthernet0/0/0] undo rip split-horizon
[RTC-GigabitEthernet0/0/0] rip poison-reverse
[RTC-GigabitEthernet0/0/0] quit
```

④ 模拟坏消息。关闭路由器 RTC 端口 GE 0/0/2，模拟与 PC-50-1 之间的链路故障。在路由器 RTC 的控制台窗口中输入以下命令：

```
<RTC> system-view
# 关闭端口 GE 0/0/2。
[RTC] interface gigabitethernet 0/0/2
[RTC-GigabitEthernet0/0/2] shutdown
[RTC-GigabitEthernet0/0/2] quit
```

提示 · 思考 · 动手

✓ 分析在路由器 RTB 端口 GE 0/0/0 上抓取到的 RIPv1 通信，并回答下列问题：

1. 路由器 RTA 发给路由器 RTB 的路由更新报文中有几条路由？每条路由包含哪些信息？

2. 更新报文中到 PC-50-1 所在网络的路由的距离是如何变化的？发送了多少个更新报文，其距离才变为 16？请将抓取的更新路由报文中包含的路由信息的截图粘贴到实验报告中。

✓ 分析在路由器 RTB 端口 GE 0/0/1 上抓取到的 RIPv1 通信，并回答下列问题：

1. 路由器 RTB 发给路由器 RTC 的路由更新报文中有几条路由？每条路由包含哪些信息？

2. 更新报文中到 PC-50-1 所在网络的路由的距离是如何变化的？发送了多少个更新报文，其距离才变为 16？请将抓取的更新路由报文中包含的路由信息的截图粘贴到实验报告中。

✓ 在路由器 RTA 路由表中，到 PC-50-1 所在网络的路由更新了多少次才无效？

✓ 在路由器 RTB 路由表中，到 PC-50-1 所在网络的路由更新了多少次才无效？

✓ 在路由器 RTC 路由表中，到 PC-50-1 所在网络的路由更新了多少次才无效？

✓ 此时产生路由环路和慢收敛问题了吗？

⑤ 模拟好消息。开启路由器 RTC 端口 GE 0/0/2，模拟与 PC-50-1 之间的链路故障被修复。在路由器 RTC 的控制台窗口中输入以下命令：

```
<RTC> system-view
# 打开端口 GE 0/0/2。
[RTC] interface gigabitethernet 0/0/2
[RTC-GigabitEthernet0/0/2] undo shutdown
[RTC-GigabitEthernet0/0/2] quit
```

提示·思考·动手

- ✓ 分析在路由器 RTB 端口 GE 0/0/0 上抓取到的 RIPv1 通信，并回答下列问题：

  1. 路由器 RTA 发给路由器 RTB 的路由更新报文中有几条路由？每条路由包含哪些信息？

  2. 更新报文中到 PC-50-1 所在网络的路由的距离是如何变化的？发送了多少个更新报文，其距离才变为最短？请将抓取的更新路由报文中包含的路由信息的截图粘贴到实验报告中。

- ✓ 分析在路由器 RTB 端口 GE 0/0/1 上抓取到的 RIPv1 通信，并回答下列问题：

  1. 路由器 RTB 发给路由器 RTC 的路由更新报文中有几条路由？每条路由包含哪些信息？

  2. 更新报文中到 PC-50-1 所在网络的路由的距离是如何变化的？发送了多少个更新报文，其距离才变为最短？请将抓取的更新路由报文中包含的路由信息的截图粘贴到实验报告中。

- ✓ 在路由器 RTA 路由表中，到 PC-50-1 所在网络的路由更新了多少次才无效？
- ✓ 在路由器 RTB 路由表中，到 PC-50-1 所在网络的路由更新了多少次才无效？
- ✓ 在路由器 RTC 路由表中，到 PC-50-1 所在网络的路由更新了多少次才无效？
- ✓ 此时产生路由环路和慢收敛问题了吗？
- ✓ 综合以上分析结果，填写表 4-16 中的内容。

表 4-16　毒性逆转对路由更新的影响

	关闭毒性逆转后		打开毒性逆转后	
	RTC 端口 GE 0/0/2 关闭后（坏消息）	RTC 端口 GE 0/0/2 开启后（好消息）	RTC 端口 GE 0/0/2 关闭后（坏消息）	RTC 端口 GE 0/0/2 开启后（好消息）
路由器 RTA 路由表中到 PC-50-1 所在网络的路由	距离： 更新次数：	距离： 更新次数：	距离： 更新次数：	距离： 更新次数：
路由器 RTB 路由表中到 PC-50-1 所在网络的路由	距离： 更新次数：	距离： 更新次数：	距离： 更新次数：	距离： 更新次数：
路由器 RTC 路由表中到 PC-50-1 所在网络的路由	距离： 更新次数：	距离： 更新次数：	距离： 更新次数：	距离： 更新次数：

4.5　OSPF 配置

实验目的

1. 掌握 OSPF 特点，理解 OSPF 基本工作原理。
2. 理解 OSPF 区域（Area）的作用。
3. 掌握单区域 OSPF 的基本配置方法。

4．掌握多区域 OSPF 的基本配置方法，理解区域边界路由器的作用。

实验装置和工具

1．华为 eNSP 软件。
2．ping。
3．tracert。
4．Wireshark。

实验原理（背景知识）

OSPF（Open Shortest Path First，开放最短路径优先）是互联网的标准协议，是为克服 RIP 的缺点而开发的。目前，针对 IPv4 协议使用的是 OSPFv2。

OSPF 最主要的特征就是使用分布式的链路状态协议（Link State Protocol）。当链路状态发生变化时，OSPF 路由器使用可靠的洪泛法（Flooding）向本自治系统中所有路由器发送信息，发送的信息是与本路由器相邻的所有路由器的链路状态，包括：本路由器与哪些路由器相邻，以及该链路的“度量”（Metric）等。由于一个路由器的链路状态只涉及到与相邻路由器的连通状态，而与整个互联网的规模并无直接关系，因此当互联网规模很大时，OSPF 协议要比距离向量协议 RIP 好得多。

所有的路由器都维护一个链路状态数据库（Link State DataBase，LSDB），这个数据库实际上就是全网的拓扑结构图，这个拓扑结构图在全网范围内是一致的（这称为链路状态数据库的同步）。每一个路由器使用链路状态数据库中的数据，使用如 Dijkstra 算法构造自己的路由表。OSPF 的链路状态数据库能较快地进行更新，使各个路由器能及时更新其路由表。OSPF 的更新过程收敛得快，没有“坏消息传播得慢”的问题，不会产生路由环路。

为了使 OSPF 能够用于规模很大的网络，OSPF 将一个自治系统再划分为若干个更小的范围，叫作区域（Area）。区域内的详细拓扑信息不向其他区域发送，区域间传递的是聚合的路由信息，而不是详细的描述拓扑结构的链路状态信息，减少了整个网络上的通信量。每个区域都有自己的 LSDB，不同区域的 LSDB 是不同的。

为了使每一个区域能够和本区域以外的区域进行通信，OSPF 使用层次结构的区域划分，将区域分为两层，在上层的区域叫作主干区域（Backbone Area），用于连通其他在下层的区域。主干区域的标识符规定为 0.0.0.0。下层区域都通过主干区域实现区域之间的通信。在一个采用 OSPF 的自治系统中，只能有一个主干区域。

OSPF 直接使用 IP 数据报传送 OSPF 分组。OSPF 分组有五种类型。每个 OSPF 分组构成的 IP 数据报很短，不需要分片。

此外，OSPF 对不同的链路可根据 IP 分组的不同服务类型 TOS 而设置成不同的代价，因此，OSPF 对于不同类型的业务可计算出不同的路由。如果到同一个目的网络有多条相同代价的路径，那么可以将通信量分配给这几条路径，实现多路径间的负载平衡。

所有在 OSPF 路由器之间交换的分组都具有鉴别的功能。OSPF 支持可变长度的子网划分和无分类编址 CIDR。

对于多点接入的局域网，OSPF 协议采用了指定路由器（Designated Router，DR）的方法，使广播的信息量大大减少。指定路由器代表该局域网上的所有链路向连接到该网络上的各 OSPF 路由器发送状态信息。在选举出一个 DR 的同时，会选举出一个备份指定路由器（Backup Designated Router，BDR）。BDR 也和该网络内的所有路由器建立邻接关系并交换路由信息，当 DR 失效后，BDR 会立即成为 DR。对于多点接入的局域网，DR 和 BDR 作为交换 OSPF 路由信息的中心点。在点-点链路上不需要选举 DR 和 BDR。

实验 4.5.1：路由器配置单区域 OSPF 基本功能

任务要求

某学校网络的拓扑结构如图 4-13 所示。办公室分布在 4 个办公区，每个办公区放置一台 AR2220 路由器，分别为 RTA、RTB、RTC 和 RTD。计划财务部和资产管理部的 PC 分别位于办公区 A 和 D，为简化设计，直接将它们连接在路由器端口上。不同办公区网络处于不同的 IP 网段。由于业务需要，招标采购部和资产管理部的用户需要交换数据。决定在路由器上配置单区域 OSPF 实现不同办公区网络之间的通信。各 PC 和路由器端口的 IPv4 地址、子网掩码和网关定义如表 4-17 所示。请在路由器上配置单区域 OSPF，实现不同办公区用户之间的通信。

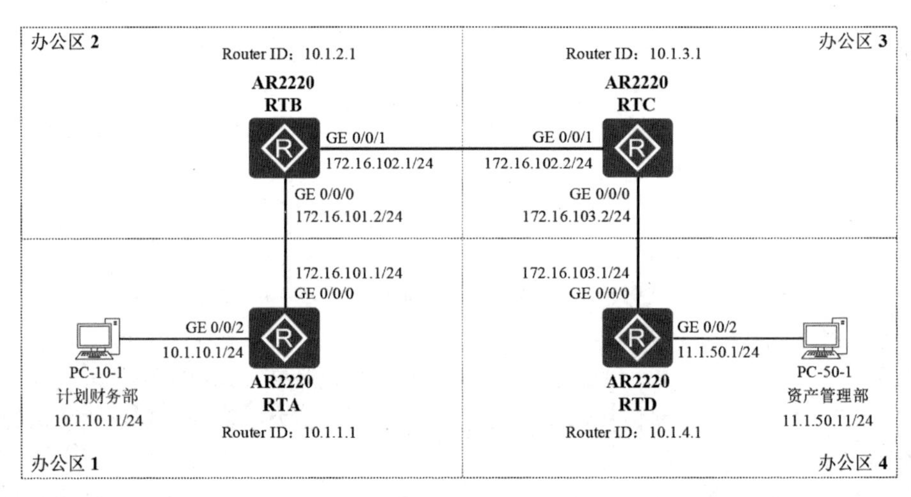

图 4-13　路由器配置单区域 OSPF 基本功能

表 4-17　PC 和路由器端口的 IPv4 地址、子网掩码和网关定义

	IPv4 地址	子网掩码	网关
用户 PC			
PC-10-1	10.1.10.11	255.255.255.0	10.1.10.1
PC-50-1	11.1.50.11	255.255.255.0	11.1.50.1
路由器 RTA			
Router ID	10.1.1.1		
GE 0/0/0	172.16.101.1	255.255.255.0	
GE 0/0/2	10.1.10.1	255.255.255.0	
路由器 RTB			
Router ID	10.1.2.1		
GE 0/0/0	172.16.101.2	255.255.255.0	
GE 0/0/1	172.16.102.1	255.255.255.0	

续表

	IPv4 地址	子网掩码	网关
路由器 RTC			
Router ID	10.1.3.1		
GE 0/0/0	172.16.103.2	255.255.255.0	
GE 0/0/1	172.16.102.2	255.255.255.0	
路由器 RTD			
Router ID	10.1.4.1		
GE 0/0/0	172.16.103.1	255.255.255.0	
GE 0/0/2	11.1.50.1	255.255.255.0	

实验步骤

步骤 1：创建拓扑

① 启动 eNSP，单击工具栏中的“新建拓扑”图标。

② 向空白工作区中添加 4 台 AR2220 路由器和 2 台 PC。

③ 按指定端口将路由器和 PC 互连。

④ 为路由器和 PC 命名。

步骤 2：为 PC 配置 IPv4 地址、子网掩码和网关

① 分别双击各台 PC，在各自弹出的配置窗口中选中“基础配置”标签，按定义为其配置 IPv4 地址、子网掩码和网关。

② 配置完毕后，单击工具栏中的“保存”图标，将拓扑保存到指定目录，将文件命名为 lab-4.5.1-RT.OSPFv2.SingleArea.topo。

步骤 3：启动设备

单击工具栏中的“开启设备”图标，启动全部设备。

步骤 4：配置路由器端口 IP 地址

① 配置路由器 RTA。双击工作区中路由器 RTA 的图标，打开控制台窗口，在提示符下输入以下命令：

```
<huawei> system-view
[huawei] sysname RTA
# 配置连接 PC 的端口的 IP 地址。
[RTA] interface gigabitethernet 0/0/2
[RTA-GigabitEthernet0/0/2] ip address 10.1.10.1 24
[RTA-GigabitEthernet0/0/2] quit
# 配置连接路由器的端口的 IP 地址。
[RTA] interface gigabitethernet 0/0/0
[RTA-GigabitEthernet0/0/0] ip address 172.16.101.1 24
[RTA-GigabitEthernet0/0/0] quit
```

② 配置路由器 RTB。双击工作区中路由器 RTB 的图标，打开控制台窗口，在提示符下

输入以下命令：

```
<huawei> system-view
[huawei] sysname RTB
# 配置连接路由器的端口的 IP 地址。
[RTB] interface gigabitethernet 0/0/0
[RTB-GigabitEthernet0/0/0] ip address 172.16.101.2 24
[RTB-GigabitEthernet0/0/0] quit
[RTB] interface gigabitethernet 0/0/1
[RTB-GigabitEthernet0/0/1] ip address 172.16.102.1 24
[RTB-GigabitEthernet0/0/1] quit
```

③ 配置路由器 RTC。双击工作区中路由器 RTC 的图标，打开控制台窗口，在提示符下输入以下命令：

```
<huawei> system-view
[huawei] sysname RTC
# 配置连接路由器的端口的 IP 地址。
[RTC] interface gigabitethernet 0/0/1
[RTC-GigabitEthernet0/0/1] ip address 172.16.102.2 24
[RTC-GigabitEthernet0/0/1] quit
[RTC] interface gigabitethernet 0/0/0
[RTC-GigabitEthernet0/0/0] ip address 172.16.103.2 24
[RTC-GigabitEthernet0/0/0] quit
```

④ 配置路由器 RTD。双击工作区中路由器 RTD 的图标，打开控制台窗口，在提示符下输入以下命令：

```
<huawei> system-view
[huawei] sysname RTD
# 配置连接路由器的端口的 IP 地址。
[RTD] interface gigabitethernet 0/0/0
[RTD-GigabitEthernet0/0/0] ip address 172.16.103.1 24
[RTD-GigabitEthernet0/0/0] quit
# 配置连接 PC 的端口的 IP 地址。
[RTD] interface gigabitethernet 0/0/2
[RTD-GigabitEthernet0/0/2] ip address 11.1.50.1 24
[RTD-GigabitEthernet0/0/2] quit
```

步骤 5：配置路由器单区域 OSPF 基本功能

① 配置路由器 RTA。在路由器 RTA 的控制台窗口中输入以下命令：

```
<RTA> system-view
# 设置 Router ID。
# 路由器的 Router ID 是一台路由器在自治系统中的唯一标识，是一个 32bit 无符号整数，用点分十进制数表示。默认情况下，路由器系统会从当前接口的 IP 地址中自动选取一个最大值作为 Router ID。手动配置 Router ID 时，必须保证自治系统中任意 2 台 Router ID 都不相同。
[RTA] router id 10.1.1.1
# 使能 OSPF 进程，指定 OSPF 进程号为 1。进程号取值范围是 1～65535。默认值是 1。
```

```
[RTA] ospf 1
# 创建区域。单区域只有一个主干区域。主干区域编号为 0。
[RTA-ospf-1] area 0
# 指定运行 OSPF 接口和接口所属区域。默认情况下，接口不属于任何区域。
# OSPF 使用反掩码，如 0.0.0.255 表示掩码长度为 24 位。
# 接口的 IP 地址掩码长度必须大于等于 network 命令中的掩码长度，且接口不带子网的 IP 地址必须在 network 命令指定的网段范围之内。
[RTA-ospf-1-area-0.0.0.0] network 10.1.10.0 0.0.0.255
[RTA-ospf-1-area-0.0.0.0] network 172.16.101.0 0.0.0.255
[RTA-ospf-1-area-0.0.0.0] quit
[RTA-ospf-1] quit
# 查看路由器 IP 路由表和 IP 路由表中的 OSPF 路由。
[RTA] display IP routing-table
[RTA] display IP routing-table protocol ospf
```

② 配置路由器 RTB。在路由器 RTB 的控制台窗口中输入以下命令：

```
<RTB> system-view
[RTB] router id 10.1.2.1
[RTB] ospf 1
[RTB-ospf-1] area 0
[RTB-ospf-1-area-0.0.0.0] network 172.16.101.0 0.0.0.255
[RTB-ospf-1-area-0.0.0.0] network 172.16.102.0 0.0.0.255
[RTB-ospf-1-area-0.0.0.0] quit
[RTB-ospf-1] quit
[RTB] display IP routing-table
[RTB] display IP routing-table protocol ospf
```

③ 配置路由器 RTC。在路由器 RTC 的控制台窗口中输入以下命令：

```
<RTC> system-view
[RTC] router id 10.1.3.1
[RTC] ospf 1
[RTC-ospf-1] area 0
[RTC-ospf-1-area-0.0.0.0] network 172.16.102.0 0.0.0.255
[RTC-ospf-1-area-0.0.0.0] network 172.16.103.0 0.0.0.255
[RTC-ospf-1-area-0.0.0.0] quit
[RTC-ospf-1] quit
[RTC] display IP routing-table
[RTC] display IP routing-table protocol ospf
```

④ 配置路由器 RTD。在路由器 RTD 的控制台窗口中输入以下命令：

```
<RTD> system-view
[RTD] router id 10.1.4.1
[RTD] ospf 1
[RTD-ospf-1] area 0
[RTD-ospf-1-area-0.0.0.0] network 11.1.50.0 0.0.0.255
[RTD-ospf-1-area-0.0.0.0] network 172.16.103.0 0.0.0.255
[RTD-ospf-1-area-0.0.0.0] quit
[RTD-ospf-1] quit
```

```
[RTD] display IP routing-table
[RTD] display IP routing-table protocol ospf
```

步骤 6：检查配置结果

可以查看路由器 RTA、RTB、RTC 和 RTD 的配置结果。假设查看路由器 RTA 的 OSPF 配置结果。在路由器 RTA 的控制台窗口中输入以下命令：

```
# 查看 OSPF 和 OSPF 进程 1 的概要信息。
<RTA> display ospf brief
<RTA> display ospf 1 brief
# 查看 OSPF 和 OSPF 进程 1 的接口信息。
<RTA> display ospf interface all
<RTA> display ospf 1 interface gigabitethernet 0/0/0
# 查看 OSPF 的链路状态数据库（LSDB）的详细信息和概要信息。
<RTA> display ospf lsdb
<RTA> display ospf lsdb brief
# 查看 OSPF 进程 1 的链路状态数据库（LSDB）的详细信息和概要信息。
<RTA> display ospf 1 lsdb
<RTA> display ospf 1 lsdb brief
# 查看 OSPF 和 OSPF 进程 1 各区域邻居的详细信息和概要信息。
<RTA> display ospf peer
<RTA> display ospf 1 peer brief
# 查看 OSPF 和 OSPF 进程 1 的链路状态数据库中 Router LSA 的相关信息。
<RTA> display ospf lsdb router
<RTA> display ospf 1 lsdb router
# 查看 OSPF 和 OSPF 进程 1 的链路状态数据库中 Network LSA 的相关信息。
<RTA> display ospf lsdb network 10.1.10.1
<RTA> display ospf lsdb network 10.1.10.0
<RTA> display ospf 1 lsdb network 172.16.101.0
# 查看 OSPF 路由信息。
<RTA> display ospf routing
# 查看指定 OSPF 进程 1 和指定 Router ID 的路由信息。
<RTA> display ospf 1 routing router-id 10.1.2.1
# 查看路由器 IP 路由表和 IP 路由表中的 OSPF 路由。
<RTA> display IP routing-table
<RTA> display IP routing-table protocol ospf
```

步骤 7：测试验证

在 PC-10-1 命令窗口中输入以下命令，测试是否能与 PC-50-1 通信：

```
ping 11.1.50.11
```

提示 · 思考 · 动手

- ✓ 请将创建的网络拓扑的截图粘贴到实验报告中。
- ✓ 请将路由器 RTA 的 OSPF 路由、邻居信息和链路状态数据库信息的截图粘贴到实验报告中。

- ✓ 请将路由器 RTB 的 OSPF 路由、邻居信息和链路状态数据库信息的截图粘贴到实验报告中。
- ✓ 请将路由器 RTC 的 OSPF 路由、邻居信息和链路状态数据库信息的截图粘贴到实验报告中。
- ✓ 请将路由器 RTD 的 OSPF 路由、邻居信息和链路状态数据库信息的截图粘贴到实验报告中。
- ✓ PC-10-1 能 ping 通 PC-50-1 吗？请将 ping 命令执行结果的截图粘贴到实验报告中。
- ✓ PC-10-1 到 PC-50-1 的路由是什么？请将从 PC-10-1 发出的“tracert 11.1.50.11”命令执行结果的截图粘贴到实验报告中。

步骤 8：通信分析

① 开启路由器 RTB 端口 GE 0/0/0、路由器 RTC 端口 GE 0/0/0 和 GE 0/0/1 的数据抓包，分析抓取到的 OSPF 通信。

提示·思考·动手

- ✓ OSPF 分组有几种类型？它们分别是什么？
- ✓ OSPF 是使用哪个协议传输分组的？如何区分其传输的是 OSPF 协议的分组？
- ✓ 分析 Hello 分组。OSPF 版本号是多少？
- ✓ Router ID 为 10.1.2.1 的活动邻居有哪些？活动邻居的 Router ID 分别是什么？
- ✓ 根据抓取的通信，说明 OSPF 使用的是可靠的洪泛法更新链路状态。

② 模拟坏消息。关闭路由器 RTD 端口 GE 0/0/0，模拟链路故障。在路由器 RTD 的控制台窗口中输入以下命令，然后分析抓取到的 OSPF 通信：

```
<RTD> system-view
# 关闭端口 GE 0/0/0。
[RTD] interface gigabitethernet 0/0/0
[RTD-GigabitEthernet0/0/0] shutdown
```

提示·思考·动手

- ✓ 172.16.103.2 发出的 OSPF 链路状态信息是在哪种类型的 OSPF 分组中传输的？其中的 LSA 类型是什么？
- ✓ 172.16.102.2 发出的 OSPF 链路状态信息是在哪种类型的 OSPF 分组中传输的？其中的 LSA 类型是什么？
- ✓ 172.16.101.2 发出的 OSPF 链路状态信息是在哪种类型的 OSPF 分组中传输的？其中的 LSA 类型有什么？

- ✓ 请将路由器 RTD 的 OSPF 路由的截图、邻居和链路状态数据库信息的截图粘贴到实验报告中。
- ✓ 请将路由器 RTA 的 OSPF 路由的截图、邻居和链路状态数据库信息的截图粘贴到实验报告中。

③ 模拟好消息。开启路由器 RTD 端口 GE 0/0/0，模拟链路故障被修复。在路由器 RTD 的控制台窗口中输入以下命令，然后分析抓取到的 OSPF 通信：

```
<RTD> system-view
# 开启端口 GE 0/0/0。
[RTD] interface gigabitethernet 0/0/0
[RTD-GigabitEthernet0/0/0] undo shutdown
```

提示 · 思考 · 动手

- ✓ 172.16.103.2 发出的 OSPF 链路状态信息是在哪种类型的 OSPF 分组中传输的？其中的 LSA 类型是什么？
- ✓ 172.16.102.2 发出的 OSPF 链路状态信息是在哪种类型的 OSPF 分组中传输的？其中的 LSA 类型是什么？
- ✓ 172.16.101.2 发出的 OSPF 链路状态信息是在哪种类型的 OSPF 分组中传输的？其中的 LSA 类型是什么？
- ✓ 请将路由器 RTD 的 OSPF 路由的截图、邻居和链路状态数据库信息的截图粘贴到实验报告中。
- ✓ 请将路由器 RTA 的 OSPF 路由的截图、邻居和链路状态数据库信息的截图粘贴到实验报告中。

实验 4.5.2：路由器配置多区域 OSPF 基本功能

任务要求

某学校网络的拓扑结构如图 4-14 所示，与实验 4.5.1 中的网络拓扑结构相同。为减少路由信息在网络上传输的通信量，决定在路由器上配置多区域 OSPF 实现不同办公区之间的通信。将整个自治系统划分为 3 个区域，其中路由器 RTB 和 RTC 为边界路由器。各 PC 和路由器端口的 IPv4 地址、子网掩码和网关定义如表 4-18 所示，与实验 4.5.1 中的定义相同。请在路由器上配置多区域 OSPF，实现不同办公区用户之间的通信。

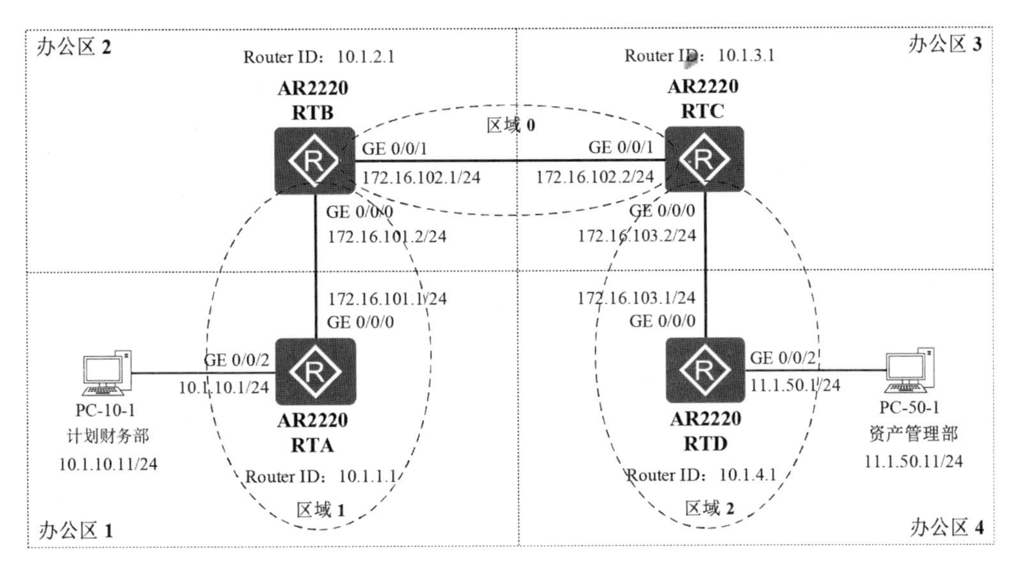

图 4-14　路由器配置多区域 OSPF 基本功能

表 4-18　PC 和路由器端口的 IPv4 地址、子网掩码和网关定义

	IPv4 地址	子网掩码	网关
用户			
PC-10-1	10.1.10.11	255.255.255.0	10.1.10.1
PC-50-1	11.1.50.11	255.255.255.0	11.1.50.1
路由器 RTA			
Router ID	10.1.1.1		
GE 0/0/0	172.16.101.1	255.255.255.0	
GE 0/0/2	10.1.10.1	255.255.255.0	
路由器 RTB			
Router ID	10.1.2.1		
GE 0/0/0	172.16.101.2	255.255.255.0	
GE 0/0/1	172.16.102.1	255.255.255.0	
路由器 RTC			
Router ID	10.1.3.1		
GE 0/0/0	172.16.103.2	255.255.255.0	
GE 0/0/1	172.16.102.2	255.255.255.0	
路由器 RTD			
Router ID	10.1.4.1		
GE 0/0/0	172.16.103.1	255.255.255.0	
GE 0/0/2	11.1.50.1	255.255.255.0	

实验步骤

步骤 1：加载拓扑

① 启动 eNSP，单击工具栏中的“打开文件”图标，加载实验 4.5.1 的拓扑文件 lab-4.5.1-RT.OSPFv2.SingleArea.topo。

② 按定义配置各 PC 的 IP 地址、子网掩码和网关。

③ 单击工具栏中的“另存为”图标，将该拓扑另存为 lab-4.5.2-RT.OSPFv2.MultiArea.topo。

步骤 2：启动设备

单击工具栏中的“开启设备”图标▶，启动全部设备。

步骤 3：配置路由器端口 IP 地址

按实验 4.5.1 中的步骤 4 完成路由器 RTA、RTB、RTC 和 RTD 端口 IP 地址的配置。

步骤 4：配置路由器多区域 OSPF 基本功能

① 配置路由器 RTA。在路由器 RTA 的控制台窗口中输入以下命令：

```
<RTA> system-view
# 设置 Router ID。
[RTA] router id 10.1.1.1
# 使能 OSPF 进程，指定 OSPF 进程号为 1。
[RTA] ospf 1
# 创建区域 1。
[RTA-ospf-1] area 1
# 指定运行 OSPF 接口和接口所属区域。
[RTA-ospf-1-area-0.0.0.1] network 10.1.10.0 0.0.0.255
[RTA-ospf-1-area-0.0.0.1] network 172.16.101.0 0.0.0.255
[RTA-ospf-1-area-0.0.0.1] quit
[RTA-ospf-1] quit
# 查看路由器 IP 路由表和 IP 路由表中的 OSPF 路由。
[RTA] display IP routing-table
[RTA] display IP routing-table protocol ospf
```

② 配置路由器 RTB。在路由器 RTB 的控制台窗口中输入以下命令：

```
<RTB> system-view
[RTB] router id 10.1.2.1
[RTB] ospf 1
# 创建主干区域 0。
[RTB-ospf-1] area 0
# 指定运行 OSPF 接口和接口所属区域。
[RTB-ospf-1-area-0.0.0.0] network 172.16.102.0 0.0.0.255
[RTB-ospf-1-area-0.0.0.0] quit
# 创建区域 1。
[RTB-ospf-1] area 1
# 指定运行 OSPF 接口和接口所属区域。
[RTB-ospf-1-area-0.0.0.1] network 172.16.101.0 0.0.0.255
[RTB-ospf-1-area-0.0.0.1] quit
[RTB-ospf-1] quit
[RTB] display IP routing-table
[RTB] display IP routing-table protocol ospf
```

③ 配置路由器 RTC。在路由器 RTC 的控制台窗口中输入以下命令：

```
<RTC> system-view
[RTC] router id 10.1.3.1
[RTC] ospf 1
```

```
# 创建主干区域 0。
[RTC-ospf-1] area 0
# 指定运行 OSPF 接口和接口所属区域。
[RTC-ospf-1-area-0.0.0.0] network 172.16.102.0 0.0.0.255
[RTC-ospf-1-area-0.0.0.0] quit
# 创建区域 2。
[RTC-ospf-1] area 2
# 指定运行 OSPF 接口和接口所属区域。
[RTC-ospf-1-area-0.0.0.2] network 172.16.103.0 0.0.0.255
[RTC-ospf-1-area-0.0.0.2] quit
[RTC-ospf-1] quit
[RTB] display IP routing-table
[RTB] display IP routing-table protocol ospf
```

④ 配置路由器 RTD。在路由器 RTD 的控制台窗口中输入以下命令：

```
<RTD> system-view
[RTD] router id 10.1.4.1
[RTD] ospf 1
# 创建区域 2。
[RTD-ospf-1] area 2
# 指定运行 OSPF 接口和接口所属区域。
[RTD-ospf-1-area-0.0.0.2] network 11.1.50.0 0.0.0.255
[RTD-ospf-1-area-0.0.0.2] network 172.16.103.0 0.0.0.255
[RTD-ospf-1-area-0.0.0.2] quit
[RTD-ospf-1] quit
```

步骤 5：检查配置结果

可以查看路由器 RTA、RTB、RTC 和 RTD 的配置结果。假设查看路由器 RTA 的 OSPF 配置结果。在路由器 RTA 的控制台窗口中输入以下命令：

```
# 查看 OSPF 和 OSPF 进程 1 的概要信息。
<RTA> display ospf brief
<RTA> display ospf 1 brief
# 查看 OSPF 和 OSPF 进程 1 的接口信息。
<RTA> display ospf interface all
<RTA> display ospf 1 interface gigabitethernet 0/0/0
# 查看 OSPF 的链路状态数据库（LSDB）的详细信息和概要信息。
<RTA> display ospf lsdb
<RTA> display ospf lsdb brief
# 查看 OSPF 进程 1 的链路状态数据库（LSDB）的详细信息和概要信息。
<RTA> display ospf 1 lsdb
<RTA> display ospf 1 lsdb brief
# 查看 OSPF 和 OSPF 进程 1 各区域邻居的详细信息和概要信息。
<RTA> display ospf peer
<RTA> display ospf 1 peer brief
# 查看 OSPF 和 OSPF 进程 1 的链路状态数据库中 Router LSA 的相关信息。
<RTA> display ospf lsdb router
<RTA> display ospf 1 lsdb router
```

```
# 查看OSPF和OSPF进程1的链路状态数据库中Network LSA的相关信息。
<RTA> display ospf lsdb network 10.1.10.1
<RTA> display ospf lsdb network 10.1.10.0
<RTA> display ospf 1 lsdb network 172.16.101.0
# 查看OSPF路由信息。
<RTA> display ospf routing
# 查看指定OSPF进程1和指定Router ID的路由信息。
<RTA> display ospf 1 routing router-id 10.1.2.1
# 查看路由器IP路由表和IP路由表中的OSPF路由。
<RTA> display IP routing-table
<RTA> display IP routing-table protocol ospf
```

步骤6：测试验证

在PC-10-1命令窗口中输入以下命令，测试是否能与PC-50-1通信：

```
ping 11.1.50.11
```

提示·思考·动手

- ✓ 请将创建的网络拓扑的截图粘贴到实验报告中。
- ✓ 请将路由器RTA的OSPF路由的截图、邻居信息和链路状态数据库信息的截图粘贴到实验报告中。
- ✓ 请将路由器RTB的OSPF路由的截图、邻居信息和链路状态数据库信息的截图粘贴到实验报告中。
- ✓ 请将路由器RTC的OSPF路由的截图、邻居信息和链路状态数据库信息的截图粘贴到实验报告中。
- ✓ 请将路由器RTD的OSPF路由的截图、邻居信息和链路状态数据库信息的截图粘贴到实验报告中。
- ✓ PC-10-1能ping通PC-50-1吗？请将ping命令执行结果的截图粘贴到实验报告中。
- ✓ PC-10-1到PC-50-1的路由是什么？请将从PC-10-1发出的“tracert 11.1.50.11”命令执行结果的截图粘贴到实验报告中。

步骤7：通信分析

① 开启路由器RTB端口GE 0/0/0、路由器RTC端口GE 0/0/0和GE 0/0/1的数据抓包。

② 模拟坏消息。关闭路由器RTD端口GE 0/0/0，模拟链路故障。在路由器RTD的控制台窗口中输入以下命令，然后分析抓取到的OSPF通信：

```
<RTD> system-view
# 关闭端口GE 0/0/0。
[RTD] interface gigabitethernet 0/0/0
[RTD-GigabitEthernet0/0/0] shutdown
```

提示·思考·动手

- ✓ 172.16.103.2 发出的 OSPF 链路状态信息是在哪种类型的 OSPF 分组中传输的？其中的 LSA 类型是哪种？
- ✓ 172.16.102.2 发出的 OSPF 链路状态信息是在哪种类型的 OSPF 分组中传输的？其中的 LSA 类型是哪种？
- ✓ 172.16.101.2 发出的 OSPF 链路状态信息是在哪种类型的 OSPF 分组中传输的？其中的 LSA 类型是哪种？
- ✓ 请将路由器 RTD 的 OSPF 路由的截图、邻居和链路状态数据库信息的截图粘贴到实验报告中。
- ✓ 请将路由器 RTA 的 OSPF 路由的截图、邻居和链路状态数据库信息的截图粘贴到实验报告中。

③ 模拟好消息。开启路由器 RTD 端口 GE 0/0/0，模拟链路故障被修复。在路由器 RTD 的控制台窗口中输入以下命令，然后分析抓取到的 OSPF 通信：

```
<RTD> system-view
# 开启端口 GE 0/0/0。
[RTD] interface gigabitethernet 0/0/0
[RTD-GigabitEthernet0/0/0] undo shutdown
```

提示·思考·动手

- ✓ 72.16.103.2172.16.103.2 发出了哪些类型的 OSPF 分组？发出的 OSPF 链路状态信息是在哪种类型的 OSPF 分组中传输的？其中的 LSA 类型是什么？
- ✓ 172.16.102.2 发出的 OSPF 链路状态信息是在哪种类型的 OSPF 分组中传输的？其中的 LSA 类型是什么？
- ✓ 172.16.101.2 发出的 OSPF 链路状态信息是在哪种类型的 OSPF 分组中传输的？其中的 LSA 类型是什么？
- ✓ 请将路由器 RTD 的 OSPF 路由的截图、邻居和链路状态数据库信息的截图粘贴到实验报告中。
- ✓ 请将路由器 RTA 的 OSPF 路由的截图、邻居和链路状态数据库信息的截图粘贴到实验报告中。

4.6　IPv6 网络配置与分析

实验目的

1. 掌握 IPv6 特点和 IPv6 数据报结构。

2. 掌握 IPv6 地址特点和手工配置 IPv6 地址的基本方法。
3. 掌握 IPv6 静态路由和动态路由的配置方法。
4. 掌握 RIPng 特点和 RIPng 配置方法。
5. 具备构建 IPv6 网络的基本能力。

实验装置和工具

1．华为 eNSP 软件。
2．ping。
3．tracert。
4．Wireshark。

实验原理（背景知识）

IP 是互联网的核心协议。由于 IPv4 协议存在局限性，IPv6 协议开始得到全面部署和广泛应用。

每个 IPv6 地址占 128 位，使用冒号十六进制数记法。例如，60 位的前缀 12AB00000000CD3 可记为 12AB:0000:0000:CD30:0000:0000:0000:0000/60 或 12AB::CD30:0:0:0:0/60。

IPv6 地址有多种类型。IPv6 的地址分类如表 4-19 所示。

表 4-19　IPv6 地址分类

地址类型	二进制前缀
未指明地址	00...0（128 位），可记为::/128
环回地址	00...1（128 位），可记为::1/128
多播地址	11111111（8 位），可记为 FF00::/8
本地链路单播地址	1111111010（10 位），可记为 FE80::/10
全球单播地址	（除上述四种外，所有其他的二进制数前缀）

IPv6 数据报由基本首部（Base Header）和后面的有效载荷（Payload）两大部分组成。基本首部共有 8 个字段，其长度是固定的，为 40 字节。有效载荷也称为净负荷，允许有零个或多个扩展首部（Extension Header），再后面是数据部分。

IPv6 不保证数据报的可靠交付，使用 ICMPv6 反馈一些差错信息。

RIPng（RIP next generation，下一代 RIP 协议）主要用于在 IPv6 网络中提供路由功能。RIPng 是基于距离向量（Distance Vector）算法的协议，是对原来的 IPv4 网络中 RIPv2 协议的扩展。大多数 RIP 的概念都可以用于 RIPng，如一条路径最多只能包含 15 个路由器。最大值为 16 时，相当于网络不可达；存在坏消息传播得慢问题，可以采用端口抑制、触发更新、水平分割、毒性逆转等措施，以加快收敛，有效地防止路由环路。RIPng 使用 UDP 发送和接收路由信息。RIPng 有两种报文：Request 报文和 Response 报文，并采用组播方式发送报文。使用链路本地地址 FE80::/10 作为 RIPng 路由更新的源地址，使用链路本地地址 FF02::9 作为 RIPng 路由更新的目的地址。

向 IPv6 过渡有两种策略：使用双协议栈和使用隧道技术。双协议栈（Dual Stack）是指主机（或路由器）装有两个协议栈，一个 IPv4 和一个 IPv6。双协议栈的主机（或路由器）记为 IPv6/IPv4。双协议栈主机在和 IPv6 主机通信时是采用 IPv6 协议和地址的，而和 IPv4

主机通信时就采用 IPv4 协议和地址。隧道技术是在 IPv6 数据报要进入 IPv4 网络时，把 IPv6 数据报封装成为 IPv4 数据报，整个的 IPv6 数据报变成了 IPv4 数据报的数据部分。当 IPv4 数据报离开 IPv4 网络中的隧道时，再把数据部分（即原来的 IPv6 数据报）交给主机的 IPv6 协议栈。

实验 4.6.1：IPv6 基本配置

任务要求

某学校图书馆新建一个 IPv6 试验网络，网络拓扑结构如图 4-15 所示，利用 2 台路由器把 2 个 IPv6 网络互连在一起。为简化设计，将 PC 直接连接在路由器端口上。由于网络比较简单，决定采用手工配置 IPv6 地址方式配置 IP 地址，在路由器上配置静态路由或默认路由实现不同部门 PC 之间的通信。各 PC 和路由器端口的 IPv6 地址、前缀长度和网关定义如表 4-20 所示。请完成系统配置。

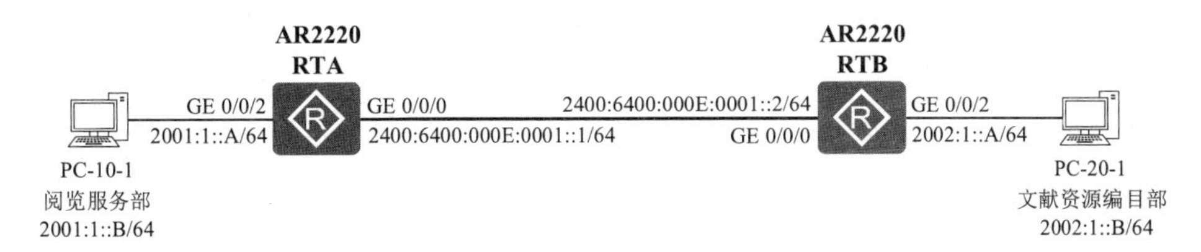

图 4-15 配置 IPv6 和静态路由实现不同部门 PC 之间的通信

表 4-20 PC 和路由器端口的 IPv6 地址、前缀长度和网关定义

	IPv6 地址	前缀长度	网关
用户 PC			
PC-10-1	2001:1::B	64	2001:1::A
PC-20-1	2002:1::B	64	2002:1::A
路由器 RTA			
GE 0/0/0	2400:6400:000E:0001::1	64	
GE 0/0/2	2001:1::A	64	
路由器 RTB			
GE 0/0/0	2400:6400:000E:0001::2	64	
GE 0/0/2	2002:1::A	64	

实验步骤

步骤 1：创建拓扑

① 启动 eNSP，单击工具栏中的“新建拓扑”图标。
② 向空白工作区中添加 2 台 AR2220 路由器和 2 台 PC。
③ 按指定端口将路由器和 PC 互连。
④ 为路由器和 PC 命名。

步骤 2：为 PC 配置 IPv6 地址、前缀长度和 IPv6 网关

① 分别双击各台 PC，在各自弹出的配置窗口中选中“基础配置”标签，按定义为其配置 IPv6 地址、前缀长度和 IPv6 网关。

② 配置完毕后，单击工具栏中的“保存”图标，将拓扑保存到指定目录，将文件命名为 lab-4.6.1-IPv6.topo。

步骤 3：启动设备

单击工具栏中的“开启设备”图标，启动全部设备。

步骤 4：配置路由器端口 IPv6 地址

① 配置路由器 RTA。双击工作区中路由器 RTA 的图标，打开控制台窗口，在提示符下输入以下命令：

```
# 进入系统视图，# 给路由器命名。
<huawei> system-view
[huawei] sysname RTA
# 启用设备转发 IPv6 单播报文。若关闭该功能，使用命令 undo ipv6。
[RTA] ipv6
# 配置连接 PC 端口的 IPv6 地址。
[RTA] interface gigabitethernet 0/0/2
# 在端口上启用 IPv6 功能。若关闭该功能，使用命令 undo ipv6 enable。
[RTA-GigabitEthernet0/0/2] ipv6 enable
# 配置端口的全球单播地址。
[RTA-GigabitEthernet0/0/2] ipv6 address 2001:1::A 64
# 每个 IPv6 端口必须要有本地链路地址。可以自动生成，也可以手工配置。
# 可以为接口配置多个 IPv6 地址，但是每个接口只能有一个链路本地地址。
# 链路本地地址用于邻居发现协议和无状态自动配置过程中链路本地上节点之间的通信。
# 配置自动生成链路本地地址。
[RTA-GigabitEthernet0/0/2] ipv6 address auto link-local
# 查看当前接口的 IPv6 信息。
[RTA-GigabitEthernet0/0/2] display this ipv6 interface
[RTA-GigabitEthernet0/0/2] quit
# 配置连接路由器端口的 IPv6 地址。
[RTA] interface gigabitethernet 0/0/0
[RTA-GigabitEthernet0/0/0] ipv6 enable
[RTA-GigabitEthernet0/0/0] ipv6 address 2400:6400:E:1::1 64
[RTA-GigabitEthernet0/0/0] display this ipv6 interface
[RTA-GigabitEthernet0/0/0] quit
# 查看地址配置结果。
[RTA] display ipv6 interface
[RTA] display ipv6 interface brief
[RTA] display ipv6 interface gigabitethernet 0/0/2
[RTA] display ipv6 interface gigabitethernet 0/0/0 brief
# 查看 IPv6 路由表和邻居。
[RTA] display ipv6 routing-table
[RTA] display ipv6 neighbors
```

② 配置路由器 RTB。双击工作区中路由器 RTB 的图标，打开控制台窗口，在提示符下输入以下命令：

```
<huawei> system-view
[huawei] sysname RTB
[RTB] ipv6
# 配置连接 PC 端口的 IPv6 地址。
[RTB] interface gigabitethernet 0/0/2
[RTB-GigabitEthernet0/0/2] ipv6 enable
[RTB-GigabitEthernet0/0/2] ipv6 address 2002:1::A 64
[RTB-GigabitEthernet0/0/2] ipv6 address auto link-local
[RTB-GigabitEthernet0/0/2] display this ipv6 interface
[RTB-GigabitEthernet0/0/2] quit
# 配置连接路由器端口的 IPv6 地址。
[RTB] interface gigabitethernet 0/0/0
[RTB-GigabitEthernet0/0/0] ipv6 enable
[RTB-GigabitEthernet0/0/0] ipv6 address 2400:6400:E:1::2 64
[RTB-GigabitEthernet0/0/0] display this ipv6 interface
[RTB-GigabitEthernet0/0/0] quit
# 查看配置结果。
[RTB] display ipv6 interface
[RTB] display ipv6 interface brief
[RTB] display ipv6 interface gigabitethernet 0/0/2
[RTB] display ipv6 interface gigabitethernet 0/0/0 brief
[RTB] display ipv6 routing-table
[RTB] display ipv6 neighbors
```

提示 · 思考 · 动手

- ✓ 请将创建的网络拓扑的截图粘贴到实验报告中。
- ✓ 请将路由器 RTA 端口 GE 0/0/0 和 GE 0/0/2 的 IPv6 地址信息填写在表 4-21 中。

表 4-21　RTA 端口的 IPv6 地址信息

	端口 GE 0/0/0	端口 GE 0/0/2
Local-link address		
Global unicast address(es)		
Joined group address(es)		

步骤 5：测试验证

在 PC-10-1 命令窗口中输入以下命令，测试是否能与 RTA、RTB 和 PC-20-1 通信：

```
ping ipv6 2001:1::A
ping ipv6 2400:6400:000E:0001::1
ping ipv6 2400:6400:000E:0001::2
ping ipv6 2002:1::A
ping ipv6 2002:1::B
```

在 RTA 控制台窗口中输入以下命令，测试是否能与 RTB 通信：

```
ping ipv6 2400:6400:000E:0001::2
ping ipv6 2002:1::A
```

提示·思考·动手

- ✓ 请将路由器 RTA 的 IPv6 路由表的截图粘贴到实验报告中。
- ✓ 请将路由器 RTB 的 IPv6 路由表的截图粘贴到实验报告中。
- ✓ PC-10-1 能 ping 通 RTA 吗？请将 ping 命令执行结果的截图粘贴到实验报告中。
- ✓ PC-20-1 能 ping 通 RTB 吗？请将 ping 命令执行结果的截图粘贴到实验报告中。
- ✓ RTA 能 ping 通 RTB 吗？请将 ping 命令执行结果的截图粘贴到实验报告中。
- ✓ PC-10-1 能 ping 通 PC-20-1 吗？请将 ping 命令执行结果的截图粘贴到实验报告中。

步骤 6：配置路由器静态路由和默认路由

① 在路由器RTA上配置静态路由。双击工作区中路由器RTA的图标，打开控制台窗口，在提示符下输入以下命令：

```
<RTA> system-view
# 配置到 PC-20-1 所在网段的 IPv6 静态路由，下一跳为 RTB 端口 GE 0/0/0 的地址。
[RTA] ipv6 route-static 2002:1::0 64 2400:6400:000E:0001::2
# 查看路由器 IPv6 路由表。
[RTA] display ipv6 routing-table
```

② 在路由器RTB上配置默认路由。双击工作区中路由器RTB的图标，打开控制台窗口，在提示符下输入以下命令：

```
<RTB> system-view
# 目的地址为 ::，前缀长度为 0，下一跳为 RTA 端口 GE 0/0/0 的地址。
[RTB] ipv6 route-static :: 0 2400:6400:000E:0001::1
[RTB] display ipv6 routing-table
```

步骤 7：测试验证与通信分析

开启路由器 RTA 端口 GE 0/0/0 的数据抓包。在 PC-10-1 命令窗口中输入以下命令，测试是否能与 PC-20-1 通信：

```
ping ipv6 2002:1::B
```

提示·思考·动手

- ✓ 请将路由器 RTA 的 IPv6 路由表的截图粘贴到实验报告中，标出配置的静态路由。
- ✓ 请将路由器 RTB 的 IPv6 路由表的截图粘贴到实验报告中，标出配置的默认路由。
- ✓ PC-10-1 能 ping 通 PC-20-1 吗？请将 ping 命令执行结果的截图粘贴到实验报告中。
- ✓ 分析抓取到的 ping 通信，回答下列问题：
  1. ping 使用了哪个版本的 ICMP？

2. 封装了 ICMP Echo Request 消息的 IPv6 数据报的基本首部有几个字段？字段值分别是多少？将字段及字段值填入表 4-22 中。

表 4-22　IPv6 分组基本首部字段及字段值

序号	字段名称	字段值
1	版本	
2	通信量类	
3	流标号	
4	有效载荷长度	
5	下一个首部	
6	跳数限制	
7	源地址	
8	目的地址	

实验 4.6.2：RIPng 基本配置

任务要求

某学校图书馆 IPv6 试验网络的拓扑结构如图 4-16 所示，利用 3 台路由器把 2 个 IPv6 网络互连在一起。为简化设计，将 PC 直接连接在路由器端口上。决定采用手工配置 IPv6 地址方式配置 IP 地址，在路由器上配置 RIPng 实现不同部门 PC 之间的通信。各 PC 和路由器端口的 IPv6 地址、前缀长度和网关定义如表 4-23 所示。请完成系统配置。

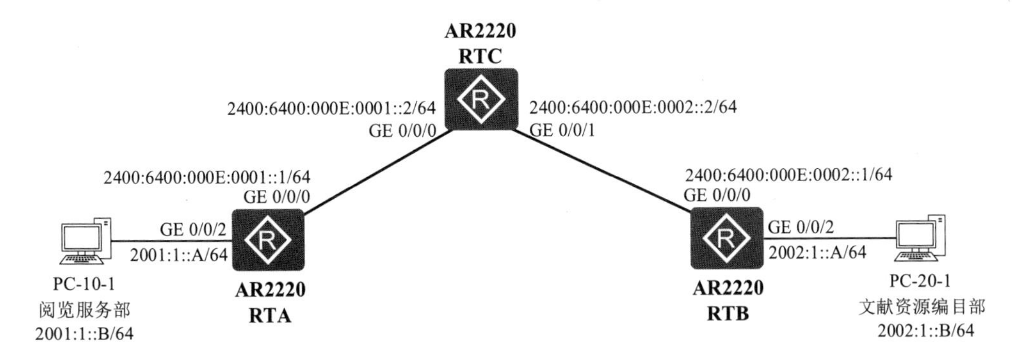

图 4-16　配置 RIPng 实现不同部门用户之间的通信

表 4-23　PC 和路由器端口的 IPv6 地址、前缀长度和网关定义

	IPv6 地址	前缀长度	网关
用户 PC			
PC-10-1	2001:1::B	64	2001:1::A
PC-20-1	2002:1::B	64	2002:1::A
路由器 RTA			
GE 0/0/0	2400:6400:000E:0001::1	64	
GE 0/0/2	2001:1::A	64	

续表

	IPv6 地址	前缀长度	网关
路由器 RTB			
GE 0/0/0	2400:6400:000E:0002::1	64	
GE 0/0/2	2002:1::A	64	
路由器 RTC			
GE 0/0/0	2400:6400:000E:0001::2	64	
GE 0/0/1	2400:6400:000E:0002::2	64	

实验步骤

步骤 1：创建拓扑

① 启动 eNSP，单击工具栏中的“新建拓扑”图标。
② 向空白工作区中添加 3 台 AR2220 路由器和 2 台 PC。
③ 按指定端口将路由器和 PC 互连。
④ 为路由器和 PC 命名。

步骤 2：为 PC 配置 IPv6 地址、前缀长度和 IPv6 网关

① 分别双击各台 PC，在各自弹出的配置窗口中选中“基础配置”标签，按定义为其配置 IPv6 地址、前缀长度和 IPv6 网关。

② 配置完毕后，单击工具栏中的“保存”图标，将拓扑保存到指定目录，将文件命名为 lab-4.6.2-IPv6.RIPng.topo。

步骤 3：启动设备

单击工具栏中的“开启设备”图标，启动全部设备。

步骤 4：配置路由器端口 IPv6 地址

① 配置路由器 RTA。双击工作区中路由器 RTA 的图标，打开控制台窗口，在提示符下输入以下命令：

```
# 进入系统视图，给路由器命名。
<huawei> system-view
[huawei] sysname RTA
# 启用设备转发 IPv6 单播报文。
[RTA] ipv6
# 在连接 PC 的端口上启用 IPv6 功能。
[RTA] interface gigabitethernet 0/0/2
[RTA-GigabitEthernet0/0/2] ipv6 enable
# 配置端口的全球单播地址，自动生成链路本地地址。
[RTA-GigabitEthernet0/0/2] ipv6 address 2001:1::A 64
[RTA-GigabitEthernet0/0/2] ipv6 address auto link-local
# 查看当前接口的 IPv6 信息。
[RTA-GigabitEthernet0/0/2] display this ipv6 interface
[RTA-GigabitEthernet0/0/2] quit
# 在连接路由器的端口上启用 IPv6 功能，配置 IPv6 地址。
```

```
[RTA] interface gigabitethernet 0/0/0
[RTA-GigabitEthernet0/0/0] ipv6 enable
[RTA-GigabitEthernet0/0/0] ipv6 address 2400:6400:000E:0001::1 64
[RTA-GigabitEthernet0/0/0] display this ipv6 interface
[RTA-GigabitEthernet0/0/0] quit
# 查看地址配置结果。
[RTA] display ipv6 interface
[RTA] display ipv6 interface brief
[RTA] display ipv6 interface gigabitethernet 0/0/2
[RTA] display ipv6 interface gigabitethernet 0/0/0 brief
# 查看 IPv6 路由表和邻居。
[RTA] display ipv6 routing-table
[RTA] display ipv6 neighbors
```

② 配置路由器 RTB。双击工作区中路由器 RTB 的图标，打开控制台窗口，在提示符下输入以下命令：

```
<huawei> system-view
[huawei] sysname RTB
[RTB] ipv6
# 配置连接 PC 的端口启用 IPv6 功能，配置 IPv6 地址。
[RTB] interface gigabitethernet 0/0/2
[RTB-GigabitEthernet0/0/2] ipv6 enable
[RTB-GigabitEthernet0/0/2] ipv6 address 2002:1::A 64
[RTB-GigabitEthernet0/0/2] ipv6 address auto link-local
[RTB-GigabitEthernet0/0/2] display this ipv6 interface
[RTB-GigabitEthernet0/0/2] quit
# 配置连接路由器的端口启用 IPv6 功能，配置 IPv6 地址。
[RTB] interface gigabitethernet 0/0/0
[RTB-GigabitEthernet0/0/0] ipv6 enable
[RTB-GigabitEthernet0/0/0] ipv6 address 2400:6400:000E:0002::1 64
[RTB-GigabitEthernet0/0/0] display this ipv6 interface
[RTB-GigabitEthernet0/0/0] quit
# 查看地址配置结果。
[RTB] display ipv6 interface
[RTB] display ipv6 interface brief
[RTB] display ipv6 interface gigabitethernet 0/0/2
[RTB] display ipv6 interface gigabitethernet 0/0/0 brief
# 查看 IPv6 路由表和邻居。
[RTB] display ipv6 routing-table
[RTB] display ipv6 neighbors
```

③ 配置路由器 RTC。双击工作区中路由器 RTC 的图标，打开控制台窗口，在提示符下输入以下命令：

```
<huawei> system-view
[huawei] sysname RTC
[RTC] ipv6
# 配置连接路由器 RTA 的端口启用 IPv6 功能，配置 IPv6 地址。
[RTC] interface gigabitethernet 0/0/0
```

```
[RTC-GigabitEthernet0/0/0] ipv6 enable
[RTC-GigabitEthernet0/0/0] ipv6 address 2400:6400:000E:0001::2 64
[RTC-GigabitEthernet0/0/0] display this ipv6 interface
[RTC-GigabitEthernet0/0/0] quit
# 配置连接路由器 RTB 的端口启用 IPv6 功能，配置 IPv6 地址。
[RTC] interface gigabitethernet 0/0/1
[RTC-GigabitEthernet0/0/1] ipv6 enable
[RTC-GigabitEthernet0/0/1] ipv6 address 2400:6400:000E:0002::2 64
[RTC-GigabitEthernet0/0/1] display this ipv6 interface
[RTC-GigabitEthernet0/0/1] quit
# 查看地址配置结果。
[RTC] display ipv6 interface
[RTC] display ipv6 interface brief
[RTC] display ipv6 interface gigabitethernet 0/0/0
[RTC] display ipv6 interface gigabitethernet 0/0/1 brief
# 查看 IPv6 路由表和邻居。
[RTC] display ipv6 routing-table
[RTC] display ipv6 neighbors
```

步骤 5：配置路由器 RIPng

① 配置路由器 RTA。双击工作区中路由器 RTA 的图标，打开控制台窗口，在提示符下输入以下命令：

```
<RTA> system-view
# 创建 RIPng 进程，进程号为 1。进程号取值范围是 1～65535，默认值是 1。
[RTA] ripng 1
[RTA-ripng-1] quit
# 启用端口的 RIPng 路由协议。默认为未启用。
[RTA] interface gigabitethernet 0/0/0
[RTA-GigabitEthernet0/0/0] ripng 1 enable
[RTA-GigabitEthernet0/0/0] quit
[RTA] interface gigabitethernet 0/0/2
[RTA-GigabitEthernet0/0/2] ripng 1 enable
[RTA-GigabitEthernet0/0/2] quit
# 查看路由器 IPv6 路由表。
[RTA] display ipv6 routing-table
```

② 配置路由器 RTB。双击工作区中路由器 RTB 的图标，打开控制台窗口，在提示符下输入以下命令：

```
<RTB> system-view
[RTB] ripng 1
[RTB-ripng-1] quit
[RTB] interface gigabitethernet 0/0/0
[RTB-GigabitEthernet0/0/0] ripng 1 enable
[RTB-GigabitEthernet0/0/0] quit
[RTB] interface gigabitethernet 0/0/2
[RTB-GigabitEthernet0/0/2] ripng 1 enable
[RTB-GigabitEthernet0/0/2] quit
```

```
[RTB] display ipv6 routing-table
```

③ 配置路由器 RTC。双击工作区中路由器 RTC 的图标，打开控制台窗口，在提示符下输入以下命令：

```
<RTC> system-view
[RTC] ripng 1
[RTC-ripng-1] quit
[RTC] interface gigabitethernet 0/0/0
[RTC-GigabitEthernet0/0/0] ripng 1 enable
[RTC-GigabitEthernet0/0/0] quit
[RTC] interface gigabitethernet 0/0/1
[RTC-GigabitEthernet0/0/1] ripng 1 enable
[RTC-GigabitEthernet0/0/1] quit
[RTC] display ipv6 routing-table
```

步骤 6：检查配置结果

配置完毕后，可以查看路由器 RTA、RTB 和 RTC 的配置结果。假设查看路由器 RTA 的 RIPng 配置结果。

```
# 查看 RIPng 进程的当前运行状态及配置信息。
<RTA> display ripng
<RTA> display ripng 1
# 查看 RIPng 的接口信息。
<RTA> display ripng 1 interface gigabitethernet 0/0/0
# 查看 RIPng 的邻居信息。
<RTA> display ripng 1 neighbor
# 查看 RIPng 发布数据库的所有激活路由。这些路由以 RIPng 更新报文的形式发送。
<RTA> display ripng 1 database
# 查看所有从其他路由器学来的 RIPng 路由信息，以及与每条路由相关的不同定时器的值。
<RTA> display ripng 1 route
# 查看路由器 IPv6 路由表、详细信息和综合路由统计信息。
<RTA> display ipv6 routing-table
<RTA> display ipv6 routing-table verbose
<RTA> display ipv6 routing-table statistics
# 查看路由器 IPv6 路由表中的 RIP 路由。
<RTA> display ipv6 routing-table protocol ripng
```

步骤 7：测试验证与通信分析

开启路由器 RTB 端口 GE 0/0/0 和 GE 0/0/1 的数据抓包。在 PC-10-1 命令窗口中输入以下命令，测试是否能与 PC-20-1 通信：

```
ping ipv6 2002:1::B
```

提示 · 思考 · 动手

✓ 请将创建的网络拓扑的截图粘贴到实验报告中。

- ✓ 请将路由器 RTA 的 IPv6 路由表的截图粘贴到实验报告中，标出 RIPng 路由。
- ✓ 请将路由器 RTB 的 IPv6 路由表的截图粘贴到实验报告中，标出 RIPng 路由。
- ✓ 请将路由器 RTC 的 IPv6 路由表的截图粘贴到实验报告中，标出 RIPng 路由。
- ✓ PC-10-1 能 ping 通 PC-20-1 吗？请将 ping 命令执行结果的截图粘贴到实验报告中。
- ✓ 分析抓取到的 RIPng 通信，并回答下列问题：

1. RIPng 报文类型有几种？它们分别是什么？
2. RIPng 路由更新的间隔时间为多长？
3. RIPng 使用哪个协议传输 RIP 报文？源端口号和目的端口号分别是多少？
4. RIPng 路由更新报文的目的 IP 地址是多少？是什么类型的 IP 地址？
5. 从 RTB 端口 GE 0/0/0 发出的 RIPng 路由更新报文中，有几条路由？每条路由包含哪些信息？请将该更新路由报文中包含的路由信息的截图粘贴到实验报告中。

实验 4.6.3：手工配置 IPv4 隧道

任务要求

某学校图书馆和教学楼各建了一个 IPv6 试验网络，其拓扑结构如图 4-17 所示。2 个 IPv6 网络通过 IPv4 校园网上的路由器 RTH 实现彼此互连和与校园网的互连。为简化设计，将 PC 直接连接在路由器端口上。为实现网络之间的通信，决定采用隧道技术，通过在路由器 RTC 和 RTW 上手工配置隧道，利用 IPv4 校园网实现这 2 个 IPv6 网络之间的通信。各 PC 和路由器端口的 IP 地址、前缀、网关等定义和隧道端口定义如表 4-24 所示。请完成系统配置。

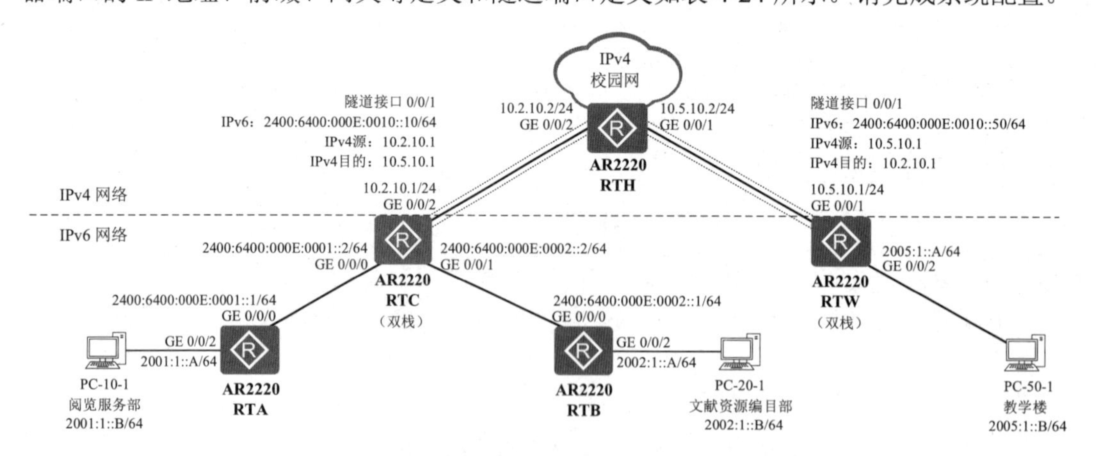

图 4-17　配置 IPv4 隧道实现 IPv6 网络之间的通信

表 4-24　PC 和路由器端口的 IP 地址、前缀、网关等定义和隧道端口定义

	IPv6 / IPv4 地址	前缀长度	网关
用户 PC			
PC-10-1	2001:1::B	64	2001:1::A
PC-20-1	2002:1::B	64	2002:1::A

续表

	IPv6 / IPv4 地址	前缀长度	网关
PC-50-1	2005:1::B	64	2005:1::A
路由器 RTA			
GE 0/0/0	2400:6400:000E:0001::1	64	
GE 0/0/2	2001:1::A	64	
路由器 RTB			
GE 0/0/0	2400:6400:000E:0002::1	64	
GE 0/0/2	2002:1::A	64	
路由器 RTC（IPv4/IPv6 双栈）			
GE 0/0/0	2400:6400:000E:0001::2	64	
GE 0/0/1	2400:6400:000E:0002::2	64	
GE 0/0/2	10.2.10.1	24	
隧道接口 0/0/1	2400:6400:000E:0010::10/64 源：10.2.10.1 或 GE 0/0/2 目的：10.5.10.1/24		
路由器 RTW（IPv4/IPv6 双栈）			
GE 0/0/1	10.5.10.1	24	
GE 0/0/2	2005:1::A	64	
隧道接口 0/0/1	2400:6400:000E:0010::50/64 源：10.5.10.1 或 GE 0/0/1 目的：10.2.10.1/24		
路由器 RTH			
GE 0/0/1	10.5.10.2	24	
GE 0/0/2	10.2.10.2	24	

实验步骤

步骤 1：创建拓扑

① 启动 eNSP，单击工具栏中的“新建拓扑”图标。
② 向空白工作区中添加 5 台 AR2220 路由器和 3 台 PC。
③ 按指定端口将路由器和 PC 互连。
④ 为路由器和 PC 命名。

步骤 2：为 PC 配置 IPv6 地址、前缀长度和 IPv6 网关

① 分别双击各台 PC，在各自弹出的配置窗口中选中“基础配置”标签，按定义为其配置 IPv6 地址、前缀长度和 IPv6 网关。

② 配置完毕后，单击工具栏中的“保存”图标，保存拓扑到指定目录，将文件命名为 lab-4.6.3-IPv6.OverIPv4M.topo。

步骤 3：启动设备

单击工具栏中的“开启设备”图标，启动全部设备。

步骤 4：配置路由器端口 IPv6 和 IPv4 地址

① 配置路由器 RTA 端口的 IPv6 地址。按实验 4.6.2 中的步骤 4 中的①完成路由器 RTA

端口 IPv6 地址的配置。

② 配置路由器 RTB 端口的 IPv6 地址。按实验 4.6.2 中的步骤 4 中的②完成路由器 RTB 端口 IPv6 地址的配置。

③ 配置路由器 RTC 端口的 IPv6 和 IPv4 地址。首先按实验 4.6.2 中的步骤 4 中的③完成路由器 RTC 端口 IPv6 地址的配置。然后输入以下命令配置端口的 IPv4 地址：

```
<RTC> system-view
# 配置连接路由器 RTH 的端口的 IPv4 地址。
[RTC] interface gigabitethernet 0/0/2
[RTC-GigabitEthernet0/0/2] ip address 10.2.10.1 24
[RTC-GigabitEthernet0/0/2] quit
# 查看 IPv4 地址配置结果。
[RTC] display ip interface
[RTC] display ip interface brief
# 查看 IPv4 路由表。
[RTC] display ip routing-table
```

④ 配置路由器 RTW 端口的 IPv6 和 IPv4 地址。双击工作区中路由器 RTW 的图标，打开控制台窗口，在提示符下输入以下命令：

```
<huawei> system-view
[huawei] sysname RTW
[RTW] ipv6
# 配置连接 PC 的端口的 IPv6 地址。
[RTW] interface gigabitethernet 0/0/2
[RTW-GigabitEthernet0/0/2] ipv6 enable
[RTW-GigabitEthernet0/0/2] ipv6 address 2005:1::A 64
[RTW-GigabitEthernet0/0/2] ipv6 address auto link-local
[RTW-GigabitEthernet0/0/2] quit
# 配置连接路由器 RTH 的端口的 IPv4 地址。
[RTW] interface gigabitethernet 0/0/1
[RTW-GigabitEthernet0/0/0] ip address 10.5.10.1 24
[RTW-GigabitEthernet0/0/0] quit
# 查看地址配置结果。
[RTW] display ip interface
[RTW] display ip interface brief
[RTW] display ipv6 interface
[RTW] display ipv6 interface brief
# 查看 IPv6 路由表和邻居。
[RTW] display ipv6 routing-table
[RTW] display ipv6 neighbors
# 查看 IPv4 路由表。
[RTW] display ip routing-table
```

⑤ 配置路由器 RTH 端口的 IPv4 地址。双击工作区中路由器 RTH 的图标，打开控制台窗口，在提示符下输入以下命令：

```
<huawei> system-view
[huawei] sysname RTH
```

```
# 配置连接路由器 RTC 的端口的 IPv4 地址。
[RTH] interface gigabitethernet 0/0/2
[RTH-GigabitEthernet0/0/2] ip address 10.2.10.2 24
[RTH-GigabitEthernet0/0/2] quit
# 配置连接路由器 RTW 的端口的 IPv4 地址。
[RTH] interface gigabitethernet 0/0/1
[RTH-GigabitEthernet0/0/1] ip address 10.5.10.2 24
[RTH-GigabitEthernet0/0/1] quit
# 查看 IPv4 地址配置结果。
[RTW] display ip interface
[RTW] display ip interface brief
# 查看 IPv4 路由表。
[RTW] display ip routing-table
```

步骤 5：手工配置 IPv4 隧道

① 在路由器 RTC 上配置隧道接口。在路由器 RTC 的控制台窗口中输入以下命令：

```
<RTC> system-view
# 隧道接口编号格式为：槽位号/子卡号/端口号。
# 隧道接口编号只具有本地意义，隧道两端配置的端口号可以不同。
[RTC] interface tunnel 0/0/1
# 配置协议类型为 IPv6-IPv4（IPv6 over IPv4）。
[RTC-Tunnel0/0/1] tunnel-protocol ipv6-ipv4
# 配置隧道接口的 IPv6 地址。
[RTC-Tunnel0/0/1] ipv6 enable
[RTC-Tunnel0/0/1] ipv6 address 2400:6400:000E:0010::10 64
# 查看当前接口的 IPv6 信息。
[RTC-Tunnel0/0/1] display this ipv6 interface
# 配置隧道的源地址（作为对端 Tunnel 接口的目的地址）。
[RTC-Tunnel0/0/1] source 10.2.10.1
# 隧道的源地址也可以按端口配置。
# [RTC-Tunnel0/0/1] source gigabitethernet 0/0/2
# 配置隧道的目的地址（作为对端 Tunnel 接口的源地址）。
[RTC-Tunnel0/0/1] destination 10.5.10.1
# 查看当前接口的 IPv4 信息。
[RTC-Tunnel0/0/1] display this interface
[RTC-Tunnel0/0/1] quit
```

② 在路由器 RTW 上配置隧道接口。在路由器 RTW 的控制台窗口中输入以下命令：

```
<RTW> system-view
# 配置隧道接口协议类型为 IPv6-IPv4（IPv6 over IPv4）。
[RTW] interface tunnel 0/0/1
[RTW-Tunnel0/0/1] tunnel-protocol ipv6-ipv4
# 配置隧道接口的 IPv6 地址。
[RTW-Tunnel0/0/1] ipv6 enable
[RTW-Tunnel0/0/1] ipv6 address 2400:6400:000E:0010::50 64
[RTC-Tunnel0/0/1] display this ipv6 interface
# 配置隧道的源地址（作为对端 Tunnel 接口的目的地址）。
[RTW-Tunnel0/0/1] source 10.5.10.1
```

```
# 配置隧道的目的地址（作为对端 Tunnel 接口的源地址）。
[RTW-Tunnel0/0/1] destination 10.2.10.1
# 查看当前接口的 IPv4 信息。
[RTW-Tunnel0/0/1] display this interface
[RTW-Tunnel0/0/1] quit
```

步骤 6：配置路由器 RIPng 和 IPv6、IPv4 静态路由

① 配置路由器 RTA。在路由器 RTA 的控制台窗口中输入以下命令：

```
<RTA> system-view
# 创建 RIPng 进程，进程号为 1。进程号取值范围是 1～65535。默认值是 1。
[RTA] ripng 1
[RTA-ripng-1] quit
# 启用端口的 RIPng 路由协议。默认为未启用。
[RTA] interface gigabitethernet 0/0/0
[RTA-GigabitEthernet0/0/0] ripng 1 enable
[RTA-GigabitEthernet0/0/0] quit
[RTA] interface gigabitethernet 0/0/2
[RTA-GigabitEthernet0/0/2] ripng 1 enable
[RTA-GigabitEthernet0/0/2] quit
# 配置通过路由器 RTC 到 PC-50-1 所在 IPv6 网络的 IPv6 静态路由。
[RTA] ipv6 route-static 2005:1::0 64 2400:6400:000E:0001::2
# 查看路由器 IPv6 路由表。
[RTA] display ipv6 routing-table
```

② 配置路由器 RTB。在路由器 RTB 的控制台窗口中输入以下命令：

```
<RTB> system-view
[RTB] ripng 1
[RTB-ripng-1] quit
[RTB] interface gigabitethernet 0/0/0
[RTB-GigabitEthernet0/0/0] ripng 1 enable
[RTB-GigabitEthernet0/0/0] quit
[RTB] interface gigabitethernet 0/0/2
[RTB-GigabitEthernet0/0/2] ripng 1 enable
[RTB-GigabitEthernet0/0/2] quit
# 配置通过路由器 RTC 到 PC-50-1 所在 IPv6 网络的 IPv6 静态路由。
[RTB] ipv6 route-static 2005:1::0 64 2400:6400:000E:0002::2
# 查看路由器 IPv6 路由表。
[RTB] display ipv6 routing-table
```

③ 配置路由器 RTC。在路由器 RTC 的控制台窗口中输入以下命令：

```
<RTC> system-view
[RTC] ripng 1
[RTC-ripng-1] quit
[RTC] interface gigabitethernet 0/0/0
[RTC-GigabitEthernet0/0/0] ripng 1 enable
[RTC-GigabitEthernet0/0/0] quit
[RTC] interface gigabitethernet 0/0/1
```

```
[RTC-GigabitEthernet0/0/1] ripng 1 enable
[RTC-GigabitEthernet0/0/1] quit
# 配置通过路由器 RTH 到 10.5.10.0 的 IPv4 静态路由。
[RTC] ip route-static 10.5.10.0 255.255.255.0 10.2.10.2
# 查看路由器 IPv6 和 IPv4 路由表。
[RTC] display ipv6 routing-table
[RTC] display ip routing-table
```

④ 配置路由器 RTW。在路由器 RTW 的控制台窗口中输入以下命令：

```
<RTW> system-view
[RTW] ripng 1
[RTW-ripng-1] quit
[RTW] interface gigabitethernet 0/0/2
[RTW-GigabitEthernet0/0/2] ripng 1 enable
[RTW-GigabitEthernet0/0/2] quit
# 配置通过路由器 RTH 到 10.2.10.0 的 IPv4 静态路由。
[RTW] ip route-static 10.2.10.0 255.255.255.0 10.5.10.2
# 配置通过 RTC 隧道接口到 PC-10-1 和 PC-20-1 所在 IPv6 网络的 IPv6 静态路由。
[RTW] ipv6 route-static 2001:1::0 64 2400:6400:000E:0010::10
[RTW] ipv6 route-static 2002:1::0 64 2400:6400:000E:0010::10
# 查看路由器 IPv6 和 IPv4 路由表。
[RTW] display ipv6 routing-table
[RTW] display ip routing-table
```

步骤 7：测试验证与通信分析

开启路由器 RTH 端口 GE 0/0/1 和 GE 0/0/2 的数据抓包。
在路由器 RTC 控制台窗口中输入以下命令，测试是否能与路由器 RTW 通信：

```
ping 10.5.10.1
ping ipv6 2400:6400:000E:0010::50
```

在 PC-10-1 命令窗口中输入以下命令，测试是否能与 PC-20-1 和 PC-50-1 通信：

```
ping ipv6 2002:1::B
tracert ipv6 2002:1::B
ping ipv6 2005:1::B
tracert ipv6 2005:1::B
```

提示·思考·动手

- ✓ 请将创建的网络拓扑的截图粘贴到实验报告中。
- ✓ 请将路由器 RTA 的 IPv6 路由表的截图粘贴到实验报告中。
- ✓ 请将路由器 RTB 的 IPv6 路由表的截图粘贴到实验报告中。
- ✓ 请将路由器 RTC 的 IPv6 路由表的截图粘贴到实验报告中。
- ✓ 请将路由器 RTW 的 IPv6 路由表的截图粘贴到实验报告中。
- ✓ 请将路由器 RTH 的 IPv4 路由表的截图粘贴到实验报告中。

- ✓ PC-10-1 能 ping 通 PC-20-1 吗？请将 ping 命令执行结果的截图粘贴到实验报告中。
- ✓ PC-10-1 能 ping 通 PC-50-1 吗？请将 ping 命令执行结果的截图粘贴到实验报告中。
- ✓ PC-10-1 到 PC-50-1 的路由是什么？请将从 PC-10-1 发出的“tracert ipv6 2005:1::B”命令执行结果的截图粘贴到实验报告中。
- ✓ 使用命令“ping ipv6 2005:1::B -c 1”从 PC-10-1 ping PC-50-1，分析在隧道上抓取到的 ping 通信，回答下列问题：
  1. IPv4 数据报和 IPv6 数据报是如何封装或被封装的？
  2. IPv4 数据报的源 IP 地址和目的 IP 地址分别是什么？
  3. IPv6 数据报的源 IP 地址和目的 IP 地址分别是什么？

4.7　NAT 配置

实验目的

1．理解专用地址和全球地址的区别。
2．理解 NAT 的作用和工作原理，了解 NAT 地址转换表结构。
3．掌握静态 NAT 的配置方法。
4．掌握动态 NAT 的配置方法。
5．掌握网络地址与端口号转换 NAPT 的配置方法。

实验装置和工具

1．华为 eNSP 软件。
2．ping。
3．Wireshark。

实验原理（背景知识）

NAT（Network Address Translation，网络地址转换）是解决 IPv4 地址紧缺的一种有效方法，主要用于实现专用互联网或本地互联网（简称专用网，使用专用 IP 地址）访问外部互联网（简称外网，使用全球 IP 地址）。当专用网的主机要访问外部互联网时，通过 NAT 技术可以将其专用 IP 地址转换为全球 IP 地址，从而实现多个专用网用户共用数量有限的全球 IP 地址访问外部互联网的目的，既保证了网络的互通，节省了 IPv4 地址资源，同时又对外隐藏了专用网内部细节，有效避免了来自外部网络的攻击，提高了网络安全性。

RFC 1918 规定了三块专有地址作为本地互联网使用。在互联网中的所有路由器，对目的地址是专用地址的数据报一律不进行转发。这三个地址块分别是：

（1）10.0.0.0 到 10.255.255.255（记为 10.0.0.0/8，又称为 24 位块）。
（2）172.16.0.0 到 172.31.255.255（记为 172.16.0.0/12，又称为 20 位块）。
（3）192.168.0.0 到 192.168.255.255（记为 192.168.0.0/16，又称为 16 位块）。

NAT 转换方式主要有三种类型：

- 静态 NAT：专用网 IP 地址与全球 IP 地址是一对一静态绑定的。支持双向互访。不能解决 IP 地址紧缺问题。
- 动态 NAT：*M* 个专用网用户共用 *N* 个全球 IP 地址，但专用网 IP 地址与全球 IP 地址的映射关系是动态的，最多允许 *N* 个专用网用户访问外部网络，不能解决 IP 地址紧缺问题。
- 网络地址与端口号转换 NAPT（Network Address Port Translation）：基于运输层端口进行转换，允许多个专用网 IP 地址映射到同一个全球 IP 地址上，使多个专用网用户可共用一个全球 IP 地址同时访问外部网络，能解决 IP 地址紧缺问题。

NAT 设备维护 NAT 地址转换表（或映射表），该表记录了 IP 数据报离开专用网（出）和进入专用网（入）时，专用网 IP 地址与全球 IP 地址及端口的映射关系。

实验 4.7.1：静态 NAT 配置

任务要求

某学校网络的拓扑结构如图 4-18 所示。招生就业部和学生工作部的 PC 通过 S5700 接入层交换机 LSW1 和 LSW2 然后接入校园网。招生就业部的 PC 连接在交换机 LSW1 上，都属于 VLAN 10。学生工作部的 PC 连接在交换机 LSW2 上，都属于 VLAN 30。这 2 个 VLAN 位于校园网不同的 IP 网段，通过 AR2220 路由器 RTA 互连在一起。路由器 RTA 与某 ISP 的路由器 RTB 相连，允许用户访问外部互联网。校园网使用专用网地址实现校园网内网络之间的通信，使用从 ISP 处获得的全球 IP 地址 202.168.211.1/24～202.168.211.128/24 实现校园网内用户对外部互联网的访问。由于业务需要，两个部门的用户需要交换数据，且都需要访问外部互联网，为此，校园网为这两个部门分别提供了一个全球 IP 地址，并规定：仅允许 PC-10-1 使用 202.168.211.10、PC-30-1 使用 202.168.211.30 访问外部互联网。各 PC 和路由器端口的 IPv4 地址、子网掩码、网关和 NAT 使用的全球 IP 地址定义如表 4-25 所示。请完成系统配置，实现 2 个部门在校园网内的相互通信和对外部互联网的访问。

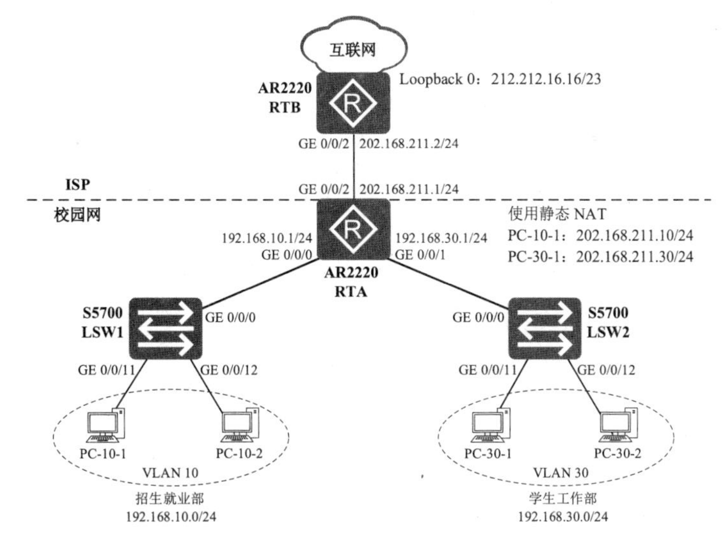

图 4-18　配置静态 NAT 实现对外部互联网的访问

表 4-25　PC 和路由器端口的 IPv4 地址、子网掩码、网关和 NAT 使用的全球 IP 地址定义

	IPv4 地址	子网掩码	网关
VLAN 10	**192.168.10.0**	**255.255.255.0**	
PC-10-1	192.168.10.11	255.255.255.0	192.168.10.1
PC-10-2	192.168.10.12	255.255.255.0	192.168.10.1
VLAN 30	**192.168.30.0**	**255.255.255.0**	
PC-30-1	192.168.30.11	255.255.255.0	192.168.30.1
PC-30-2	192.168.30.12	255.255.255.0	192.168.30.1
路由器 RTA			
GE 0/0/0	192.168.10.1	255.255.255.0	
GE 0/0/1	192.168.30.1	255.255.255.0	
GE 0/0/2	202.168.211.1	255.255.255.0	
路由器 RTB			
GE 0/0/2	202.168.211.2	255.255.255.0	
Loopback 0 （模拟互联网上的一台主机）	212.212.16.16	255.255.254.0	
路由器 RTA 配置静态 NAT			
PC-10-1	出：202.168.211.10/24		
PC-30-1	出：202.168.211.30/24		

实验步骤

步骤 1：创建拓扑

① 启动 eNSP，单击工具栏中的“新建拓扑”图标。

② 向空白工作区中添加 2 台 S5700 交换机、2 台 AR2220 路由器和 4 台 PC。

③ 按指定端口将各交换机、路由器和 PC 互连。

④ 为交换机和 PC 命名。

步骤 2：为 PC 配置 IPv4 地址、子网掩码和网关

① 分别双击各台 PC，在各自弹出的配置窗口中选中“基础配置”标签，按定义为其配置 IPv4 地址、子网掩码和网关。

② 配置完毕后，单击工具栏中的“保存”图标，将拓扑保存到指定目录，将文件命名为 lab-4.7.1-RT.SNAT. topo。

步骤 3：启动设备

单击工具栏中的“开启设备”图标，启动全部设备。

步骤 4：在交换机上配置 VLAN

① 配置交换机 LSW1。双击工作区中交换机 LSW1 的图标，打开控制台窗口，在提示符下输入以下命令：

```
<huawei> system-view
[huawei] sysname LSW1
# 批量创建 VLAN 10。
[LSW1] vlan batch 10
```

```
# 创建端口组，将端口批量加入 VLAN 10。
[LSW1] port-group pgv10
[LSW1-port-group-pgv10] group-member gigabitethernet 0/0/11
[LSW1-port-group-pgv10] group-member gigabitethernet 0/0/12
[LSW1-port-group-pgv10] group-member gigabitethernet 0/0/0
[LSW1-port-group-pgv10] port link-type access
[LSW1-port-group-pgv10] port default vlan 10
[LSW1-port-group-pgv10] quit
# 显示 VLAN 信息，确认正确建立了 VLAN。
[LSW1] display vlan
```

② 配置交换机 LSW2。交换机 LSW2 的配置与交换机 LSW1 的配置基本相同。请按配置 LSW1 的方法配置 LSW2，但需要将其命名为 LSW2，在交换机上创建 VLAN 30。

步骤 5：配置路由器端口 IP 地址和路由

① 配置路由器 RTA。双击工作区中路由器 RTA 的图标，打开控制台窗口，在提示符下输入以下命令：

```
<huawei> system-view
[huawei] sysname RTA
# 配置端口的 IP 地址。
[RTA] interface gigabitethernet 0/0/0
[RTA-GigabitEthernet0/0/0] ip address 192.168.10.1 24
[RTA-GigabitEthernet0/0/0] quit
[RTA] interface gigabitethernet 0/0/1
[RTA-GigabitEthernet0/0/1] ip address 192.168.30.1 24
[RTA-GigabitEthernet0/0/1] quit
[RTA] interface gigabitethernet 0/0/2
[RTA-GigabitEthernet0/0/2] ip address 202.168.211.1 24
[RTA-GigabitEthernet0/0/2] quit
# 配置默认路由，允许访问外部网络。
[RTA] ip route-static 0.0.0.0 0 202.168.211.2
# 查看路由器 IP 路由表。
[RTA] display IP routing-table
```

② 配置路由器 RTB。双击工作区中路由器 RTB 的图标，打开控制台窗口，在提示符下输入以下命令：

```
<huawei> system-view
[huawei] sysname RTB
# 配置端口的 IP 地址。
[RTB] interface gigabitethernet 0/0/2
[RTB-GigabitEthernet0/0/2] ip address 202.168.211.2 24
[RTB-GigabitEthernet0/0/2] quit
# 配置 Loopback。
[RTB] interface loopback 0
[RTB-loopback0] ip address 212.212.16.16 23
[RTB-loopback0] quit
# 查看路由器 IP 路由表。
[RTB] display IP routing-table
```

步骤 6：配置验证

① 在路由器 RTA 的控制台窗口中输入以下命令，测试是否能 ping 通：

```
ping 192.168.10.11
ping 192.168.30.11
ping 202.168.211.2
ping 212.212.16.16
```

注：若不能 ping 通，则不能进入后续步骤。请检查交换机、路由器和 PC 的配置，排除故障，直到能 ping 通为止。若彼此能 ping 通，则继续后续步骤。

② 分别在 PC-10-1 和 PC-30-1 命令窗口中输入以下命令，测试是否能 ping 通：

```
ping 192.168.10.11
ping 192.168.10.12
ping 192.168.30.11
ping 192.168.30.12
ping 202.168.211.1
ping 202.168.211.2
ping 212.212.16.16
```

提示 · 思考 · 动手

- ✓ 请将创建的网络拓扑的截图粘贴到实验报告中。
- ✓ 请将路由器 RTA 的路由表的截图粘贴到实验报告中。
- ✓ 请将路由器 RTB 的路由表的截图粘贴到实验报告中。
- ✓ PC-10-1 能 ping 通 PC-30-1 吗？请将 ping 命令执行结果的截图粘贴到实验报告中，并结合 RTA 和 RTB 的路由表说明原因。
- ✓ PC-10-1 能 ping 通路由器 RTB 地址 202.168.211.2 吗？请将 ping 命令执行结果的截图粘贴到实验报告中，并结合 RTA 和 RTB 的路由表说明原因。。
- ✓ PC-10-1 能 ping 通 Loopback 0 吗？请将 ping 命令执行结果的截图粘贴到实验报告中，并结合 RTA 和 RTB 的路由表说明原因。

步骤 7：路由器配置静态 NAT

在路由器 RTA 的控制台窗口中输入以下命令：

```
<RTA> system-view
# 在端口 GE 0/0/2 上配置一对一的 NAT 映射。
# 将 PC-10-1 的地址映射到 202.168.211.10，将 PC-30-1 的地址映射到 202.168.211.30。
[RTA] interface gigabitethernet 0/0/2
[RTA-GigabitEthernet0/0/2] nat static global 202.168.211.10 inside
192.168.10.11
```

```
    [RTA-GigabitEthernet0/0/2] nat static global 202.168.211.30 inside
192.168.30.11
    [RTA-GigabitEthernet0/0/2] quit
    # 查看静态 NAT 地址转换配置信息。
    [RTA] display nat static
    # 查看 NAT 地址转换表所有表项的详细信息。
    [RTA] display nat session all verbose
```

步骤 8：测试验证

分别在 PC-10-1 和 PC-10-2、PC-30-1 和 PC-30-2 命令窗口中输入以下命令：

```
ping 212.212.16.16 -t
```

提示·思考·动手

- ✓ PC-10-1 能 ping 通 Loopback 0 吗？请将 ping 命令执行结果的截图粘贴到实验报告中。
- ✓ PC-10-2 能 ping 通 Loopback 0 吗？请将 ping 命令执行结果的截图粘贴到实验报告中。
- ✓ PC-30-1 能 ping 通 Loopback 0 吗？请将 ping 命令执行结果的截图粘贴到实验报告中。
- ✓ PC-30-2 能 ping 通 Loopback 0 吗？请将 ping 命令执行结果的截图粘贴到实验报告中。
- ✓ 请将路由器 RTA 的静态 NAT 地址转换配置信息的截图粘贴到实验报告中。
- ✓ 请将路由器 RTA 的 NAT 地址转换表的表项信息的截图粘贴到实验报告中。

步骤 9：通信分析

① 手动按下“Ctrl+Break”或“Ctrl+C”组合键，终止 PC-10-1 和 PC-10-2、PC-30-1 和 PC-30-2 上“ping 212.212.16.16 -t”命令的执行。

② 开启路由器 RTA 端口 GE 0/0/0 和 GE 0/0/2 的数据抓包。

③ 分别在 PC-10-1 和 PC-30-1 命令窗口中输入以下命令：

```
ping 212.212.16.16 -c 1
```

提示·思考·动手

- ✓ 分析抓取到的 ping 通信。进入和离开路由器 RTA 的 IP 数据报的源 IP 地址和目的 IP 地址与端口分别是什么？将结果填入表 4-26 中。在表中用红色标出被替换的地址。

表 4-26　进入和离开路由器 RTA 的 IP 数据报地址/端口

	PC-10-1 ping Loopback 0		PC-30-1 ping Loopback 0	
	源 IP 地址/端口	目的 IP 地址/端口	源 IP 地址/端口	目的 IP 地址/端口
封装 ICMP Echo 请求的 IP 数据报				
进入 RTA 端口 GE 0/0/0				
离开 RTA 端口 GE 0/0/2				
封装 ICMP Echo 响应的 IP 数据报				
进入 RTA 端口 GE 0/0/2				
离开 RTA 端口 GE 0/0/0				

实验 4.7.2：动态 NAT 配置

任务要求

某网络的拓扑结构如图 4-19 所示，与实验 4.7.1 中的网络拓扑结构相同。为允许从两个部门的任何一台 PC 访问外部互联网，校园网提供了 8 个全球 IP 地址，并规定：招生就业部 PC 可以使用的 4 个地址为 202.168.211.10～202.168.211.13，学生工作部 PC 可以使用的 4 个地址为 202.168.211.30～202.168.211.33。各 PC 和路由器端口的 IPv4 地址、子网掩码、网关和 NAT 使用的全球 IP 地址定义如表 4-27 所示，与实验 4.7.1 中的定义基本相同。请在交换机上配置 VLAN，在路由器上配置静态或默认路由和动态 NAT，实现 2 个部门在校园网内的相互通信和对外部互联网的访问。

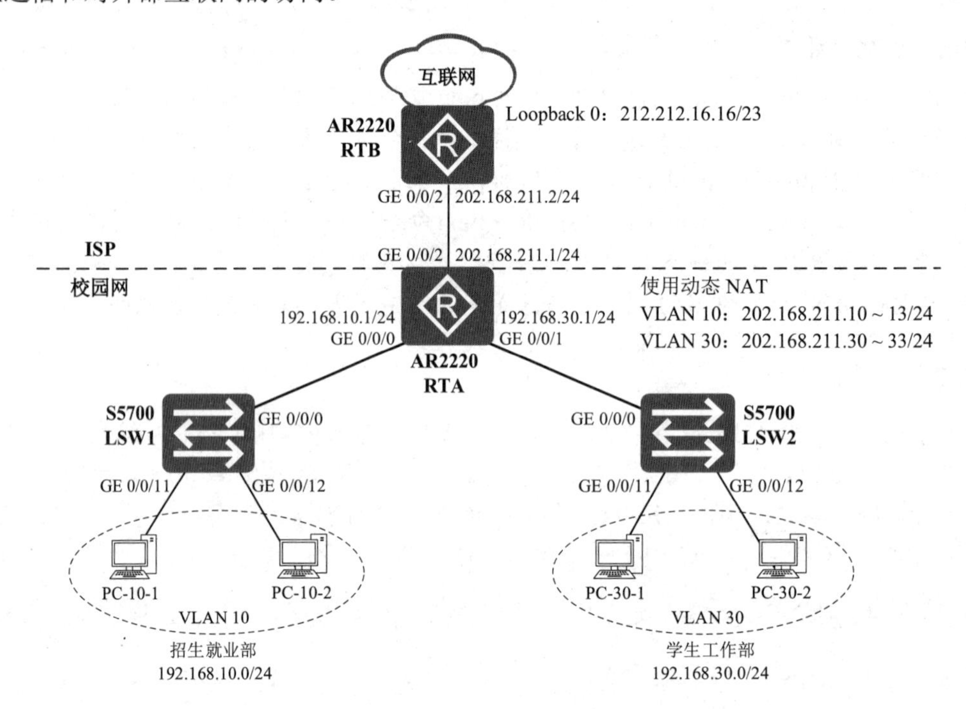

图 4-19　配置动态 NAT 实现对外部互联网的访问

表 4-27　PC 和路由器端口的 IPv4 地址、子网掩码、网关和 NAT 使用的全球 IP 地址定义

	IPv4 地址	子网掩码	网关
VLAN 10	**192.168.10.0**	**255.255.255.0**	
PC-10-1	192.168.10.11	255.255.255.0	192.168.10.1
PC-10-2	192.168.10.12	255.255.255.0	192.168.10.1
VLAN 30	**192.168.30.0**	**255.255.255.0**	
PC-30-1	192.168.30.11	255.255.255.0	192.168.30.1
PC-30-2	192.168.30.12	255.255.255.0	192.168.30.1
路由器 RTA			
GE 0/0/0	192.168.10.1	255.255.255.0	
GE 0/0/1	192.168.30.1	255.255.255.0	
GE 0/0/2	202.168.211.1	255.255.255.0	

续表

	IPv4 地址	子网掩码	网关
路由器 RTB			
GE 0/0/2	202.168.211.2	255.255.255.0	
Loopback 0 （模拟互联网上的一台主机）	212.212.16.16	255.255.254.0	
路由器 RTA 配置动态 NAT			
VLAN 10	出：202.168.211.10 ~ 202.168.211.13/24		
VLAN 30	出：202.168.211.30 ~ 202.168.211.33/24		

实验步骤

步骤 1：加载拓扑

① 启动 eNSP，单击工具栏中的“打开文件”图标，加载实验 4.7.1 的拓扑文件 lab-4.7.1-RT.SNAT.topo。

② 按定义配置各 PC 的 IP 地址、子网掩码和网关。

③ 单击工具栏中的“另存为”图标，将该拓扑另存为 lab-4.7.2-RT.DNAT.topo。

步骤 2：启动设备

单击工具栏中的“开启设备”图标，启动全部设备。

步骤 3：在交换机上配置 VLAN

按实验 4.7.1 中的步骤 4 完成交换机 LSW1 和 LSW2 的配置。

步骤 4：配置路由器端口 IP 地址和路由

按实验 4.7.1 中的步骤 5 完成路由器端口 IP 地址和路由的配置。

步骤 5：路由器配置动态 NAT

在路由器 RTA 的控制台窗口中输入以下命令：

```
<RTA> system-view
# 配置一个从 202.168.211.10 到 202.168.211.13 的 NAT 地址池，地址池索引号为 1。
[RTA] nat address-group 1 202.168.211.10 202.168.211.13
# 配置一个从 202.168.211.30 到 202.168.211.33 的 NAT 地址池，地址池索引号为 2。
[RTA] nat address-group 2 202.168.211.30 202.168.211.33
# 查看地址池。
[RTA] display nat address-group
# 配置 ACL（Access Control List，访问控制列表），允许特定地址进行 NAT 地址转换。
# 编号为 2000～2999 的 ACL 为基本 ACL（Basic Access-List）。
# 配置 ACL 2010，仅允许对 192.168.10.0/24 网段中的源地址进行地址转换。
[RTA] acl 2010
[RTA-acl-basic-2010] rule permit source 192.168.10.0 0.0.0.255
[RTA-acl-basic-2010] quit
# 配置 ACL 2030，仅允许对 192.168.30.0/24 网段中的源地址进行地址转换。
[RTA] acl 2030
[RTA-acl-basic-2030] rule permit source 192.168.30.0 0.0.0.255
```

```
[RTA-acl-basic-2030] quit
# 查看 ACL。
[RTA] dis acl all
[RTA] dis acl 2010
[RTA] dis acl 2030
# 在端口 GE 0/0/2 上配置“出”方向动态地址转换。
[RTA] interface gigabitethernet 0/0/2
# nat outbound 命令用来将一个访问控制列表 ACL 和一个地址池关联起来，表示 ACL 中规定的地址可以使用地址池进行地址转换。no-pat 表示使用一对一地址转换，只转换地址而不转换端口。
[RTA-GigabitEthernet0/0/2] nat outbound 2010 address-group 1 no-pat
[RTA-GigabitEthernet0/0/2] nat outbound 2030 address-group 2 no-pat
[RTA-GigabitEthernet0/0/2] quit
# 查看动态 NAT outbound 地址转换配置信息。
[RTA] display nat outbound
[RTA] display nat outbound acl 2010
[RTA] display nat outbound acl 2030
[RTA] display nat outbound interface gigabitethernet 0/0/2
# 查看 NAT 地址转换表所有表项的详细信息。
[RTA] display nat session all verbose
```

步骤 6：测试验证

分别在 PC-10-1 和 PC-10-2、PC-30-1 和 PC-30-2 命令窗口中输入以下命令：

```
ping 212.212.16.16 -t
```

提示 · 思考 · 动手

- ✓ 请将创建的网络拓扑的截图粘贴到实验报告中。
- ✓ 请将路由器 RTA 的路由表的截图粘贴到实验报告中。
- ✓ 请将路由器 RTB 的路由表的截图粘贴到实验报告中。
- ✓ PC-10-1 和 PC-10-2 能同时 ping 通 Loopback 0 吗？请解释能或不能的原因。
- ✓ PC-30-1 和 PC-30-2 能同时 ping 通 Loopback 0 吗？请解释能或不能的原因。
- ✓ 请将路由器 RTA 的动态 NAT outbound 地址转换配置信息的截图粘贴到实验报告中。
- ✓ 请将路由器 RTA 的 NAT 地址转换表的表项信息的截图粘贴到实验报告中。

步骤 7：通信分析

手动按下“Ctrl+Break”或“Ctrl+C”组合键，终止 PC-10-1 和 PC-10-2、PC-30-1 和 PC-30-2 上“ping 212.212.16.16 -t”命令的执行。

开启路由器 RTA 端口 GE 0/0/0 和 GE 0/0/2 的数据抓包。分别在 PC-10-1 和 PC-10-2、PC-30-1 和 PC-30-2 命令窗口中输入以下命令：

```
ping 212.212.16.16 -c 1
```

提示 · 思考 · 动手

- ✓ 分析抓取到的 ping 通信。进入和离开路由器 RTA 的 IP 数据报的源 IP 地址和目的 IP 地址与端口分别是什么？将结果填入表 4-28 中。在表中用红色标出被替换的地址。

表 4-28 进入和离开路由器 RTA 的 IP 数据报地址/端口

	PC-10-1 ping Loopback 0		PC-10-2 ping Loopback 0	
	源 IP 地址/端口	目的 IP 地址/端口	源 IP 地址/端口	目的 IP 地址/端口
封装 ICMP Echo 请求的 IP 数据报				
进入 RTA 端口 GE 0/0/0				
离开 RTA 端口 GE 0/0/2				
封装 ICMP Echo 响应的 IP 数据报				
进入 RTA 端口 GE 0/0/2				
离开 RTA 端口 GE 0/0/0				

实验 4.7.3：NAPT 配置

任务要求

某网络的拓扑结构如图 4-20 所示，与实验 4.7.2 中的网络拓扑结构相同。为节省地址，校园网提供了 1 个全球 IP 地址 202.168.211.10 用于 192.168.0.0/19 网段的所有 PC 访问外部互联网。各 PC 和路由器端口的 IPv4 地址、子网掩码、网关和 NAT 使用的全球 IP 地址定义如表 4-29 所示，实验 4.7.2 中的定义基本相同。请在交换机上配置 VLAN，在路由器上配置静态或默认路由和 NAPT，实现两个部门在校园网内的相互通信，并允许所有 PC 同时访问外部互联网。

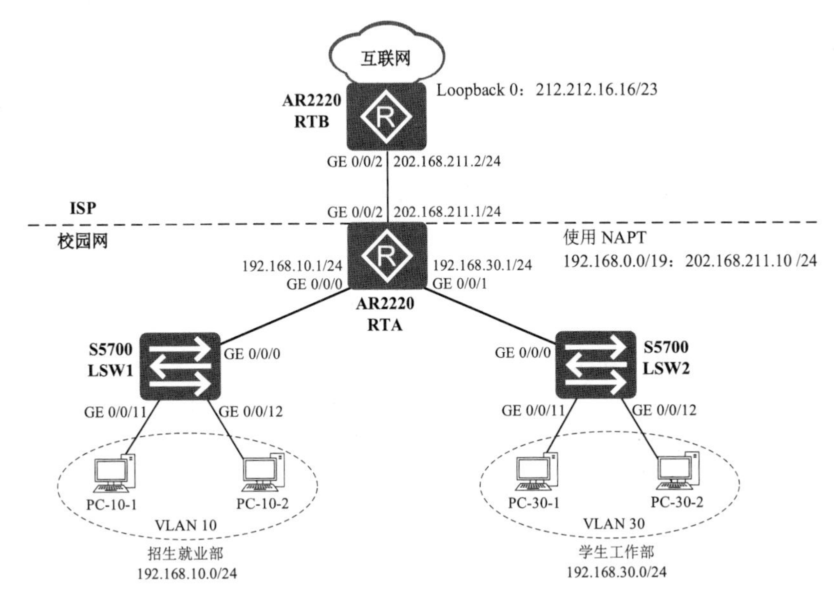

图 4-20 配置 NAPT 实现对外部互联网的访问

表 4-29　PC 和路由器端口的 IPv4 地址、子网掩码、网关和 NAT 使用的全球 IP 地址定义

	IPv4 地址	子网掩码	网关
VLAN 10	**192.168.10.0**	**255.255.255.0**	
PC-10-1	192.168.10.11	255.255.255.0	192.168.10.1
PC-10-2	192.168.10.12	255.255.255.0	192.168.10.1
VLAN 30	**192.168.30.0**	**255.255.255.0**	
PC-30-1	192.168.30.11	255.255.255.0	192.168.30.1
PC-30-2	192.168.30.12	255.255.255.0	192.168.30.1
路由器 RTA			
GE 0/0/0	192.168.10.1	255.255.255.0	
GE 0/0/1	192.168.30.1	255.255.255.0	
GE 0/0/2	202.168.211.1	255.255.255.0	
路由器 RTB			
GE 0/0/2	202.168.211.2	255.255.255.0	
Loopback 0 （模拟互联网上的一台主机）	212.212.16.16	255.255.254.0	
路由器 RTA 配置 NAPT			
192.168.0.0/19 网段	出：202.168.211.10/24		

实验步骤

步骤 1：加载拓扑

① 启动 eNSP，单击工具栏中的“打开文件”图标，加载实验 4.7.2 的拓扑文件 lab-4.7.2-RT.DNAT.topo。

② 按定义配置各 PC 的 IP 地址、子网掩码和网关。

③ 单击工具栏中的“另存为”图标，将该拓扑另存为 lab-4.7.3-RT.NAPT.topo。

步骤 2：启动设备

单击工具栏中的“开启设备”图标，启动全部设备。

步骤 3：在交换机上配置 VLAN

按实验 4.7.1 中的步骤 4 完成交换机 LSW1 和 LSW2 的配置。

步骤 4：配置路由器端口 IP 地址和路由

按实验 4.7.1 中的步骤 5 完成路由器端口 IP 地址和路由的配置。

步骤 5：路由器配置 NAPT

在路由器 RTA 的控制台窗口中输入以下命令：

```
<RTA> system-view
# 配置一个从 202.168.211.10 到 202.168.211.10 的地址池，地址池索引号为 1。
```

```
[RTA] nat address-group 1 202.168.211.10 202.168.211.10
# 查看地址池。
[RTA] display nat address-group
# 配置 ACL 2100，仅允许对 192.168.0.0/19 网段中的源地址进行地址转换。
[RTA] acl 2100
[RTA-acl-basic-2100] rule permit source 192.168.0.0 0.0.31.255
[RTA-acl-basic-2100] quit
# 查看 ACL。
[RTA] dis acl all
[RTA] dis acl 2100
# 在端口 GE 0/0/2 上配置“出”方向动态地址转换，允许转换地址和端口。
[RTA] interface gigabitethernet 0/0/2
[RTA-GigabitEthernet0/0/2] nat outbound 2100 address-group 1
[RTA-GigabitEthernet0/0/2] quit
# 查看动态 NAT outbound 配置。
[RTA] display nat outbound
[RTA] display nat outbound acl 2100
[RTA] display nat outbound interface gigabitethernet 0/0/2
# 查看 NAT 地址转换表所有表项的详细信息。
[RTA] display nat session all verbose
```

步骤 6：测试验证

分别在 PC-10-1 和 PC-10-2、PC-30-1 和 PC-30-2 命令窗口中输入以下命令：

```
ping 212.212.16.16 -t
```

提示 · 思考 · 动手

- ✓ 请将创建的网络拓扑的截图粘贴到实验报告中。
- ✓ 请将路由器 RTA 的路由表的截图粘贴到实验报告中。
- ✓ 请将路由器 RTB 的路由表的截图粘贴到实验报告中。
- ✓ PC-10-1、PC-10-2、PC-30-1 和 PC-30-2 能同时 ping 通 Loopback 0 吗？请解释能或不能的原因。
- ✓ 请将路由器 RTA 的动态 NAT outbound 地址转换配置信息的截图粘贴到实验报告中。
- ✓ 请将路由器 RTA 的 NAT 地址转换表的表项信息的截图粘贴到实验报告中。

步骤 7：通信分析

手动按下“Ctrl+Break”或“Ctrl+C”组合键，终止 PC-10-1、PC-10-2、PC-30-1 和 PC-30-2 上“ping 212.212.16.16 -t”命令的执行。

开启路由器 RTA 端口 GE 0/0/0 和 GE 0/0/2 的数据抓包。分别在 PC-10-1、PC-10-2、PC-30-1 和 PC-30-2 命令窗口中输入以下命令，分析抓取到的 ping 通信：

```
ping 212.212.16.16 -c 1
```

提示·思考·动手

- ✓ 进入和离开路由器 RTA 的 IP 数据报的源 IP 地址和目的 IP 地址与端口分别是什么？将结果填入表 4-30 中。在表中标出被替换的地址。

表 4-30　进入和离开路由器 RTA 的 IP 数据报地址/端口

	PC–10–1 ping Loopback 0		PC–10–2 ping Loopback 0	
	源 IP 地址/端口	目的 IP 地址/端口	源 IP 地址/端口	目的 IP 地址/端口
封装 ICMP Echo 请求的 IP 数据报				
进入 RTA 端口 GE 0/0/0				
离开 RTA 端口 GE 0/0/2				
封装 ICMP Echo 响应的 IP 数据报				
进入 RTA 端口 GE 0/0/2				
离开 RTA 端口 GE 0/0/0				

第 5 章　运输层

5.1　UDP 分析

实验目的

掌握 UDP 的特点和用户数据报结构。

实验装置和工具

1．华为 eNSP 软件。
2．Wireshark。

实验原理（背景知识）

网络层为主机提供逻辑通信，运输层则为应用进程提供端到端的逻辑通信。TCP/IP 的运输层有两个主要的协议：UDP 和 TCP。

UDP（User Datagram Protocol，用户数据报协议）具有以下主要特点：

（1）无连接。发送数据之前不需要建立连接，减少了开销和发送数据之前的时延。

（2）尽最大努力交付，即不保证可靠交付，因此主机不需要维持复杂的连接状态表。

（3）是面向报文的。UDP 对应用进程交下来的报文，既不合并，也不拆分，而是保留这些报文的边界，一次交付一个完整的报文。

（4）没有拥塞控制。网络出现的拥塞不会使源主机的发送速率降低。这对某些实时应用是很重要的，很适合多媒体通信的要求。

（4）支持一对一、一对多、多对一和多对多的交互通信。

（5）首部开销小，只有 8 个字节。

由于 UDP 开销小，因此被广泛用于即时聊天、IP 电话等对可靠性要求不高、但对实时性要求较高的应用。在互联网中，DHCP、DNS、SNMP 等都是基于 UDP 实现的。

实验 5.1.1：UDP 用户数据报分析

任务要求

某网络的拓扑结构如图 5-1 所示。PC、客户机（Client）和服务器（Server）通过 1 台 S5700 交换机互连，都属于默认 VLAN 1。请配置 PC、客户机和服务器的 IP 地址，在服务器上配置并启动 DNS、FTP 和 WEB 服务器，允许 PC 和客户机使用 IP 地址和域名访问 FTP 和 WEB 服务器。PC、客户机和服务器的 IPv4 地址、子网掩码和域名定义如表 5-1 所示。请完成系统配置，抓取并分析 PC 访问域名服务器时所产生的 UDP 通信。

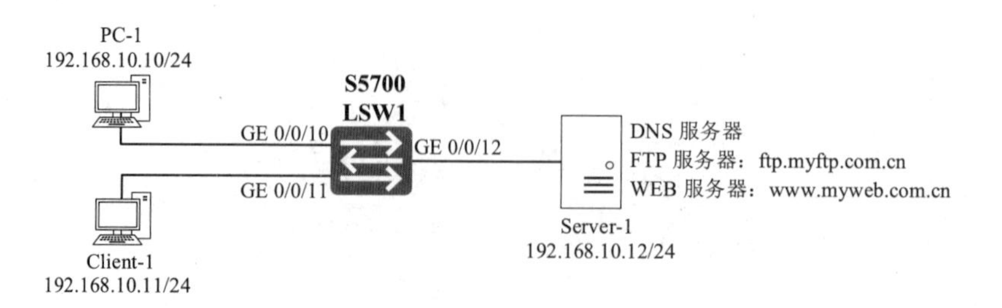

图 5-1　由 PC、客户机和服务器组成的简单网络

表 5-1　PC、客户机和服务器的 IPv4 地址、子网掩码和域名定义

	IPv4 地址 / 域名	子网掩码	网关
PC-1	192.168.10.10	255.255.255.0	
Client-1	192.168.10.11	255.255.255.0	
Server-1	192.168.10.12	255.255.255.0	
DNS 服务器			
FTP 服务器	ftp.myftp.com.cn		
WEB 服务器	www.myweb.com.cn		

实验步骤

步骤 1：创建拓扑

① 启动 eNSP，单击工具栏中的“新建拓扑”图标。

② 在网络设备区中选择设备，向空白工作区中添加 1 台 S5700 交换机、1 台 PC、1 台 Client 和 1 台 Server。

③ 按指定端口将交换机和 PC、Client 和 Server 互连。

④ 为交换机和 PC、Client 和 Server 命名。

步骤 2：为 PC、客户机和服务器配置 IPv4 地址、子网掩码和域名服务器地址

① 分别用鼠标左键单击 PC-1、Client-1 和 Server-1，在弹出的配置窗口中选中“基础配置”标签，按定义为其配置 IPv4 地址、子网掩码和域名服务器地址（不需要配置默认网关地址）。

② 配置完毕后，单击工具栏中的“保存”图标，将拓扑保存到指定目录，将文件命名为 lab-5.1.1-UDP.topo。

步骤 3：启动设备

单击工具栏中的“开启设备”图标，启动全部设备。

步骤 4：通信测试

① 双击 PC-1，在弹出的配置窗口中选中“命令行”标签，在命令窗口中输入以下命令，测试是否能与 Client-1 和 Server-1 通信：

```
ping 192.168.10.11
ping 192.168.10.12
```

② 双击 Client-1，在弹出的配置窗口中选中“基础配置”标签。在“PING 测试”区中的“目的 IPV4”输入栏中输入 Server-1 的 IP 地址，在“次数”输入栏中输入 ping 次数（如 4），然后单击“发送”按钮，如图 5-2 所示。

图 5-2　测试 Client-1 能否与 Server-1 通信

检查“本机状态”区中的 ping 成功次数，或查看“日志信息”标签中的 ping 结果信息。

可以按类似方法测试 Server-1 能否与 Client-1 通信。

注：若不能 ping 通，则不能进入后续步骤。请检查并重新配置 PC-1、Client-1 和 Server-1 的 IP 地址，直到 ping 成功为止。若彼此能 ping 通，则继续后续步骤。

提示 · 思考 · 动手

- ✓ 请将创建的网络拓扑的截图粘贴到实验报告中。
- ✓ PC-1 能 ping 通 Server-1 吗？请将 ping 命令执行结果的截图粘贴到实验报告中。
- ✓ Client-1 能 ping 通 Server-1 吗？请将 ping 命令执行结果的截图粘贴到实验报告中。

步骤 5：在 Server-1 上配置并启动 DNS 服务器

双击 Server-1，在弹出的配置窗口中选中“服务器信息”标签，选中左边栏中“DNSServer”选项。保持服务端口号不变，在主机域名和 IP 地址栏中输入域名 www.myweb.com.cn 和对应的 IP 地址，单击“增加”按钮。再输入 ftp.myftp.com.cn 和其对应的 IP 地址，单击“增加”按钮。配置完成后的结果如图 5-3 所示。

配置完成后，单击“启动”按钮启动 DNS 服务器。选中“日志信息”标签可以查看日志，确认服务器是否成功启动。

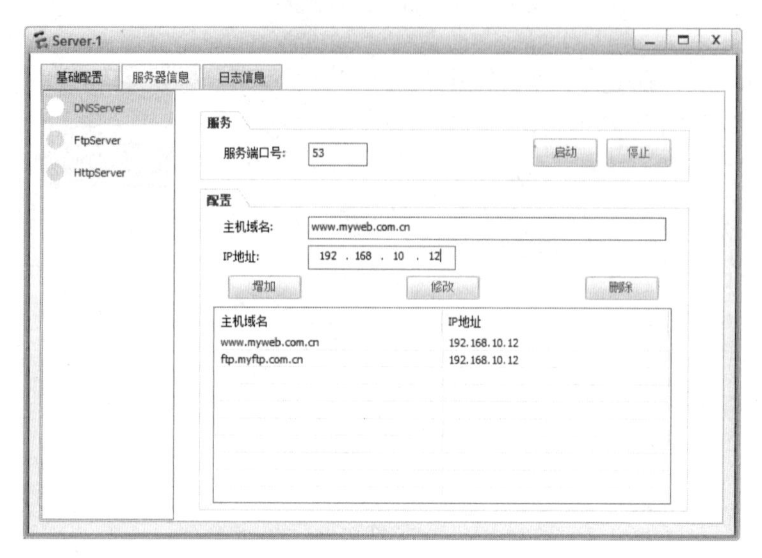

图 5-3　配置 DNS 服务器

步骤 6：在 Server-1 上配置并启动 FTP 和 WEB 服务器

① 配置并启动 FTP 服务器。双击 Server-1，在弹出的配置窗口中选中“服务器信息”标签，选中左边栏中的“FtpServer”选项，保持服务端口号不变，单击“配置”区中的目录选择按钮，为 FTP 服务器设置文件根目录，然后单击“启动”按钮启动 FTP 服务器。FTP 服务器的配置如图 5-4（a）所示。

② 配置并启动 WEB 服务器。选中“服务器信息”标签左边栏中“HttpServer”选项，保持服务端口号不变，单击“配置”区中的目录选择按钮，为 WEB 服务器设置文件根目录，然后单击“启动”按钮启动 WEB 服务器。WEB 服务器的配置如图 5-4（b）所示。

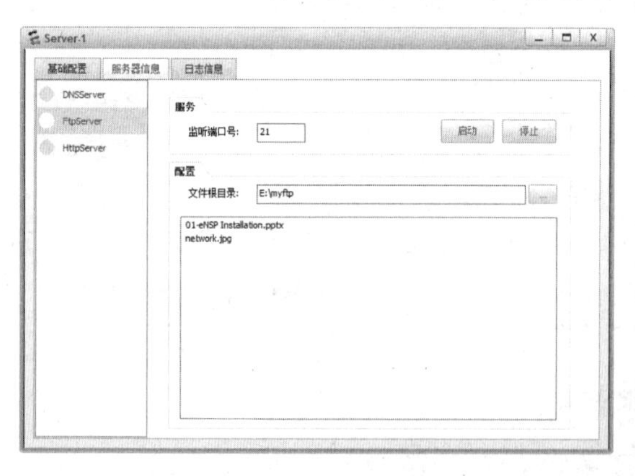

（a）FTP 服务器配置页面

（b）WEB 服务器配置页面

图 5-4　FTP 服务器和 WEB 服务器的配置

步骤 7：UDP 用户数据报抓取与分析

① 开启交换机 LSW1 端口 GE 0/0/12 的数据抓包。本实验关注的是 UDP 通信，所以将 Wireshark 过滤器设置为 udp，然后按“回车”键，如图 5-5 所示。

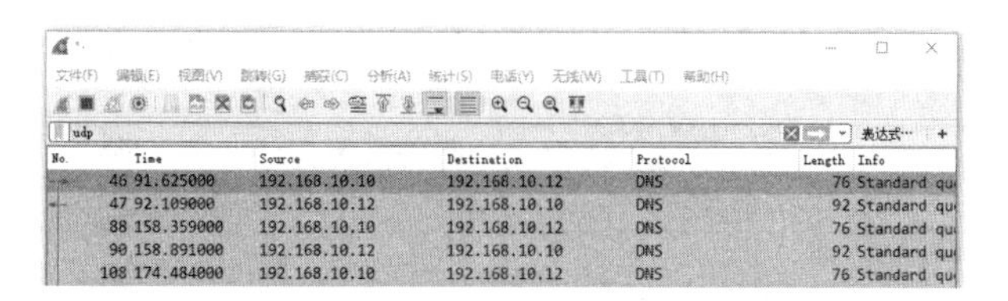

图 5-5　Wireshark 过滤出 UDP 通信

② 在 PC-1 命令窗口中输入以下命令，测试是否能按域名与 FTP 和 WEB 服务器通信：

```
ping ftp.myftp.com.cn
ping www.myweb.com.cn
```

提示 · 思考 · 动手

✓ 分析抓取的从 PC-1 到 ftp.myftp.com.cn 的第一个 UDP 通信，将该 UDP 用户数据报相关信息填入表 5-2 中。

表 5-2　从 PC-1 到 ftp.myftp.com.cn 的第一个 UDP 用户数据报相关信息

Ethernet 帧信息		
源 MAC 地址		
目的 MAC 地址		
IP 数据报信息		
源 IP 地址		
目的 IP 地址		
协议	值：	名称：
总长度（字节）		
UDP 用户数据报信息		
	字段长度	字段值
源端口		
目的端口		
总长度（字节）		
校验和		
数据		

✓ 分析抓取的从 ftp.myftp.com.cn 到给 PC-1 的第一个 UDP 通信，将该 UDP 用户数据报相关信息填入表 5-3 中。

表 5-3　从 ftp.myftp.com.cn 到 PC-1 的第一个 UDP 用户数据报相关信息

Ethernet 帧信息		
源 MAC 地址		
目的 MAC 地址		
IP 数据报信息		
源 IP 地址		
目的 IP 地址		
协议	值：	名称：
总长度（字节）		

续表

UDP 用户数据报信息		
	字段长度	字段值
源端口		
目的端口		
总长度（字节）		
校验和		
数据		

5.2 TCP 分析

实验目的

1．掌握 TCP 的特点及其报文结构。
2．理解 TCP 三报文握手建立 TCP 连接的过程。
3．理解 TCP 四报文握手释放 TCP 连接的过程。

实验装置和工具

1．华为 eNSP 软件。
2．Wireshark。

实验原理（背景知识）

网络层为主机提供逻辑通信，运输层则为应用进程提供端到端的逻辑通信。TCP/IP 的运输层有两个主要的协议：UDP 和 TCP。

TCP（Transmission Control Protocol，传输控制协议）具有以下主要特点：

（1）面向连接。发送数据之前必须先建立连接。主动发起 TCP 连接建立的应用进程叫作客户，而被动等待连接建立的应用进程叫作服务器。TCP 采用三报文握手建立 TCP 连接，服务器要确认客户的连接请求，然后客户要对服务器的确认进行确认。TCP 采用四报文握手释放 TCP 连接，任何一方都可以在数据传送结束后发出连接释放的通知，待对方确认后就进入半关闭状态。当另一方也没有数据再发送时，则发送连接释放通知，对方确认后就完全关闭了 TCP 连接。

（2）每一条 TCP 连接只能是点对点的（一对一），仅支持单播，不支持广播和多播。

（3）提供可靠交付的服务。这是 TCP 最重要的特点。TCP 使用序号、应答、重传、超时等机制解决了网络层造成的数据的损坏、丢失、重复、失序等错误；利用滑动窗口协议进行流量控制；维持一个拥塞窗口，采用慢开始、拥塞避免、快重传和快恢复等 4 种算法，根据网络状态进行拥塞控制。

（4）提供全双工通信。在建立好的一条 TCP 连接上实现双向通信。

（5）面向字节流。TCP 给每个字节赋予一个序号，将字节流封装到 TCP 报文进行传输。

TCP 主要用于对可靠行要求较高的应用。在互联网中，SMTP、FTP 和 HTTP 等都是基于 TCP 实现的。

实验 5.2.1：TCP 连接建立和释放过程分析

任务要求

某网络拓扑如图 5-6 所示，与实验 5.1.1 中的网络拓扑结构相同。请配置 PC、客户机（Client）和服务器（Server）的 IP 地址，在服务器上配置并启动 DNS、FTP 和 Web 服务器，允许 PC 和客户机使用 IP 地址和域名访问 FTP 和 Web 服务器。PC、客户机和服务器的 IPv4 地址、子网掩码和域名定义如表 5-4 所示，与实验 5.1.1 中的定义相同。请完成系统配置，抓取客户机访问 WEB 服务器时所产生的 TCP 通信，分析 TCP 连接建立和释放的过程。

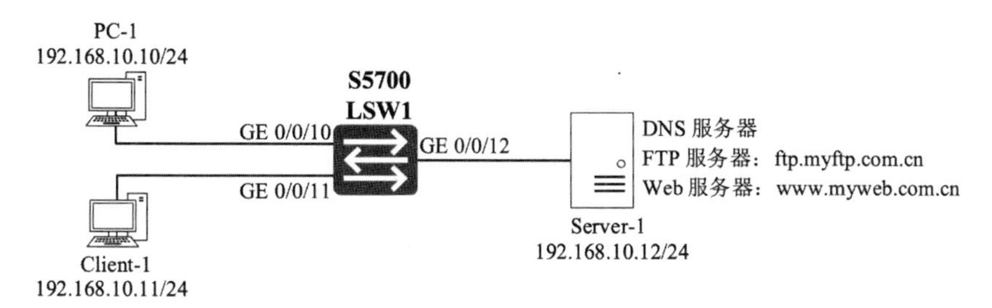

图 5-6　连接 PC、客户机和服务器的简单网络

表 5-4　PC、客户机和服务器的 IPv4 地址、子网掩码和域名定义

	IPv4 地址 / 域名	子网掩码	网关
PC-1	192.168.10.10	255.255.255.0	
Client-1	192.168.10.11	255.255.255.0	
Server-1	192.168.10.12	255.255.255.0	
DNS 服务器			
FTP 服务器	ftp.myftp.com.cn		
WEB 服务器	www.myweb.com.cn		

实验步骤

步骤 1：加载拓扑

① 启动 eNSP，单击工具栏中的“打开文件”图标，加载实验 5.1.1 的拓扑文件 lab-5.1.1-UDP.topo。

② 按定义配置 PC-1、Client-1 和 Server-1 的 IP 地址和子网掩码，以及域名服务器地址。

③ 单击工具栏中的“另存为”图标，将该拓扑另存为 lab-5.2.1-TCPConnection.topo。

步骤 2：启动设备

单击工具栏中的“开启设备”图标，启动全部设备。

步骤 3：在 Server-1 上配置并启动 DNS、FTP 和 Web 服务器

按实验 5.1.1 中的步骤 6 和 7，在 Server-1 上分别配置并启动 DNS、FTP 和 Web 服务器。

步骤 4：开启数据抓包

① 开启 LSW1 端口 GE 0/0/12 的数据抓包。本实验关注的是 TCP 通信，所以将 Wireshark 过滤器设置为 tcp，然后按回车键，如图 5-7 所示。

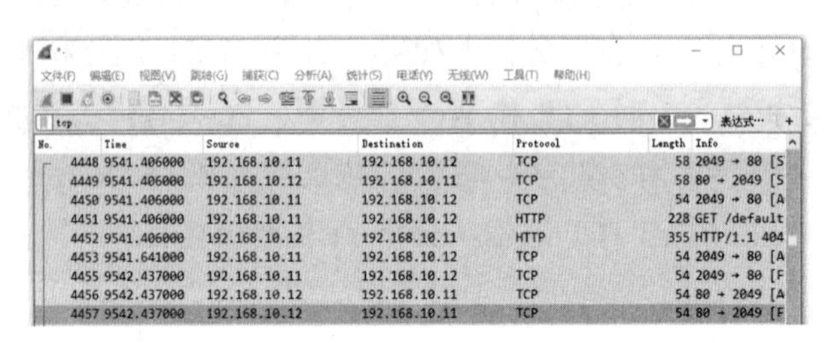

图 5-7　Wireshark 过滤出 TCP 通信

② 产生 TCP 通信。让 Client-1 按域名访问 Web 服务器。双击 Client-1，选中“客户端信息”标签，选中左边栏中的“HttpClient”选项，在地址栏输入：http://www.myweb.com.cn，然后单击“获取”按钮。HttpClient 将显示该 Web 服务器返回的 HTTP 响应，如图 5-8 所示。

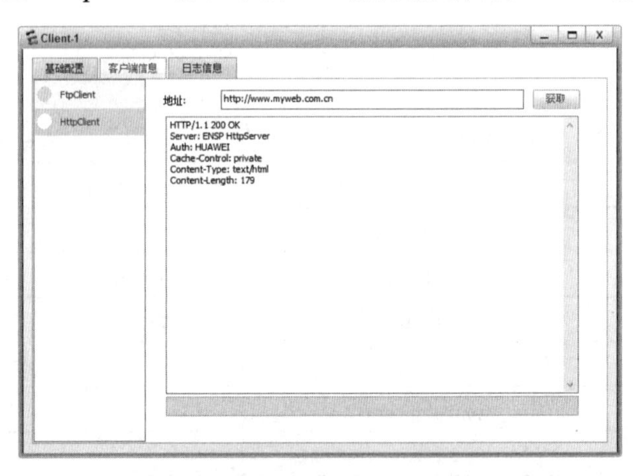

图 5-8　HttpClient 访问 Web 服务器的结果

步骤 5：三报文握手建立 TCP 连接通信分析

提示 · 思考 · 动手

✓ 请将创建的网络拓扑的截图粘贴到实验报告中。

✓ 请将建立 TCP 连接时的第 1、2 和 3 个握手报文相关信息填入表 5-5 中。

表 5-5　建立 TCP 连接时的第　个握手报文相关信息

Ethernet 帧信息	
源 MAC 地址	
目的 MAC 地址	

续表

IP 数据报信息		
源 IP 地址		
目的 IP 地址		
协议	值：	名称：
总长度（字节）		
TCP 报文信息		
	字段长度	字段值
源端口		
目的端口		
序号		
确认号		
数据偏移（首部长度）		
[SYN, ACK]		SYN=　　　　ACK=
窗口大小		
最大报文段长度（MSS）		

- ✓ 建立 TCP 连接时，3 个握手报文中的序号和确认号有什么关系？
- ✓ TCP 连接成功建立之后，客户发出的第 1 个数据报文的序号是多少？与建立 TCP 连接的 3 个握手报文中的序号有什么关系？

步骤 6：四报文握手释放 TCP 连接分析

提示 · 思考 · 动手

- ✓ 请将释放 TCP 连接时的第 1、2、3、4 个握手报文相关信息填入表 5-6 中。

表 5-6　释放 TCP 连接时的第　个握手报文相关信息

Ethernet 帧信息		
源 MAC 地址		
目的 MAC 地址		
IP 数据报信息		
源 IP 地址		
目的 IP 地址		
协议	值：	名称：
总长度（字节）		
TCP 报文信息		
	字段长度	字段值
源端口		
目的端口		
序号		
确认号		
数据偏移（首部长度）		
[SYN, ACK]		SYN=　　　　ACK=
窗口大小		
最大报文段长度（MSS）		

第 6 章　应用层

6.1　DNS 服务器配置与分析

实验目的

1．理解 DNS 基本工作过程。
2．了解 DNS 报文结构。

实验装置和工具

1．华为 eNSP 软件。
2．Wireshark。

实验原理（背景知识）

DNS（Domain Name System，域名系统）是互联网使用的命名系统，用来把域名转换为 IP 地址。DNS 是一个联机分布式数据库系统，采用客户-服务器方式工作。

域名采用层析结构。域名到 IP 地址的解析是由分布在互联网上的许多域名服务器程序（即域名服务器）共同完成的。为了提高域名服务器的可靠性，DNS 服务器把数据复制到几个域名服务器保存，其中的一个是主域名服务器，其他的是辅助域名服务器。当主域名服务器出故障时，辅助域名服务器可以保证 DNS 的查询工作不会中断。DNS 服务器内的每一个域名都有自己的域文件（Zone File），域文件由多个资源记录（Resource Record，RR）组成，记录了与域名有关的信息，有多种类型。

当某一个应用进程需要把域名解析为 IP 地址时，该应用进程就调用解析程序（Resolver），并成为 DNS 的一个客户，把待解析的域名放在 DNS 请求报文中，以 UDP 用户数据报方式发给本地域名服务器。本地域名服务器在查找域名后，把对应的 IP 地址放在回答报文中返回。应用进程获得目的主机的 IP 地址后，就可与之进行通信了。

主机向本地域名服务器的查询有两种方式：递归查询和迭代查询。一般采用递归查询。

实验 6.1.1：DNS 简单配置与分析

任务要求

某网络拓扑如图 6-1 所示，与实验 5.1.1 中的网络拓扑结构相同。请配置 PC、客户机（Client，简称为客户）和服务器（Server）的 IP 地址，在服务器上配置并启动 DNS、FTP 和 Web 服务器，允许 PC 和客户机使用 IP 地址和域名访问 FTP 和 Web 服务器。PC、客户机和服务器的 IPv4 地址、子网掩码和域名定义如表 6-1 所示，与实验 5.1.1 中的定义相同。请完成系统配置，抓取 PC 按名字访问 FTP 或 Web 服务器时产生的通信，分析域名解析过程。

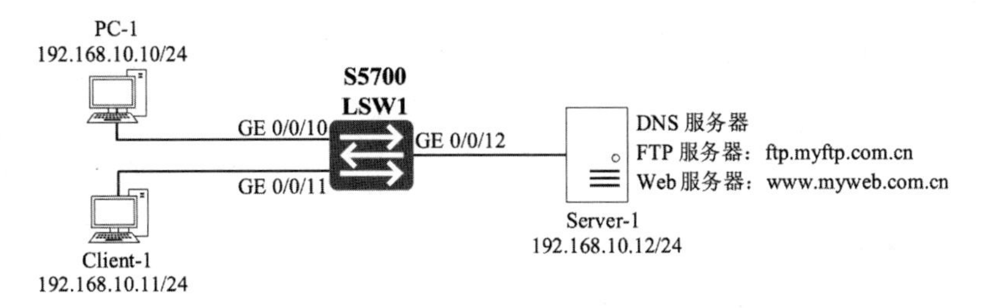

图 6-1　由 PC、客户机和服务器组成的简单网络

表 6-1　PC、客户机和服务器的 IPv4 地址、子网掩码和域名定义

	IPv4 地址 / 域名	子网掩码	网关
PC-1	192.168.10.10	255.255.255.0	
Client-1	192.168.10.11	255.255.255.0	
Server-1	192.168.10.12	255.255.255.0	
DNS 服务器			
FTP 服务器	ftp.myftp.com.cn		
WEB 服务器	www.myweb.com.cn		

实验步骤

步骤 1：加载拓扑

① 启动 eNSP，单击工具栏中的“打开文件”图标，加载实验 5.1.1 的拓扑文件 lab-5.1.1-UDP.topo。

② 按定义配置 PC-1、Client-1 和 Server-1 的 IP 地址和子网掩码，以及域名服务器地址。

③ 单击工具栏中的“另存为”图标，将该拓扑另存为 lab-6.1.1-DNS.topo。

步骤 2：启动设备

单击工具栏中的“开启设备”图标，启动全部设备。

步骤 3：在 Server-1 上配置并启动 DNS、FTP 和 Web 服务器

按实验 5.1.1 中的步骤 6 和 7，在 Server-1 上分别配置并启动 DNS、FTP 和 Web 服务器。

步骤 4：DNS 通信分析

① 开启 LSW1 端口 GE 0/0/12 的数据抓包。本实验关注的是 DNS 通信，所以将 Wireshark 过滤器设置为 dns，然后按回车键，如图 6-2 所示。

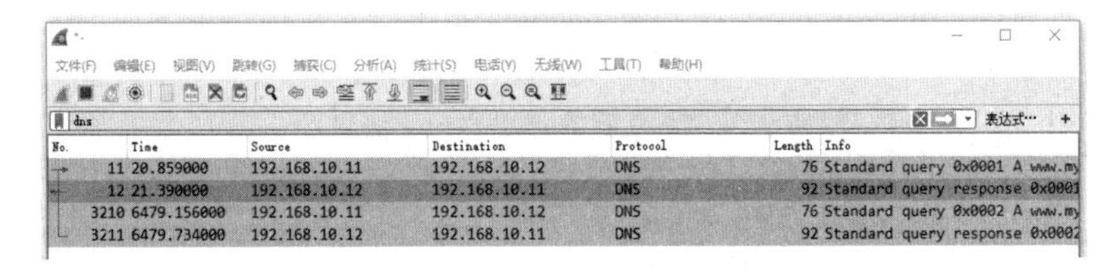

图 6-2　Wireshark 过滤出 DNS 通信

② DNS 通信分析。在 PC 上使用 ping 命令按域名测试与 FTP 或 WEB 服务器通信时，

需访问 DNS 进行域名解析，因此会产生 DNS 通信。在 PC-1 命令窗口中输入以下命令：

```
ping ftp.myftp.com.cn
ping www.myweb.com.cn
```

提示 · 思考 · 动手

✓ 请将创建的网络拓扑的截图粘贴到实验报告中。

✓ 请将抓取的 DNS 请求报文的相关信息填入表 6-2 中。

表 6-2　DNS 请求报文的相关信息

Ethernet 帧信息		
源 MAC 地址		
目的 MAC 地址		
IP 数据报信息		
源 IP 地址		
目的 IP 地址		
协议	值：	名称：
总长度（字节）		
运输层报文信息		
	字段长度	字段值
协议名称		
源端口		
目的端口		
总长度（字节）		
DNS 报文信息		
报文类型		标志位（Flag）：
解析方式		标志位（Flag）：
事务标识		作用：
问题数量		
回答 RR 数量		
授权 RR 数量		
附加 RR 数量		
查询		
名称（Name）		
类型（Type）		
类别（Class）		

✓ 请将抓取的 DNS 回答报文的相关信息填入表 6-3 中。

表 6-3　DNS 回答报文的相关信息

Ethernet 帧信息	
源 MAC 地址	
目的 MAC 地址	

续表

<table>
<tr><th colspan="3">IP 数据报信息</th></tr>
<tr><td>源 IP 地址</td><td colspan="2"></td></tr>
<tr><td>目的 IP 地址</td><td colspan="2"></td></tr>
<tr><td>协议</td><td>值：</td><td>名称：</td></tr>
<tr><td>总长度（字节）</td><td colspan="2"></td></tr>
<tr><th colspan="3">运输层报文信息</th></tr>
<tr><td></td><td>字段长度</td><td>字段值</td></tr>
<tr><td>协议名称</td><td></td><td></td></tr>
<tr><td>源端口</td><td></td><td></td></tr>
<tr><td>目的端口</td><td></td><td></td></tr>
<tr><td>总长度（字节）</td><td></td><td></td></tr>
<tr><th colspan="3">DNS 报文信息</th></tr>
<tr><td>报文类型</td><td></td><td>标志位（Flag）：</td></tr>
<tr><td>解析方式</td><td></td><td>标志位（Flag）：</td></tr>
<tr><td>事务标识</td><td></td><td>作用：</td></tr>
<tr><td>问题数量</td><td></td><td></td></tr>
<tr><td>回答 RR 数量</td><td></td><td></td></tr>
<tr><td>授权 RR 数量</td><td></td><td></td></tr>
<tr><td>附加 RR 数量</td><td></td><td></td></tr>
<tr><td colspan="3">查询</td></tr>
<tr><td>名称（Name）</td><td></td><td></td></tr>
<tr><td>类型（Type）</td><td></td><td></td></tr>
<tr><td>类别（Class）</td><td></td><td></td></tr>
<tr><td colspan="3">回答</td></tr>
<tr><td>名称（Name）</td><td></td><td></td></tr>
<tr><td>类型（Type）</td><td></td><td></td></tr>
<tr><td>类别（Class）</td><td></td><td></td></tr>
<tr><td>有效期（TTL）</td><td></td><td></td></tr>
<tr><td>数据长度（Data Length）</td><td></td><td></td></tr>
<tr><td>地址（Address）</td><td></td><td></td></tr>
</table>

6.2 FTP 服务器配置与分析

实验目的

1. 理解 FTP 基本工作原理。
2. 理解 FTP 客户登录、文件上传和下载的工作过程。

实验装置和工具

1. 华为 eNSP 软件。
2. Wireshark。

实验原理（背景知识）

FTP（File Transfer Protocol，文件传送协议）是互联网上使用得最广泛的文件传送协议。FTP 提供交互式的访问，允许客户指明文件的类型与格式，并允许文件具有存取权限。FTP 屏蔽了各计算机系统的细节，因而适合于在异构网络中任意计算机之间传送文件。

FTP 使用客户-服务器方式，以命令/响应方式进行交互。一个 FTP 服务器进程可同时为多个客户进程提供服务。FTP 的服务器进程由两大部分组成：一个主进程，负责接受新的请求；另外有若干个从属进程，包括一个控制进程和若干数据传送进程，负责处理单个请求。

FTP 使用 TCP 可靠传输服务。在进行文件传输时，FTP 的客户和服务器之间要建立两个并行的 TCP 连接：控制连接和数据连接。控制连接在整个会话期间一直保持打开，FTP 客户所发出的传送请求（即 FTP 命令）通过控制连接发送给服务器端的控制进程，但控制连接并不用来传送文件，实际用于传送文件的是数据连接。服务器端的控制进程在接收到 FTP 客户发送来的文件传送请求后，就创建数据传送进程和数据连接，用来连接客户端和服务器端的数据传送进程。数据传送进程实际完成文件的传送，在传送完毕后关闭数据连接并结束运行。

实验 6.2.1：FTP 服务器简单配置与分析

任务要求

某网络拓扑如图 6-3 所示，与实验 5.1.1 中的网络拓扑结构相同。请配置 PC、客户机（Client，简称为客户）和服务器（Server）的 IP 地址，在服务器上配置并启动 DNS、FTP 和 Web 服务器，允许 PC 和客户机使用 IP 地址和域名访问 FTP 和 Web 服务器。PC、客户机和服务器的 IPv4 地址、子网掩码和域名定义如表 6-4 所示，与实验 5.1.1 中的定义相同。请完成系统配置，抓取客户机访问 FTP 服务器时产生的通信，分析客户登录、文件上传和下载的工作过程。

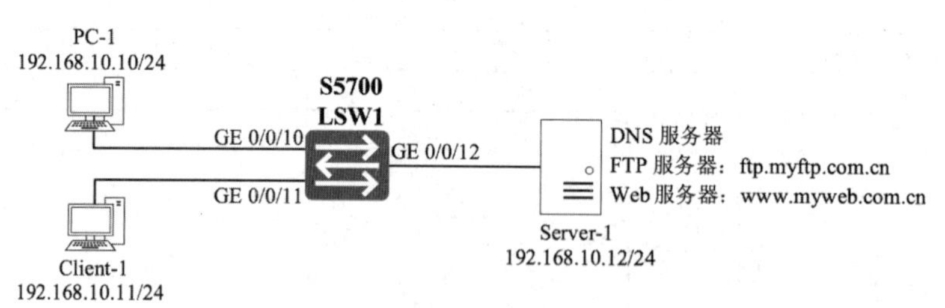

图 6-3 连接 PC、客户机和服务器的简单网络

表 6-4 PC、客户机和服务器的 IPv4 地址、子网掩码和域名定义

	IPv4 地址 / 域名	子网掩码	网关
PC-1	192.168.10.10	255.255.255.0	
Client-1	192.168.10.11	255.255.255.0	
Server-1	192.168.10.12	255.255.255.0	
DNS 服务器			
FTP 服务器	ftp.myftp.com.cn		
Web 服务器	www.myweb.com.cn		

实验步骤

步骤 1：加载拓扑

① 启动 eNSP，单击工具栏中的“打开文件”图标，加载实验 5.1.1 的拓扑文件 lab-5.1.1-UDP.topo。

② 按定义配置 PC-1、Client-1 和 Server-1 的 IP 地址和子网掩码，以及域名服务器地址。

③ 单击工具栏中的“另存为”图标，将该拓扑另存为 lab-6.2.1-FTP.topo。

步骤 2：启动设备

单击工具栏中的“开启设备”图标，启动全部设备。

步骤 3：在 Server-1 上配置并启动 DNS、FTP 和 WEB 服务器

按实验 5.1.1 中的步骤 6 和 7，在 Server-1 上分别配置并启动 DNS、FTP 和 Web 服务器。

步骤 4：开启数据抓包

开启 LSW1 端口 GE 0/0/12 的数据抓包。本实验关注的是 FTP 通信，所以将 Wireshark 过滤器设置为 ftp，然后按回车键，如图 6-4 所示。

No.	Time	Source	Destination	Protocol	Length	Info
3043	6167.968000	192.168.10.12	192.168.10.11	FTP	87	Response: 220 FtpServerTry
3044	6168.015000	192.168.10.11	192.168.10.12	FTP	62	Request: USER 1
3045	6168.015000	192.168.10.12	192.168.10.11	FTP	85	Response: 331 Password requ
3046	6168.046000	192.168.10.11	192.168.10.12	FTP	62	Request: PASS 1
3047	6168.046000	192.168.10.12	192.168.10.11	FTP	86	Response: 230 User 1 logged
3048	6168.062000	192.168.10.11	192.168.10.12	FTP	59	Request: PWD
3049	6168.062000	192.168.10.12	192.168.10.11	FTP	84	Response: 257 "/" is curren
3050	6168.109000	192.168.10.11	192.168.10.12	FTP	62	Request: TYPE A
3051	6168.109000	192.168.10.12	192.168.10.11	FTP	78	Response: 200 Type set to A
3052	6168.125000	192.168.10.11	192.168.10.12	FTP	60	Request: PASV
3053	6168.125000	192.168.10.12	192.168.10.11	FTP	101	Response: 227 Entering Pass

图 6-4　Wireshark 过滤出 FTP 通信

步骤 5：登录 FTP 服务器

双击客户机 Client-1，选中“客户端信息”标签下左边栏中的“FtpClient”选项，在“服务器地址”栏中输入地址 192.168.10.12，其他保持不变，然后单击“登录”按钮。FtpClient 将显示本地文件列表和服务器文件列表，如图 6-5 所示。

图 6-5　FTP 客户登录 FTP 服务器后的结果

提示·思考·动手

- ✓ 请将创建的网络拓扑的截图粘贴到实验报告中。
- ✓ 请将抓取的FTP客户登录FTP服务器的相关信息填入表6-5中。

表6-5 FTP客户登录FTP服务器的相关信息

Ethernet 帧信息		
客户MAC地址		
服务器MAC地址		
IP数据报信息		
客户IP地址		
服务器IP地址		
协议	值：	名称：
TCP报文信息		
客户端口		
服务器端口		
FTP命令		
序号	命令及参数	用途

- ✓ FTP服务器是通过响应客户发来的哪条命令将其数据连接端口告诉客户的？
- ✓ 客户发出了什么FTP命令获得服务器文件列表？
- ✓ 传输服务器文件列表时新建TCP连接了吗？若新建了TCP连接，是由哪一方主动建立的？服务器端口号和客户端口号分别是多少？
- ✓ 服务器文件列表内容传输完毕后，释放连接了吗？是由哪一方先发起释放的？

步骤6：下载文件并进行通信分析

从“客户端信息”标签下右侧的服务器文件列表中选择一个文件，单击“下载”按钮，将其下载到客户的某个本地目录中。将Wireshark过滤器设置为ftp，然后按回车键，分析FTP客户从FTP服务器下载文件的通信过程。

提示·思考·动手

- ✓ 请将抓取的下载文件相关信息填入表6-6中。

表6-6 FTP客户从FTP服务器下载文件的相关信息

Ethernet 帧信息		
客户MAC地址		
服务器MAC地址		
IP数据报信息		
客户IP地址		
服务器IP地址		
协议	值：	名称：

续表

TCP 报文信息		
客户端口		
服务器端口		
FTP 命令		
序号	命令及参数	用途

- ✓ FTP 服务器是通过响应客户发来的哪条命令将其数据连接端口告诉客户的？
- ✓ 客户发出了什么 FTP 命令下载文件？
- ✓ 下载文件时新建 TCP 连接了吗？若新建了 TCP 连接，是由哪一方主动建立的？服务器端口号和客户端口号分别是多少？
- ✓ 文件下载完毕后，释放连接了吗？是由哪一方先发起释放的？

步骤 7：上传文件并进行通信分析

从“客户端信息”标签下右侧的本地文件列表中选择一个文件，单击“上传”按钮，将其上传到服务器文件目录中。将 Wireshark 过滤器设置为 ftp，然后按回车键，分析 FTP 客户将文件上传到 FTP 服务器的通信过程。

提示 · 思考 · 动手

- ✓ 请将抓取的上传文件相关信息填入表 6-7 中。

表 6-7　FTP 客户将文件上传到 FTP 服务器的相关信息

Ethernet 帧信息		
客户 MAC 地址		
服务器 MAC 地址		
IP 数据报信息		
客户 IP 地址		
服务器 IP 地址		
协议	值：	名称：
TCP 报文信息		
客户端口		
服务器端口		
FTP 命令		
序号	命令及参数	用途

- ✓ FTP 服务器是通过响应客户发来的哪条命令将其数据连接端口告诉客户的？
- ✓ 客户发出了什么 FTP 命令上传文件？

- ✓ 上传文件时新建 TCP 连接了吗？若新建了 TCP 连接，是由哪一方主动建立的？服务器端口号和客户端口号分别是多少？
- ✓ 文件上传完毕后，释放连接了吗？是由哪一方先发起释放的？

6.3 Web 服务器配置与 HTTP 分析

实验目的

1. 理解 HTTP 基本工作过程。
2. 了解 HTTP 报文结构。

实验装置和工具

1. 华为 eNSP 软件。
2. Wireshark。

实验原理（背景知识）

Web 是万维网（World Wide Web，WWW）的简称。万维网是一个大规模的、联机式的信息储藏所，有了它，可以非常方便地从互联网上的一个站点链接到另一个站点。

万维网的客户程序向互联网中的服务器程序发出请求，Web 服务器程序向客户程序送回客户所要的万维网文档。在客户程序主窗口上显示出的万维网文档称为页面。万维网使用超文本标记语言（HyperText Markup Language，HTML）来显示各种万维网页面。

万维网使用统一资源定位符（Uniform Resource Locator，URL）来标志万维网上的各种文档，并使每一个文档在整个互联网的范围内具有唯一的标识符。URL 的一般形式为：

```
<协议>://<主机>:<端口>/<路径>
```

访问万维网文档或资源时要使用 HTTP 协议。HTTP 的 URL 的一般形式是：

```
http://<主机>:<端口>/<路径>
```

HTTP 的默认端口是 80，通常可省略。

万维网客户程序与服务器程序之间进行交互所使用的协议是超文本传送协议（HyperText Transfer Protocol，HTTP）。HTTP 使用 TCP 连接进行可靠的传送，但 HTTP 协议本身是无连接、无状态的。HTTP 1.1 协议使用了持续连接。所谓持续连接，就是万维网服务器在发送响应后仍然在一段时间内保持这个 TCP 连接，使同一个客户（浏览器）和该服务器可以继续在这个 TCP 连接上传送后续的 HTTP 请求报文和响应报文。

HTTP 有两类报文：

（1）请求报文——从客户向服务器发送请求的报文。

（2）响应报文——服务器对客户的回答。

实验 6.3.1：Web 服务器简单配置与 HTTP 分析

任务要求

某网络拓扑如图 6-6 所示，与实验 5.1.1 中的网络拓扑结构相同。请配置 PC、客户机（Client，简称为客户）和服务器（Server）的 IP 地址，在服务器上配置并启动 DNS、FTP 和 Web 服务器，允许 PC 和客户机使用 IP 地址和域名访问 FTP 和 Web 服务器。PC、客户机和服务器的 IPv4 地址、子网掩码和域名定义如表 6-8 所示，与实验 5.1.1 中的定义相同。请完成系统配置，抓取客户机访问 Web 服务器时产生的通信，分析客户机访问 Web 资源的工作过程。

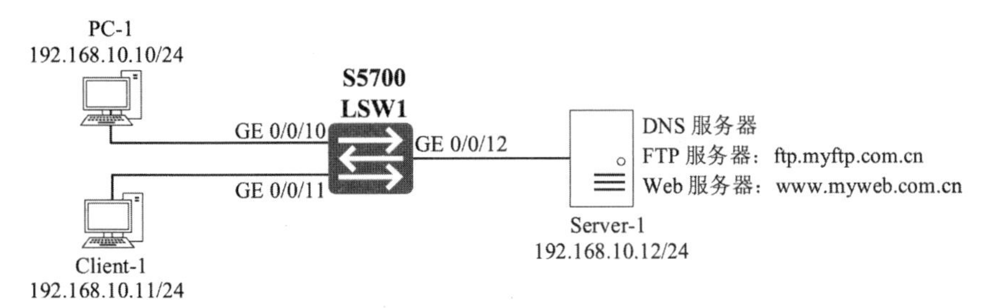

图 6-6　连接 PC、客户机和服务器的简单网络

表 6-8　PC、客户机和服务器的 IPv4 地址、子网掩码和域名定义

	IPv4 地址 / 域名	子网掩码	网关
PC-1	192.168.10.10	255.255.255.0	
Client-1	192.168.10.11	255.255.255.0	
Server-1	192.168.10.12	255.255.255.0	
DNS 服务器			
FTP 服务器	ftp.myftp.com.cn		
Web 服务器	www.myweb.com.cn		

实验步骤

步骤 1：加载拓扑

① 启动 eNSP，单击工具栏中的“打开文件”图标，加载实验 5.1.1 的拓扑文件 lab-5.1.1-UDP.topo。

② 按定义配置 PC-1、Client-1 和 Server-1 的 IP 地址和子网掩码，以及域名服务器地址。

③ 单击工具栏中的“另存为”图标，将该拓扑另存为 lab-6.3.1-HTTP.topo。

步骤 2：启动设备

单击工具栏中的“开启设备”图标，启动全部设备。

步骤 3：在 Server-1 上配置并启动 DNS、FTP 和 Web 服务器

按实验 5.1.1 中的步骤 6 和 7，在 Server-1 上分别配置并启动 DNS、FTP 和 Web 服务器。

步骤 4：HTTP 通信分析

① 开启 LSW1 端口 GE 0/0/12 的数据抓包。本实验关注的是 HTTP 通信，所以将 Wireshark 过滤器设置为 http，然后按回车键，如图 6-7 所示。

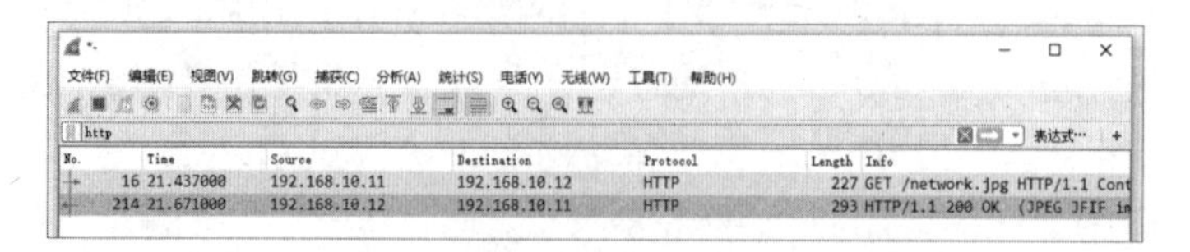

图 6-7 Wireshark 过滤出 HTTP 通信

② 产生 HTTP 通信。让客户机按域名访问 Web 服务器上的某资源，例如图片 network.jpg，会产生 HTTP 通信。双击客户机 Client-1，选中“客户端信息”标签下左边栏中的“HttpClient”选项，在“地址”栏中输入 http://www.myweb.com.cn/network.jpg，然后单击“获取”按钮，下方将显示该 Web 服务器返回的 HTTP 响应，如图 6-8 所示。

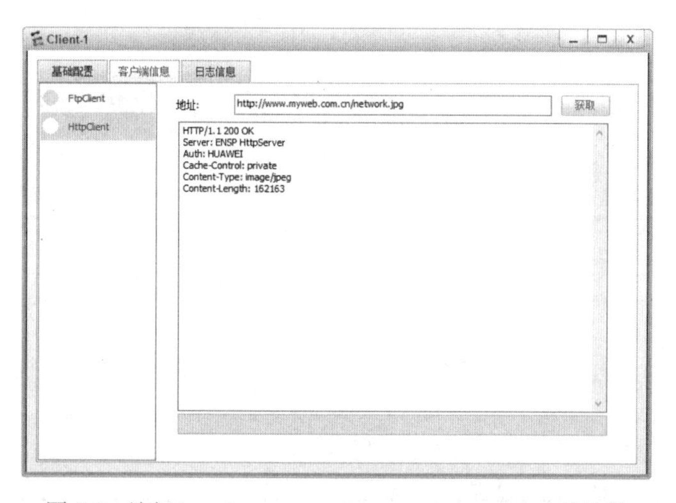

图 6-8 访问 http://www.myweb.com.cn/network.jpg 的结果

提示·思考·动手

✓ 请将创建的网络拓扑的截图粘贴到实验报告中。
✓ 请将抓取的 HTTP 请求报文相关信息填入表 6-9 中。

表 6-9 HTTP 请求报文相关信息

Ethernet 帧信息		
源 MAC 地址		
目的 MAC 地址		
IP 数据报信息		
源 IP 地址		
目的 IP 地址		
协议	值：	名称：
总长度（字节）		

续表

TCP 报文信息		
源端口		
目的端口		
序号		
确认号		
数据偏移（首部长度）		
标志位（FLAG）		
窗口大小		
HTTP 请求报文信息		
请求行	方法	
	URL	
	版本	
首部行	客户浏览器类型	
	编码方法	
	主机	

✓ 请将抓取的 HTTP 响应报文相关信息填入表 6-10 中。

表 6-10　HTTP 响应报文相关信息

Ethernet 帧信息		
源 MAC 地址		
目的 MAC 地址		
IP 数据报信息		
源 IP 地址		
目的 IP 地址		
协议	值：	名称：
总长度（字节）		
TCP 报文信息		
源端口		
目的端口		
序号		
确认号		
数据偏移（首部长度）		
标志位（FLAG）		
窗口大小		
HTTP 响应报文信息		
状态行	版本	
	状态码	
	短语	
首部行	服务器	
	Content-Type（内容类型）	
	Content-Length（内容长度）	
响应时间		
响应使用的 TCP 报文段数量		

✓ 根据抓取的通信，简述客户机通过域名访问 Web 资源的工作过程。

6.4 DHCP 服务器配置与分析

实验目的

1．理解 DHCP 基本工作过程。
2．了解 DHCP 报文结构。
3．掌握交换机配置 DHCP 服务器的基本方法。

实验装置和工具

1．华为 eNSP 软件。
2．Wireshark。

实验原理（背景知识）

DHCP（Dynamic Host Configuration Protocol，动态主机配置协议）提供了即插即用连网（Plug-and-Play Networking）的机制，允许一台计算机加入新的网络并获取正确的 IP 地址等配置信息，而不用手工配置。

DHCP 使用客户-服务器方式，采用请求/应答方式工作。DHCP 基于 UDP 工作，DHCP 服务器运行在 67 号端口，DHCP 客户运行在 68 号端口。

为了寻找DHCP服务器，DHCP客户以广播方式发送DHCP发现报文DHCPDISCOVER，该报文仅会在 DHCP 客户所在的本地网络中传输，而不会被路由器转发。其他 DHCP 报文以单播方式在 DHCP 客户和 DHCP 服务器之间传输。

实验 6.4.1：DHCP 服务器配置与分析

任务要求

某网络拓扑如图 6-9 所示，与实验 5.1.1 中的网络拓扑结构相同。PC、客户机（Client）和服务器（Server）通过 1 台 S5700 交换机互连，都属于默认 VLAN 1。客户机和服务器仍然采用手工配置 IP 地址方式，但 PC 采用从 DHCP 服务器自动获取 IP 地址和 DNS 服务器地址方式。决定在交换机上配置 DHCP 服务器，采用全局地址池为 PC 动态分配 IP 地址，在服务器上配置并启动 DNS、FTP 和 WEB 服务器，允许 PC 和客户机使用 IP 地址和域名访问 FTP 和 WEB 服务器。IP 地址和域名等的规划与定义如表 6-11 所示。请完成系统配置，抓取 PC 与 DHCP 之间的通信，分析 DHCP 服务器为 PC 分配 IP 地址的工作过程。

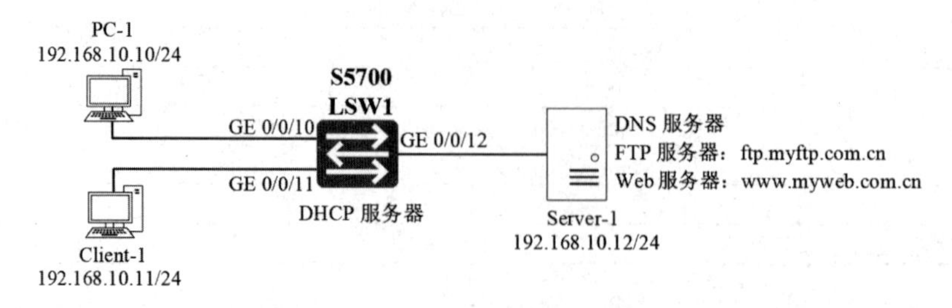

图 6-9　启用 DHCP 服务器的由 PC、客户机和服务器组成的简单网络

表 6-11　IP 地址和域名等的规划与定义

	IPv4 地址	子网掩码	网关
VLANIF 1 接口	192.168.10.100	255.255.255.0	
PC-1	从 DHCP 服务器自动获取		
Client-1	192.168.10.11	255.255.255.0	
Server-1	192.168.10.12	255.255.255.0	
DHCP 服务器	为在默认 VLAN 1 中的 PC 动态分配 IP 地址 全局地址池：192.168.10.21～192.168.10.254 地址租期：0 天 0 小时 5 分	255.255.255.0	
DNS 服务器			
FTP 服务器	ftp.myftp.com.cn		
Web 服务器	www.myweb.com.cn		

实验步骤

步骤 1：加载拓扑

① 启动 eNSP，单击工具栏中的“打开文件”图标，加载实验 5.1.1 的拓扑文件 lab-5.1.1-UDP.topo。

② 按定义配置 Client-1 和 Server-1 的 IP 地址和子网掩码，以及域名服务器地址。

③ 将 PC-1 的 IPv4 地址配置为从 DHCP 获取（单选 DHCP），勾选“自动获得 DNS 服务器地址”选项，然后单击“应用”按钮。

④ 单击工具栏中的“另存为”图标，将该拓扑另存为 lab-6.4.1-DHCP.topo。

步骤 2：启动设备

单击工具栏中的“开启设备”图标，启动全部设备。

步骤 3：在 Server-1 上配置并启动 DNS、FTP 和 WEB 服务器

按实验 5.1.1 中的步骤 6 和 7，在 Server-1 上分别配置并启动 DNS、FTP 和 WEB 服务器。

步骤 4：检查 PC-1 的 IP 地址

在 PC-1 的命令窗口中输入以下命令，检查其 IP 地址配置：

```
ipconfig
```

提示 · 思考 · 动手

- ✓ 请将创建的网络拓扑的截图粘贴到实验报告中。
- ✓ 请将 PC-1 执行 ipconfig 命令结果的截图粘贴在实验报告中。

步骤 5：在交换机上配置 DHCP 服务器

双击工作区中交换机 LSW1 的图标，打开控制台窗口，在提示符下输入以下命令：

```
# 进入系统视图，给交换机命名。
<huawei> system-view
```

```
[huawei] sysname LSW1
# 启用 DHCP 服务。默认为禁用。
[LSW1] dhcp enable
# 配置 VLANIF 1 接口地址。
[LSW1] interface vlanif 1
[LSW1-Vlanif1] ip address 192.168.10.100 24
[LSW1-Vlanif1] quit
# 配置名称为 g10 的全局地址池，网段地址为 192.168.10.0，掩码长度为 24。
[LSW1] ip pool g10
[LSW1-ip-pool-g10] network 192.168.10.0 mask 24
# 配置 192.168.10.1 到 192.168.10.20 之间的 IP 地址不参与自动分配。
[LSW1-ip-pool-g10] excluded-ip-address 192.168.10.1 192.168.10.20
# 配置 DNS 服务器的 IP 地址
[LSW1-ip-pool-g10] dns-list 192.168.10.12
# 配置网关的 IP 地址
[LSW1-ip-pool-g10] gateway-list 192.168.10.100
# 租期的默认值为 1 天，修改租期为 5 分钟。
[LSW1-ip-pool-g10] lease day 0 hour 0 minute 5
[LSW1-ip-pool-g10] quit
# 配置 VLANIF 1 接口启用 DHCP，采用全局模式（global）。
[LSW1] interface vlanif 1
[LSW1-Vlanif1] dhcp select global
[LSW1-Vlanif1] quit
# 查看全局地址池信息和地址使用情况。“Used”字段显示已经分配出去的 IP 地址数量。
[LSW1] display ip pool name g10
```

提示·思考·动手

- ✓ 请将全局地址池 g10 信息和地址使用情况的截图粘贴在实验报告中。
- ✓ 配置了 DHCP 服务器后，PC-1 的 IP 地址配置是什么？请将 PC-1 执行 ipconfig 命令结果的截图粘贴在实验报告中。

步骤 6：DHCP 通信分析

① 开启 LSW1 端口 GE 0/0/10 的数据抓包。本实验关注的是 DHCP 通信，所以将 Wireshark 过滤器设置为 dhcp，然后按回车键，如图 6-10 所示。

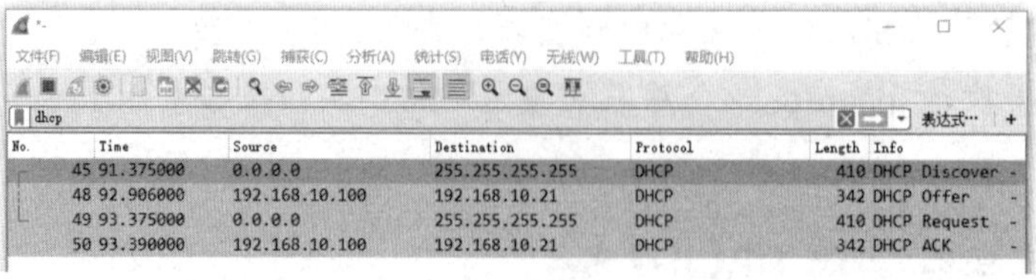

文件(F) 编辑(E) 视图(V) 跳转(G) 捕获(C) 分析(A) 统计(S) 电话(Y) 无线(W) 工具(T) 帮助(H)
dhcp
表达式…
No. Time Source Destination Protocol Length Info
45 91.375000 0.0.0.0 255.255.255.255 DHCP 410 DHCP Discover
48 92.906000 192.168.10.100 192.168.10.21 DHCP 342 DHCP Offer
49 93.375000 0.0.0.0 255.255.255.255 DHCP 410 DHCP Request
50 93.390000 192.168.10.100 192.168.10.21 DHCP 342 DHCP ACK

图 6-10　Wireshark 过滤出 DHCP 通信

② 分析抓取的 DHCP 通信。为了抓取从寻找 DHCP 服务器开始的通信，可以先将 PC-1 的 IP 地址配置修改为“静态”（单选静态），不勾选“自动获得 DNS 服务器地址”选项，然

后单击“应用”按钮。稍等之后，再将其 IP 地址配置修改为从 DHCP 获取（单选 DHCP），勾选“自动获得 DNS 服务器地址”选项，然后单击“应用”按钮。

提示 · 思考 · 动手

- ✓ 简述 DHCP 客户与 DHCP 服务器之间的通信过程。
- ✓ 分析抓取的 DHCPDISCOVER 报文，将相关信息填入表 6-12 中。

表 6-12　DHCPDISCOVER 报文相关信息

Ethernet 帧信息		
源 MAC 地址		
目的 MAC 地址		
IP 数据报信息		
源 IP 地址		
目的 IP 地址		
协议	值：	名称：
总长度（字节）		
UDP 用户数据报信息		
源端口		
目的端口		
总长度（字节）		
DHCPDISCOVER 报文信息		
Message Type（报文类型）		
Hardware Type（硬件类型）		
Transaction ID（事务 ID）		
Client IP Address（客户端的 IP 地址）		
Your IP Address（你的 IP 地址）		
Client MAC Address（客户端的 MAC 地址）		
Option（选项）的数量		

- ✓ 分析抓取的 DHCPOFFER 报文，将相关信息填入表 6-13 中。

表 6-13　DHCPOFFER 报文相关信息

Ethernet 帧信息		
源 MAC 地址		
目的 MAC 地址		
IP 数据报信息		
源 IP 地址		
目的 IP 地址		
协议	值：	名称：
总长度（字节）		
UDP 用户数据报信息		
源端口		
目的端口		
总长度（字节）		

续表

DHCPOFFER 报文信息	
Message Type（报文类型）	
Hardware Type（硬件类型）	
Transaction ID（事务 ID）	
Client IP Address（客户端的 IP 地址）	
Your IP Address（你的 IP 地址）	
Client MAC Address（客户端的 MAC 地址）	
Option（选项）的数量	
Rebinding Time Value（重新绑定时长）	
Renewal Time Value（更新租用期时长）	

✓ 分析抓取的 DHCPREQUEST 报文，将相关信息填入表 6-14 中。

表 6-14 DHCPREQUEST 报文相关信息

Ethernet 帧信息		
源 MAC 地址		
目的 MAC 地址		
IP 数据报信息		
源 IP 地址		
目的 IP 地址		
协议	值：	名称：
总长度（字节）		
UDP 用户数据报信息		
源端口		
目的端口		
总长度（字节）		
DHCPREQUEST 报文信息		
Message Type（报文类型）		
Hardware Type（硬件类型）		
Transaction ID（事务 ID）		
Client IP Address（客户端的 IP 地址）		
Your IP Address（你的 IP 地址）		
Client MAC Address（客户端 MAC 地址）		
Option（选项）的数量		

✓ 分析抓取的 DHCPACK 报文，将相关信息填入表 6-15 中。

表 6-15 DHCPACK 报文相关信息

Ethernet 帧信息		
源 MAC 地址		
目的 MAC 地址		
IP 数据报信息		
源 IP 地址		
目的 IP 地址		
协议	值：	名称：
总长度（字节）		

续表

UDP 用户数据报信息	
源端口	
目的端口	
总长度（字节）	
DHCPACK 报文信息	
Message Type（报文类型）	
Hardware Type（硬件类型）	
Transaction ID（事务 ID）	
Client IP Address（客户端的 IP 地址）	
Your IP Address（你的 IP 地址）	
Client MAC Address（客户端的 MAC 地址）	
Option（选项）的数量	
Rebinding Time Value（重新绑定时长）	
Renewal Time Value（更新租用期时长）	

第 7 章 无线局域网

7.1 WLAN 基本配置

实验目的

1．掌握 WLAN 特点、组成、网络架构及工作原理。
2．了解 WLAN 帧结构。
3．掌握 WLAN 的基本配置方法。

实验装置和工具

1．华为 eNSP 软件。
2．ping。
3．Wireshark。

实验原理（背景知识）

无线局域网 (Wireless Local Area Network，WLAN）是采用无线电波传输和接收数据的局域网，提供了移动接入的功能，允许用户在无线网络覆盖区域内自由移动。WLAN 可分为两大类：有固定基础设施的 WLAN 和无固定基础设施的 WLAN。

1．无线以太网

IEEE 802.11 是一个有固定基础设施的无线局域网系列国际标准。使用 802.11 系列协议的局域网又称为无线以太网或 Wi-Fi（Wireless-Fidelity，无线保真度）。802.11 无线局域网使用星形拓扑，其中心叫作接入点（Access Point，AP)，其 MAC 层使用 CSMA/CA 协议。802.11 标准为无线局域网规定了两个服务集：基本服务集（BSS）和扩展服务集（ESS）。

基本服务集（Basic Service Set，BSS）是无线局域网的最小构件，包括一个基站和若干个无线工作站（STAtion，STA)，AP 就是基本服务集内的基站。安装 AP 时，必须为 AP 分配一个不超过 32 字节的服务集标识符（Service Set IDentifier，SSID）和一个通信信道。SSID 用来区分不同的无线网络，是使用该 AP 的无线局域网的名字。为了使一个 BSS 能够为更多的无线工作站提供服务，往往在一个 BSS 内安装有多个 AP。一个无线工作站，无论是要和本 BSS 的无线工作站通信，还是要和其他 BSS 的无线工作站通信，都必须通过本 BSS 的 AP。

一个 BSS 可以通过 AP 连接到一个分配系统（Distribution System，DS)，然后再连接到另一个 BSS，这样就构成了一个扩展服务集（Extended Service Set，ESS)。DS 可以使用以太网（这是最常用的)、点对点链路或其他无线网络。一个 STA 可以从某一个 BSS 漫游到另一个 BSS，仍可保持与另一个 STA 的通信。

一个 STA 若要加入一个 BSS，就必须先选择一个 AP，并与此 AP 建立关联（association)。

只有关联的 AP 才向这个 STA 发送数据帧，而这个 STA 也只有通过所关联的 AP 才能向其他 STA 发送数据帧。STA 与 AP 建立关联的方法有两种。

- 被动扫描：STA 等待接收 AP 周期性发出的信标帧（beacon frame）。
- 主动扫描：STA 主动发出探测请求帧（probe request frame），然后等待从 AP 发回的探测响应帧（probe response frame）。

STA 在和附近的 AP 建立关联时，一般还要键入用户密码。初期的接入加密方案称为 WEP（Wired Equivalent Privacy，有线等效的保密），现在的接入加密方案为 WPA（Wi-Fi Protected Access，无线局域网受保护的接入）或 WPA2 等。

2. 移动自组网络

移动自组网络又叫作自组网络（ad hoc network），是由一些处于平等状态的 STA 相互通信组成的临时网络，没有 AP。自组网络的服务范围通常是受限的，而且一般也不和外界的其他网络相连接。

3. WLAN 基本概念

（1）无线工作站（STAtion，STA）：支持 802.11 标准的终端设备，也称为移动站。例如带无线网卡的电脑、支持 WLAN 的手机等。

（2）接入点（Access Point，AP）：为 STA 提供基于 802.11 标准的无线接入服务，起到有线网络和无线网络的桥接作用。

（3）无线接入控制器（Access Controller，AC）：在集中式网络架构中，AC 对无线局域网中的所有 AP 进行控制和管理。例如，AC 可以通过与认证服务器交互信息为 WLAN 用户提供认证服务。

（4）虚拟接入点（Virtual Access Point，VAP）：是在一个物理 AP 设备上虚拟出来的 AP。每一个被虚拟出的 AP 就是一个 VAP，每个 VAP 提供和物理实体 AP 一样的功能。可以在一个 AP 上创建不同的 VAP，为不同的用户群体提供不同的无线接入服务。

（5）无线接入点控制与规范（Control And Provisioning of Wireless Access Points，CAPWAP）：由 RFC 5415 协议定义的、实现 AP 和 AC 之间互通的一个通用封装和传输机制，实现 AC 对其所关联的 AP 的集中管理和控制。CAPWAP 隧道使用 UDP 协议作为传输协议，并支持 IPv4 和 IPv6 协议。

WLAN 网络中的数据包括管理报文和业务数据报文。管理报文必须采用 CAPWAP 隧道进行转发（称为隧道转发模式），而业务数据报文除了可以采用 CAPWAP 隧道转发模式，还可以采用直接转发模式和 Soft-GRE 转发模式。在直接转发模式下，业务数据报文不经过 CAPWAP 封装。管理报文用来传送 AC 与 AP 之间的管理数据，存在于 AC 和 AP 之间。业务数据报文主要是传送 WLAN 用户的数据，存在于 STA 和上层网络之间。

（6）射频信号：提供基于 802.11 标准的 WLAN 技术的传输介质，是具有远距离传输能力的高频电磁波。

（7）服务集标识符（Service Set IDentifier，SSID）：是无线网络的标识，用来区分不同的无线网络。例如，当我们接入无线网络时，显示出来的网络名称就是 SSID。根据标识方式，SSID 又可以分为以下两种。

- 基本服务集标识符（Basic Service Set IDentifier，BSSID）：表示 AP 上每个 VAP 的数据链路层 MAC 地址。
- 扩展服务集标识符（Extended Service Set IDentifier，ESSID）：是一个或一组无线网络的标识。STA 可以先扫描所有网络，然后选择特定的 SSID 接入某个指定无线网络。通常，我们所指的 SSID 即为 ESSID。多个 AP 可以拥有同一个 ESSID，以便为 STA 提供漫游能力，但是 BSSID 必须唯一，因为数据链路层的 MAC 地址是唯一的。

（8）基本服务集（Basic Service Set，BSS）：一个 AP 所覆盖的范围。在一个 BSS 的服务区域内，STA 可以相互通信。

（9）扩展服务集（Extend Service Set，ESS）：由多个使用相同 SSID 的 BSS 组成。

SSID、BSSID 与 BSS、ESS 的关系如图 7-1 所示。

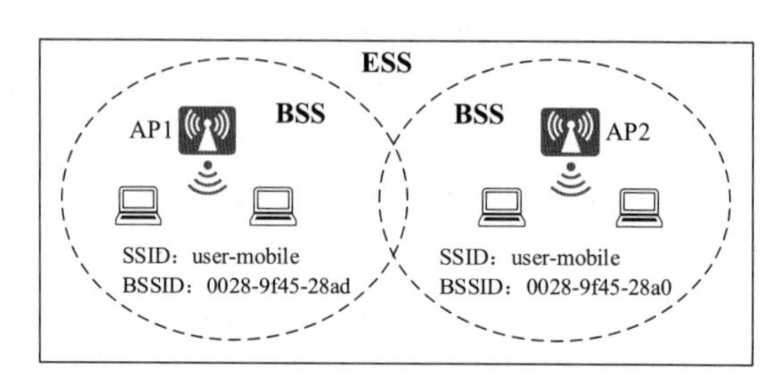

图 7-1　WLAN 中 SSID、BSSID 与 BSS、ESS 的关系

4. WLAN 网络架构

典型的 WLAN 网络架构有三种：集中式架构、自治式架构和敏捷分布式架构。

（1）集中式架构

集中式架构又称为瘦接入点（FIT Access Point，FIT AP）架构，如图 7-2（a）所示。集中式架构便于管理员对网络进行集中管理和维护，适用于中大型 WLAN 使用场景。在该架构下，通过 AC 集中管理和控制多个 AP，所有无线接入功能由 AP 和 AC 共同完成：

- AP 完成无线射频接入功能，例如无线信号发射与探测响应、数据加密解密、数据传输确认等。
- AC 集中处理所有的安全、控制和管理功能，例如移动管理、身份验证、VLAN 划分、射频资源管理和数据包报文转发等。
- AP 和 AC 间采用 CAPWAP 协议进行通信，AC 与 AP 间可以是直连或者穿越二层或三层的网络。

（2）自治式架构

自治式架构又称为胖接入点（FAT Access Point，FAT AP）架构，如图 7-2（b）所示。在该架构下，AP 实现所有无线接入功能而不需要 AC 设备，适用于小型 WLAN 使用场景。胖接入点功能强大，独立性好，但设备结构复杂，价格昂贵，难以管理。随着企业大量部署 AP，对 AP 的配置、升级软件等管理工作给用户带来很高的操作成本和维护成本，因此自治式架构应用逐步减少。

（3）敏捷分布式架构

敏捷分布式架构如图 7-2（c）所示。通过 AC 集中管理和控制多个中心 AP，每个中心

AP 集中管理和控制多个射频单元（Radio Unit，RU）。该架构适用于校园宿舍、医院病房、酒店宾馆等有较多房间或较多墙壁障碍物的场所。在该架构下，所有无线接入功能由 RU、中心 AP 和 AC 共同完成：

- RU 作为中心 AP 的远端射频模块，负责空口 802.11 报文的收发。
- 中心 AP 代理 AC 分担对 RU 的集中管理和协同功能，如 STA 上线、配置下发、RU 之间的 STA 漫游。
- AC 集中处理所有的安全、控制和管理功能，例如移动管理、身份验证、VLAN 划分、射频资源管理和数据包转发等。

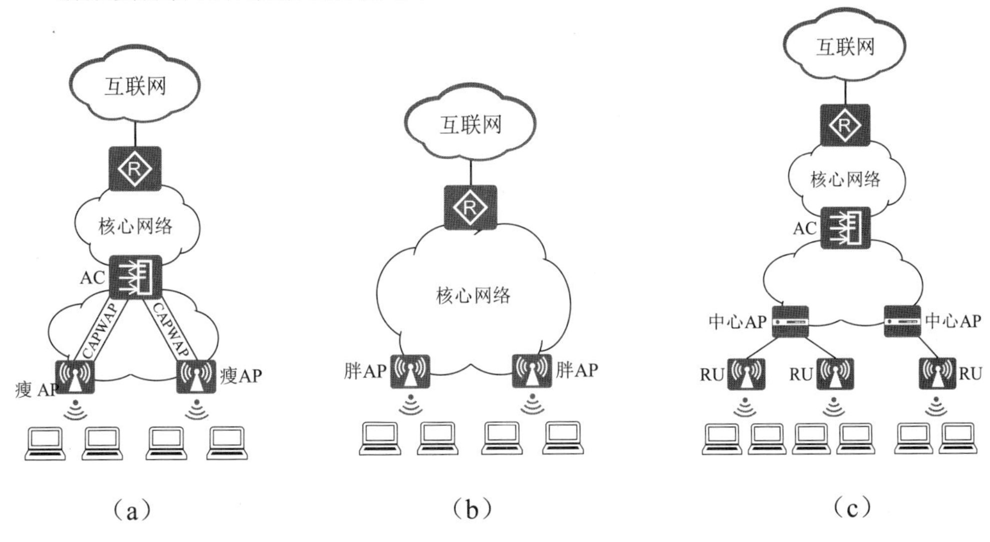

图 7-2 WLAN 网络架构

5. AC 与瘦接入点的组网方式

在集中式（即 FIT AP）架构中，根据 AC 和 AP 的网络连接方式可分为二层组网和三层组网，根据 AC 在网络中的位置，可分为直连式组网和旁挂式组网。

- 二层组网：AC 和 AP 之间通过第二层（即数据链路层）进行连接和通信的组网方式称为二层组网。二层组网比较简单，通常将 AC 配置为 DHCP 服务器。由于 AC 和 AP 在同一广播域中，因此 AP 通过广播就能很容易发现 AC，无须配置 DHCP 代理。二层组网适用于简单的组网，但是由于要求 AC 和 AP 在同一个二层网络中，所以局限性较大，不适用于有大量三层路由的大型网络。
- 三层组网：AC 和 AP 之间通过第三层（即网络层）进行连接和通信的组网方式称为三层组网。在三层组网中，由于 AC 和 AP 不在同一广播域中，AP 无法通过广播发现 AC，因此 AP 需要通过 DHCP 代理，从 AC 上配置的 DHCP 服务器或其他 DHCP 服务器获得 IP 地址，且需要在 DHCP 服务器上配置 option 43 来指明 AC 的 IP 地址。三层组网虽然比较复杂，但因为可以把 AC 和 AP 部署在不同的网络中，且只需它们之间 IP 分组可达即可，所以部署灵活，适用于大型网络的无线组网。
- 直连式组网：AP、AC 与核心网络串联在一起，STA 的业务数据报文需要经过 AC 到达上层网络。这种组网方式对 AC 的压力较大，且如果是在已有的有线网络中新增无线网络，则在核心网络和 IP 网络中插入 AC 会改变原有拓扑结构。但该种方式结构清晰，实施较为容易，主要用于新建网络。

- 旁挂式组网：AC 并不在 AP 和核心网络的中间，而是位于网络的一侧（通常是连接在汇聚交换机或者核心交换机上）。在这种组网中，如果采用直接转发模式，STA 的业务数据报文不需要经过 AC 就能到达上层网络，AC 的压力较小；如果采用隧道转发模式，STA 的业务数据报文要通过 CAPWAP 隧道发送到 AC，再由 AC 把数据报文转发到上层网络，因此 AC 会面临较大压力。旁挂式组网不需要改变现有网络拓扑结构，所以是较为常用的组网方式。

上述组网方式可以组合使用，这样 AC 与 AP 组网可以分为四种方式，如图 7-3 所示。在每种方式中，业务数据报文的转发可以采用直接转发模式或隧道转发模式。

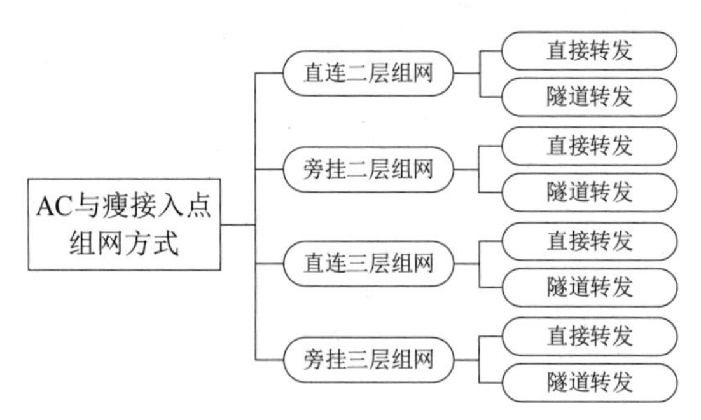

图 7-3　AC 与瘦接入点的组网方式

6. WLAN 模板

WLAN 网络的配置相对比较复杂。为了方便用户配置和维护 WLAN 的各个功能，针对 WLAN 的不同功能和特性设计了各种类型的模板，如域管理模板、VAP 模板、射频模板等，这些模板统称为 WLAN 模板。当用户在配置 WLAN 业务功能时，只需要在对应功能的 WLAN 模板中进行参数配置，配置完成后，将此模板引用到上一层模板或者引用到 AP 组或 AP 中，配置就会自动下发到 AP，配置下发完成后，配置的功能就会直接在 AP 上生效。

各个 WLAN 模板间存在着相互引用的关系，在配置过程中，需要先了解各个模板之间存在的逻辑关系。常用模板之间的引用关系如图 7-4 所示。

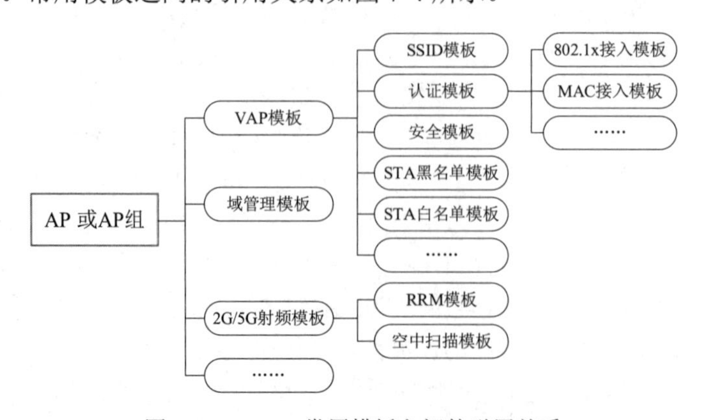

图 7-4　WLAN 常用模板之间的引用关系

7. WLAN 基本业务配置流程

不同网络架构配置 WLAN 基本业务的流程不尽相同，如表 7-1 所示。

表 7-1 WLAN 基本业务配置流程

WLAN 网络架构	WLAN 基本业务配置流程
集中式架构	1. 配置网络互通：实现 AP、AC 和周边网络设备之间的网络互通 2. 配置 DHCP 服务器：为 STA 和 AP 等分配 IP 地址 3. 配置 AP 上线： • 创建 AP 组：用于对相同配置的 AP 进行统一配置 • 配置 AC 系统参数：包括国家码、AC 与 AP 之间通信的源接口 • 配置 AP 上线的认证方式并离线导入 AP，实现 AP 正常上线 4. 配置 AC 下发给 AP 的 WLAN 业务参数：包括 VAP、SSID 和 AP 射频参数等，实现 STA 访问 WLAN 网络功能
自治式架构	1. 配置网络互通：实现 AP 和周边设备之间的网络互通 2. 在 AP 上配置 DHCP 服务器：为 STA 分配 IP 地址 3. 配置 AP 系统参数：包括国家码等 4. 配置 STA 上线：包括 VAP、SSID 和 AP 射频参数等，实现 STA 访问 WLAN 网络功能
敏捷分布式架构	1. 配置网络互通：实现中心 AP、RU、AC 和周边网络设备之间的网络互通 2. 配置 DHCP 服务器：为 STA、中心 AP 和 RU 等分配 IP 地址 3. 配置中心 AP 和 RU 上线： • 创建 AP 组：用于对相同配置的中心 AP 和 RU 进行统一配置 • 配置 AC 的系统参数：包括国家码、源接口 • 配置 AP 上线的认证方式并离线导入中心 AP 和 RU，实现中心 AP 和 RU 正常上线 4. 配置 AC 下发给 AP 的 WLAN 业务参数：包括 VAP、SSID 和 AP 射频参数等，实现 STA 访问 WLAN 网络功能

实验 7.1.1：配置 WLAN 基本网络

任务要求

某网络拓扑结构如图 7-5 所示。学生工作部的 PC 连接在 S5700 汇聚交换机 LSW1 上，该交换机与 AR2200 路由器 RTA 相连，允许用户访问校园网。为满足移动办公的基本需求，学生工作部决定采用集中式架构部署小型 WLAN，允许笔记本电脑或手机等无线移动终端和 PC 能互相访问，所有无线移动终端和 PC 都能通过路由器 RTA 访问校园网。该 WLAN 的网络规划如表 7-2 所示。请按组网规划完成系统配置。

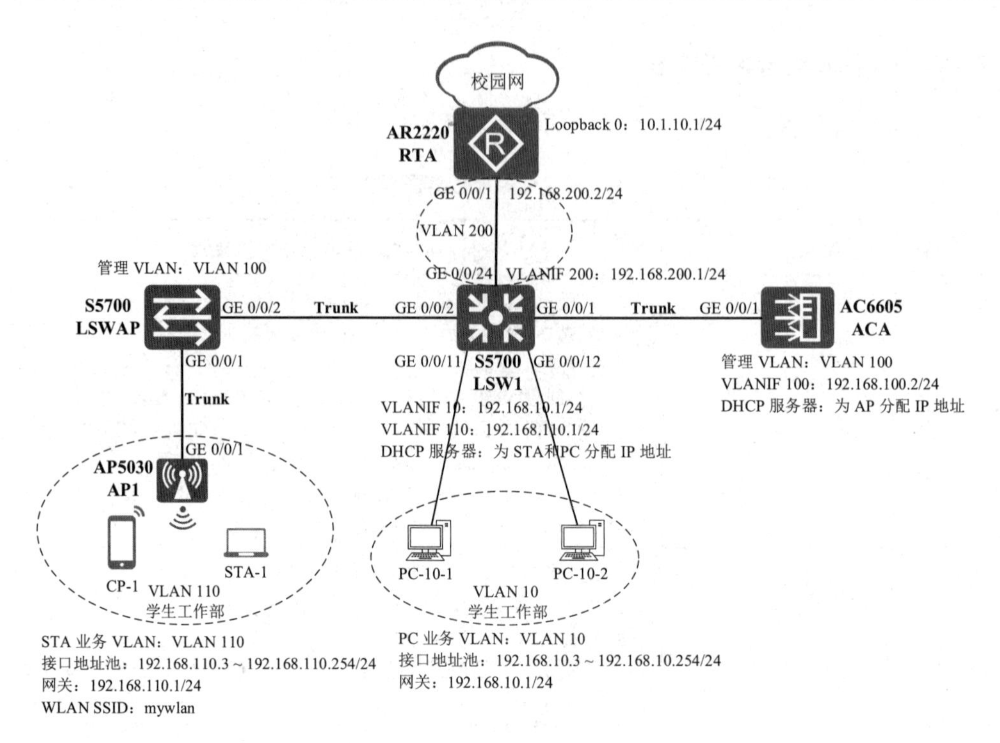

图 7-5 支持 WLAN 的网络拓扑

表 7-2 WLAN 网络规划

配置项	属性值
WLAN 网络架构	集中式架构。在 AC 上配置 WLAN 业务，下发给 AP 生成 WLAN 网络
AP 管理 VLAN	VLAN 100
PC 业务 VLAN	VLAN 10
STA 业务 VLAN	VLAN 110
路由器 VLAN	VLAN 200
DHCP 服务器	• 无线接入控制器 ACA 采用接口地址池为 AP 分配 IP 地址 • 交换机 LSW1 采用接口地址池为 STA 和 PC 分配 IP 地址
AP 的 IP 地址池和网关	• IP 地址池：192.168.100.3 ~ 192.168.100.254/24 • 排除地址：192.168.100.1
PC 的 IP 地址池和网关	• IP 地址池：192.168.10.3 ~ 192.168.10.254/24 • 排除地址：192.168.10.2 • 网关地址：LSW1 上 VLANIF 10 地址 192.168.10.1/24
STA 的 IP 地址池和网关	• IP 地址池：192.168.110.3 ~ 192.168.110.254/24 • 排除地址：192.168.110.2 • 网关地址：LSW1 上 VLANIF 110 地址 192.168.110.1/24
AC 组网与业务数据转发方式	旁挂二层组网，直接转发。无线接入控制器采用 AC6605，旁挂连接在汇聚交换机 LSW1 上，瘦 AP 采用 AP5030，连接在接入交换机 LSWAP 上
无线控制器 ACA	• 管理 VLAN：100 • GE 0/0/1：Trunk，允许 VLAN 100 帧通过 • VLANIF 100 地址：192.168.100.2/24 • 在 VLANIF 100 接口开启 DHCP，采用接口地址池为 AP 分配地址

续表

配置项	属性值
AC 的源接口 IP 地址	无线接入控制器 ACA 上 VLANIF 100 地址
交换机 LSW1	• 管理、STA 和 PC 业务、路由器 VLAN：100，10，110，200 • GE 0/0/1：Trunk，允许 VLAN 100 帧通过 • GE 0/0/2：Trunk，允许 VLAN 100、VLAN 110 帧通过 • GE 0/0/11：Access，VLAN 10 • GE 0/0/12：Access，VLAN 10 • GE 0/0/24：Access，VLAN 200 • VLANIF 100 地址：192.168.100.1/24 • VLANIF 10 地址：192.168.10.1/24 • VLANIF 110 地址：192.168.110.1/24 • VLANIF 200 地址：192.168.200.1/24 • 到校园网的默认路由：目的：0.0.0.0，下一跳：路由器 RTA 端口 GE 0/0/1 地址 192.168.200.2/24 • 在 VLANIF 10 接口开启 DHCP，采用接口地址池为 PC 分配地址 • 在 VLANIF 110 接口开启 DHCP，采用接口地址池为 STA 分配地址
交换机 LSWAP	• 管理和 STA 业务 VLAN：100，110 • GE 0/0/1：Trunk，允许 VLAN 100、VLAN 110 帧通过 • GE 0/0/2：Trunk，允许 VLAN 100、VLAN 110 帧通过
路由器 RTA	• GE 0/0/1 地址：192.168.200.2/24 • Loopback 0 地址：10.1.10.1/24（模拟校园网主机） • 到 STA 和 PC 业务 VLAN 的默认路由：目的：0.0.0.0，下一跳：交换机 LSW1 上 VLANIF 200 地址 192.168.200.1/24
AP 组	• 名称：apg1 • 成员：AP1 • 引用模板：VAP 模板 mywlan，域管理模板 mywlan
VAP 模板	• 名称：mywlan • 业务数据转发模式：直接转发 • 业务 VLAN：VLAN 110 • 引用模板：SSID 模板 mywlan，安全模板 mywlan
域管理模板	• 名称：mywlan • 国家码：中国
SSID 模板	• 名称：mywlan • SSID 名称：mywlan
安全模板	• 名称：mywlan • 安全策略：WPA-WPA2 + PSK + AES • 密码：12345678
RRM 模板	• 名称：mywlan • 关闭射频信道和功率的自动调优功能，手动调整

配置思路

采用如下思路配置 WLAN 基本业务：

（1）配置 AP、AC 与周边网络设备实现二层网络互通。

（2）DHCP 服务器：

- 在交换机 LSW1 上配置 DHCP 服务器，采用接口地址池模式为 PC 和 STA 分配 IP 地址。

- 在无线接入控制器 ACA 上配置 DHCP 服务器，采用接口地址池模式为 AP 分配 IP 地址。

（3）配置 AP 上线：

- 创建 AP 组，用于对相同配置的 AP 进行统一配置。
- 创建域管理模板，在域管理模板下配置 AC 的国家码，并在 AP 组下引用域管理模板。
- 配置 AC 与 AP 之间通信的源接口，实现 AC 对其所关联的 AP 进行集中管理和控制。
- 在 AC 上离线导入 AP，并将 AP 加入 AP 组。

（4）配置 WLAN 业务参数，实现 STA 访问 WLAN 网络功能：

- 创建安全模板，配置安全策略。
- 创建 SSID 模板，配置 SSID。
- 创建 VAP 模板，配置业务数据转发模式、业务 VLAN，并引用安全模板和 SSID 模板。
- 配置 AP 组引用 VAP 模板。

（5）配置 AP 射频的信道和功率。

实验步骤

步骤 1：创建拓扑

① 启动 eNSP，单击工具栏中的“新建拓扑”图标。

② 在网络设备区中选择设备，向工作区中添加 2 台 S5700 交换机、1 台 AR2220 路由器、1 台 AC6605 无线接入控制器、1 台 AP5030 接入点、2 台 PC、1 台笔记本模拟器 STA 和 1 部手机模拟器 CellPhone。

③ 按指定端口将交换机、路由器、无线接入控制器、接入 AP 和 PC 等互连，将模拟器部署在 AP 附近。

④ 为设备命名。

步骤 2：修改 IPv4 地址配置方式

将 PC-10-1、PC-10-2、笔记本电脑模拟器 STA-1 和手机模拟器 CP-1 的 IPv4 地址配置方式配置为从 DHCP 服务器获得。

① 分别双击 PC-10-1 和 PC-10-2，在打开的窗口中选中“基础配置”标签，在“IPv4 配置”区中，选择“DHCP”选项，然后单击“应用”按钮。

② 双击 STA-1，在打开的窗口中选中“Vap 配置”标签，在“IPv4 配置”区中，选择“DHCP”选项，然后单击“应用”按钮。

③ 双击 CP-1，在打开的窗口中选中“Vap 配置”标签，在“IPv4 配置”区中，选择“DHCP”选项，然后单击“应用”按钮。

④ 配置完毕后，单击工具栏中的“保存”图标，将拓扑保存到指定目录，将文件命名为 lab-7.1.1.WLAN.Basic.topo。

步骤 3：启动设备

单击工具栏中的“开启设备”图标▶，启动全部设备。

步骤 4：配置网络互通

① 配置交换机 LSW1。双击工作区中交换机 LSW1 的图标，打开控制台窗口，在提示符下输入以下命令：

```
# 进入系统视图，为交换机命名。
<huawei> system-view
[huawei] sysname LSW1
# 批量创建 VLAN。
[LSW1] vlan batch 100 10 110 200
# 配置连接 ACA 的端口的链路类型为 Trunk，允许管理 VLAN 帧通过。
[LSW1] interface gigabitethernet 0/0/1
[LSW1-GigabitEthernet0/0/1] port link-type trunk
[LSW1-GigabitEthernet0/0/1] port trunk allow-pass vlan 100
[LSW1-GigabitEthernet0/0/1] quit
# 配置连接 LSWAP 的端口的链路类型为 Trunk，允许管理 VLAN 和 STA 业务 VLAN 帧通过。
[LSW1] interface gigabitethernet 0/0/2
[LSW1-GigabitEthernet0/0/2] port link-type trunk
[LSW1-GigabitEthernet0/0/2] port trunk allow-pass vlan 100 110
[LSW1-GigabitEthernet0/0/2] quit
# 将 PC 所连接的端口加入 VLAN 10。创建端口组，名称为 pgv10。将端口加入端口组。
[LSW1] port-group pgv10
[LSW1-port-group-pgv10] group-member g0/0/11 g0/0/12
[LSW1-port-group-pgv10] port link-type access
[LSW1-port-group-pgv10] port default vlan 10
[LSW1-port-group-pgv10] quit
# 将连接 RTA 的端口加入 VLAN 200。
[LSW1] interface gigabitethernet 0/0/24
[LSW1-GigabitEthernet0/0/24] port link-type access
[LSW1-GigabitEthernet0/0/24] port default vlan 200
[LSW1-GigabitEthernet0/0/24] quit
# 显示 VLAN 信息，确认正确建立了 VLAN。
[LSW1] display vlan
[LSW1] display port vlan
# 配置 VLANIF 200 接口 IP 地址。
[LSW1] interface vlanif 200
[LSW1-Vlanif200] ip address 192.168.200.1 24
[LSW1-Vlanif200] quit
# 查看所有端口的 IP 信息。
[LSW1] display ip interface brief
# 配置到校园网的默认路由，允许 PC 和 STA 访问校园网。
[LSW1] ip route-static 0.0.0.0 0 192.168.200.2
# 查看 IP 路由表。
[LSW1] display ip routing-table
```

② 配置交换机 LSWAP。双击工作区中交换机 LSWAP 的图标，打开控制台窗口，在提

示符下输入以下命令：

```
<huawei> system-view
[huawei] sysname LSWAP
[LSWAP] vlan batch 100 110
# 配置连接AP1的端口的链路类型为Trunk，允许管理VLAN和STA业务VLAN帧通过。
[LSWAP] interface gigabitethernet 0/0/1
[LSWAP-GigabitEthernet0/0/1] port link-type trunk
[LSWAP-GigabitEthernet0/0/1] port trunk allow-pass vlan 100 110
# 配置端口的默认VLAN为管理VLAN 100。
[LSWAP-GigabitEthernet0/0/1] port trunk pvid vlan 100
[LSWAP-GigabitEthernet0/0/1] quit
# 配置连接LSW1的端口的链路类型为Trunk，允许管理VLAN和STA业务VLAN帧通过。
[LSWAP] interface gigabitethernet 0/0/2
[LSWAP-GigabitEthernet0/0/2] port link-type trunk
[LSWAP-GigabitEthernet0/0/2] port trunk allow-pass vlan 100 110
[LSWAP-GigabitEthernet0/0/2] quit
[LSWAP] display vlan
[LSWAP] display port vlan
```

③ 配置路由器RTA。双击工作区中路由器RTA的图标，打开控制台窗口，在提示符下输入以下命令：

```
<huawei> system-view
[huawei] sysname RTA
# 配置连接LSW1的端口的IP地址。
[RTA] interface gigabitethernet 0/0/1
[RTA-GigabitEthernet0/0/1] ip address 192.168.200.2 24
[RTA-GigabitEthernet0/0/1] quit
# 配置Loopback 0，模拟校园网上的主机。
[RTA] interface loopback 0
[RTA-LoopBack0] ip address 10.1.10.1 24
[RTA-LoopBack0] quit
# 配置到业务VLAN 10、VLAN 110的默认路由，允许校园网主机与PC和STA通信。
[RTA] ip route-static 0.0.0.0 0 192.168.200.1
# 查看IP路由表。
[RTA] display ip routing-table
```

④ 配置无线控制器ACA与其他网络设备互通。双击工作区中的无线控制器ACA的图标，打开控制台窗口，在提示符下输入以下命令：

```
<huawei> system-view
[huawei] sysname ACA
[ACA] vlan batch 100
# 配置连接LSW1的端口的链路类型为Trunk，允许管理VLAN帧通过。
[ACA] interface gigabitethernet 0/0/1
[ACA-GigabitEthernet0/0/1] port link-type trunk
[ACA-GigabitEthernet0/0/1] port trunk allow-pass vlan 100
# 配置端口的默认VLAN为管理VLAN 100，否则AP无法识别AC发出的帧。
[ACA-GigabitEthernet0/0/1] port trunk pvid vlan 100
```

```
[ACA-GigabitEthernet0/0/1] quit
[ACA] display vlan
[ACA] display port vlan
```

步骤 5：配置 DHCP 服务器

① 在交换机 LSW1 上配置 DHCP 服务器，采用接口地址池为 PC 和 STA 分配 IP 地址。在交换机 LSW1 的控制台窗口中输入以下命令：

```
<LSW1> system-view
# 开启 DHCP 服务。默认为禁用。
[LSW1] dhcp enable
# 配置 PC 所在 VLAN 10 接口的 IP 地址。该地址为 DHCP 服务器地址和 PC 的网关地址。
[LSW1] interface vlanif 10
[LSW1-Vlanif10] ip address 192.168.10.1 24
# 配置接口启用 DHCP 服务，采用接口地址池模式（interface）。排除 IP 地址 192.168.10.2。
[LSW1-Vlanif10] dhcp select interface
[LSW1-Vlanif10] dhcp server excluded-ip-address 192.168.10.2
# 查看 DHCP 配置。
[LSW1] display ip pool interface vlanif10
[LSW1] display ip pool interface vlanif10 all
# 配置 STA 所在 VLAN 110 接口的 IP 地址。该地址为 DHCP 服务器地址和 STA 的网关地址。
[LSW1] interface vlanif 110
[LSW1-Vlanif110] ip address 192.168.110.1 24
[LSW1-Vlanif110] dhcp select interface
[LSW1-Vlanif110] dhcp server excluded-ip-address 192.168.110.2
# 查看 DHCP 配置。
[LSW1] display ip pool interface vlanif 110
[LSW1] display ip pool interface vlanif 110 all
```

② 在无线接入控制器上配置 DHCP 服务器，为 AP 分配 IP 地址。在无线控制器 ACA 的控制台窗口中输入以下命令：

```
<ACA> system-view
[ACA] dhcp enable
# 配置管理 VLAN 100 接口的 IP 地址。该地址为 DHCP 服务器地址和 AP 的网关地址。
[ACA] interface vlanif 100
[ACA-Vlanif100] ip address 192.168.100.2 24
[ACA-Vlanif100] dhcp select interface
[ACA-Vlanif110] dhcp server excluded-ip-address 192.168.100.1
# 查看 DHCP 配置。
[ACA] display ip pool interface vlanif 100
[ACA] display ip pool interface vlanif 100 all
```

步骤 6：配置 AP 上线

在无线控制器 ACA 的控制台窗口中输入以下命令：

```
<ACA> system-view
[ACA] wlan
```

```
# 创建域管理模板，名称为“mywlan”，配置国家码为中国（cn）。
[ACA-wlan-view] regulatory-domain-profile name mywlan
[ACA-wlan-regulate-domain-mywlan] country-code cn
[ACA-wlan-regulate-domain-mywlan] quit
# 创建AP组，名称为“apg1”。在AP组下引用域管理模板。看到警告(Warning)提示后，输入y。
[ACA-wlan-view] ap-group name apg1
[ACA-wlan-ap-group-apg1] regulatory-domain-profile mywlan
Warning: Modifying the country code will clear channel, power and antenna gain configurations of the radio and reset the AP. Continue? [Y/N]: y
[ACA-wlan-ap-group-apg1] quit
# 查看AP组的配置信息和引用信息。
[ACA-wlan-view] display ap-group all
[ACA-wlan-view] display ap-group name apg1
[ACA-wlan-view] quit
# 配置AC的源接口。
[ACA] capwap source interface vlanif 100
# 在AC上离线导入AP1。
[ACA] wlan
# 开启MAC认证。
# ap auth-mode命令默认为MAC认证。如果之前没有修改默认配置，可以不用执行该命令。
[ACA-wlan-view] ap auth-mode mac-auth
# 配置认证AP1的MAC地址和名称。
# 用鼠标右键单击AP1，再用鼠标左键单击“设置”选项，选中“配置”选项卡，读取AP1的MAC地址。
# 假设读取的AP1的MAC地址为00-E0-FC-97-33-D0。
# 设置该AP1的索引为31(取值范围：0～8191)，MAC地址为00E0-FC97-33D0。
[ACA-wlan-view] ap-id 31 ap-mac 00E0-FC97-33D0
# 配置AP1的名称为b2-f2-r206(含义：2号楼2层206房间)。
[ACA-wlan-ap-31] ap-name b2-f2-r206
# 将AP1加入AP组。看到警告(Warning)提示后，输入y。
[ACA-wlan-ap-31] ap-group apg1
Warning: This operation may cause AP reset. If the country code changes, it will clear channel, power and antenna gain configurations of the radio, whether to continue? [Y/N]: y
[ACA-wlan-ap-31] quit
# 执行命令 undo ap ap-id 31 可以删除索引为31的AP。
# 手动重新启动AP1，将AP1上电。AP1启动成功后，查看AP状态。
# 将AP上电后，若“State”字段为“nor”，表示AP正常上线。可能需要等待一段时间。
[ACA-wlan-view] display ap all
```

注： 若AP能正常上线，继续完成后面的步骤。否则，请检查前面步骤中的配置，排除故障，直到AP能正常上线为止。

步骤7：配置WLAN业务参数

在无线控制器ACA控制台窗口中输入以下命令：

```
<ACA> system-view
[ACA] wlan
# 创建安全模板，名称为“mywlan”。
```

```
[ACA-wlan-view] security-profile name mywlan
# 配置安全策略采用 WPA/WPA2-PSK（预共享密钥模式）认证，采用 AES（高级加密标准）加密，密码为 12345678（注：密码长度为 8～63 个 ASCII 字符）。
[ACA-wlan-sec-prof-mywlan] security wpa-wpa2 psk pass-phrase 12345678 aes
# 查看安全模板的信息。
[ACA-wlan-sec-prof-mywlan] display security-profile name mywlan
[ACA-wlan-sec-prof-mywlan] quit
# 创建 SSID 模板，名称为“mywlan”，配置 SSID 名称为“mywlan”。
[ACA-wlan-view] ssid-profile name mywlan
[ACA-wlan-ssid-prof-mywlan] ssid mywlan
[ACA-wlan-ssid-prof-mywlan] display ssid-profile name mywlan
[ACA-wlan-ssid-prof-mywlan] quit
# 创建 VAP 模板，名称为“mywlan”。
# 配置业务数据转发模式为直接转发，业务 VLAN 为 110，并引用安全模板和 SSID 模板。
[ACA-wlan-view] vap-profile name mywlan
[ACA-wlan-vap-prof-mywlan] forward-mode direct-forward
[ACA-wlan-vap-prof-mywlan] service-vlan vlan-id 110
[ACA-wlan-vap-prof-mywlan] security-profile mywlan
[ACA-wlan-vap-prof-mywlan] ssid-profile mywlan
[ACA-wlan-vap-prof-mywlan] display vap-profile name mywlan
[ACA-wlan-vap-prof-mywlan] quit
# 配置 AP 组引用 VAP 模板，在射频 0 和 1 上引用 VAP 模板。
# 将 VAP 标识设置为 1。离线管理 VAP 配置中的 WLAN ID（即 VAP 标识）取值范围为 1～12，15。
[ACA-wlan-view] ap-group name apg1
[ACA-wlan-ap-group-apg1] vap-profile mywlan wlan 1 radio 0
[ACA-wlan-ap-group-apg1] vap-profile mywlan wlan 1 radio 1
[ACA-wlan-ap-group-apg1] quit
```

步骤 8：配置 AP 射频信道和功率

在无线控制器 ACA 控制台窗口中输入以下命令：

```
<ACA> system-view
[ACA] wlan
# 创建射频资源管理 RRM 模板，名称为“mywlan”。
[ACA-wlan-view] rrm-profile name mywlan
# 关闭射频信道和功率的自动调优功能。
# 射频信道和功率的自动调优功能默认是开启的。如果不关闭，会导致手动配置不生效。
[ACA-wlan-rrm-prof-mywlan] calibrate auto-channel-select disable
[ACA-wlan-rrm-prof-mywlan] calibrate auto-txpower-select disable
[ACA-wlan-rrm-prof-mywlan] display rrm-profile name mywlan
[ACA-wlan-rrm-prof-mywlan] quit
# 配置 AP1 的射频 0 和 1 的信道和功率。
[ACA-wlan-view] ap-id 31
# AP 射频的信道和功率仅为示例，实际配置中请根据国家码和法规或网络规定进行配置。
# 配置 AP1 的射频 0。
[ACA-wlan-ap-31] radio 0
# 配置射频 0 的信道为 6。看到警告（Warning）提示后，输入 y。
[ACA-wlan-radio-31/0] channel 20mhz 6
Warning: This action may cause service interruption. Continue? [Y/N] y
```

```
# 配置射频 0 的发射功率绝对值的上限为 90dBm。
[ACA-wlan-radio-31/0] eirp 90
[ACA-wlan-radio-31/0] quit
# 配置 AP1 射频 1。
[ACA-wlan-ap-31] radio 1
[ACA-wlan-radio-31/1] channel 20mhz 149
Warning: This action may cause service interruption. Continue? [Y/N] y
[ACA-wlan-radio-31/1] eirp 90
[ACA-wlan-radio-31/1] quit
[ACA-wlan-ap-31] quit
```

步骤 9：检查配置结果

在无线控制器 ACA 控制台窗口中输入以下命令：

```
<ACA> system-view
[ACA] wlan
# 查看 AP 状态信息。将 AP 上电后，若“State”字段为“nor”，表示 AP 正常上线。
[ACA-wlan-view] display ap all
[ACA-wlan-view] display ap by-ssid mywlan
[ACA-wlan-view] display ap by-state normal
# 查看 AP 组的配置信息和引用信息。
[ACA-wlan-view] display ap-group all
[ACA-wlan-view] display ap-group name apg1
# 查看 VAP 信息。“Status”项显示为“ON”时，表示 AP 对应的射频上的 VAP 已创建成功。
[ACA-wlan-view] display vap all
[ACA-wlan-view] display vap ssid mywlan
[ACA-wlan-view] display vap ap-group apg1
[ACA-wlan-view] display vap ap-id 31
[ACA-wlan-view] display vap ap-name b2-f2-r206
# 查看所有 SSID 模板和名称为“mywlan”的 SSID 模板的信息。
[ACA-wlan-view] display ssid-profile all
[ACA-wlan-view] display ssid-profile name mywlan
# 查看 AP 的射频信息。
[ACA-wlan-view] display radio all
[ACA-wlan-view] display radio ap-group apg1
[ACA-wlan-view] display radio ap-id 31
[ACA-wlan-view] display radio ap-name b2-f2-r206
# 查看已接入的无线移动终端信息。
# 首先双击 STA-1 和 CP-1，在弹出的窗口中选择 VAP 标签页，连接到名为“mywlan”的无线网络，
输入密码“12345678”后进行关联。若配置正确，可以看到它们已经接入到指定的 WLAN 中。
[ACA-wlan-view] display station all
[ACA-wlan-view] display station ssid mywlan
[ACA-wlan-view] display station ap-group apg1
[ACA-wlan-view] display station ap-id 31
[ACA-wlan-view] display station ap-name b2-f2-r206
[ACA-wlan-view] display station vlan 110
```

提示 · 思考 · 动手

- ✓ 请将配置后的网络拓扑的截图粘贴到实验报告中。
- ✓ 请将所有已添加的 AP 状态信息的截图粘贴到实验报告中。
- ✓ 请将所有 VAP 状态信息的截图粘贴到实验报告中。
- ✓ 请将所有 AP 的射频信息的截图粘贴到实验报告中。
- ✓ 请将所有已接入的无线移动终端信息的截图粘贴到实验报告中。在图中分别标出 STA-1 和 CP-1 的 MAC 地址。
- ✓ 请将 STA-1 的 VAP 列表的截图粘贴到实验报告中。

步骤 10：测试验证与通信分析

分别开启 STA-1、CP-1 和 AP1 上 Wi-Fi 的数据抓包。

① 无线工作站与接入点 AP 建立关联的通信分析。

提示 · 思考 · 动手

- ✓ STA-1 采用什么方法与接入点 AP 建立关联？
- ✓ BSSID 和 SSID 值分别是多少？
- ✓ BSSID 是哪个设备或信道的 MAC 地址？

② 站点间通信分析。

分别双击 STA-1、CP-1 和 PC-10-1、PC-10-2，在各自弹出的配置窗口中选中“命令行”标签。

首先，分别在它们的命令窗口中输入以下命令，查看由 DHCP 服务器分配的 IPv4 地址，将得到的结果填入表 7-3 中。

```
ipconfig
```

表 7-3 PC 和无线移动站地址

	PC-10-1	PC-10-2	STA-1	CP-1
IPv4 地址				
子网掩码				
网关				
MAC 地址				

之后，分别在它们的命令窗口中输入以下命令，测试是否能相互通信：

```
ping PC-10-1 的 IPv4 地址 -c 1
ping PC-10-2 的 IPv4 地址 -c 1
ping STA-1 的 IPv4 地址 -c 1
ping CP-1 的 IPv4 地址 -c 1
ping 10.1.10.1
```

提示 · 思考 · 动手

- ✓ STA-1 能 ping 通 CP-1 吗？请将 ping 命令执行结果的截图粘贴到实验报告中。
- ✓ 分析在 AP1 上抓取的 STA-1 与 CP-1 之间的 ping 通信，回答下列问题：

1. STA-1 与 CP-1 之间是如何传输 ICMP Echo Request 和 Reply 报文的？
2. 请将封装 ICMP Echo Request 和 Reply 的 802.11 帧的信息填入表 7-4 中。

表 7-4 封装 STA-1 与 CP-1 之间 ICMP Echo 通信的 802.11 帧中的地址

	DS 状态	Receiver Address（地址 1）	Transmitter Address（地址 2）	Destination Address（地址 3）	Source Address（地址 4）
STA-1 到 AP1 的 ICMP Echo Request	值： 含义：	地址： 设备/接口名称：	地址： 设备/接口名称：	地址： 设备/接口名称：	地址： 设备/接口名称：
AP1 到 CP-1 的 ICMP Echo Request	值： 含义：	地址： 设备/接口名称：	地址： 设备/接口名称：	地址： 设备/接口名称：	地址： 设备/接口名称：
CP-1 到 AP1 的 ICMP Echo Reply	值： 含义：	地址： 设备/接口名称：	地址： 设备/接口名称：	地址： 设备/接口名称：	地址： 设备/接口名称：
AP1 到 STA-1 的 ICMP Echo Reply	值： 含义：	地址： 设备/接口名称：	地址： 设备/接口名称：	地址： 设备/接口名称：	地址： 设备/接口名称：

提示 · 思考 · 动手

- ✓ STA-1 能 ping 通 PC-10-1 吗？请将 ping 命令执行结果的截图粘贴到实验报告中。
- ✓ 分析在 AP1 上抓取的 STA-1 与 PC-10-1 之间的 ping 通信，回答下列问题：

1. STA-1 与 PC-10-1 之间是如何传输 ICMP Echo Request 和 Reply 报文的？
2. 请将封装 ICMP Echo Request 和 Reply 的 802.11 帧的信息填入表 7-5 中。

表 7-5 封装 STA-1 与 PC-10-1 之间 ICMP Echo 通信的 802.11 帧中的地址

	DS 状态	Receiver Address（地址 1）	Transmitter Address（地址 2）	Destination Address（地址 3）	Source Address（地址 4）
STA-1 到 AP1 的 ICMP Echo Request	值： 含义：	地址： 设备/接口名称：	地址： 设备/接口名称：	地址： 设备/接口名称：	地址： 设备/接口名称：
AP1到 STA-1的 ICMP Echo Reply	值： 含义：	地址： 设备/接口名称：	地址： 设备/接口名称：	地址： 设备/接口名称：	地址： 设备/接口名称：

7.2 WLAN 漫游配置

实验目的

1. 理解 WLAN 漫游技术的工作原理。
2. 掌握 WLAN 漫游的网络架构和基本配置方法。

实验装置和工具

1. 华为 eNSP 软件。
2. ping。
3. Wireshark。

实验原理（背景知识）

WLAN 的一个重要特点是允许无线用户设备在其覆盖范围内移动。WLAN 漫游是指终端在属于同一个扩展服务集的不同 AP 之间移动，且仍然保持上层应用程序的网络连接，实现业务不中断。WLAN 漫游实现了以下目标：

- 避免漫游过程中由于用户认证时间过长而导致的数据丢包甚至业务中断。
- 保证用户授权信息不变。用户的认证和授权信息，是用户访问网络的通行证。为保持漫游后业务不中断，必须确保用户的认证和授权信息不变。
- 保证用户 IP 地址不变。应用之间的通信是以 IP 地址为基础的，只有保持原 IP 地址不变，才能保持业务数据的正常转发。

1. WLAN 漫游技术

常见的 WLAN 漫游技术有传统漫游、快速漫游、智能漫游、无损漫游等。

- 传统漫游：漫游的决定权是由终端掌握的。终端感知到信号强度低于阈值之后，触发信道扫描，通过主动扫描或被动扫描方式发现当前所在位置下可见的 AP，基于扫描到的各 AP 信息，选择一个 AP 作为新的接入点 AP，完成 AP 切换。终端在通信时会通过 probe 帧持续寻找其他 AP，并与这些 AP 进行认证，终端可以与多个 AP 认证，但只能和一个 AP 关联。当终端远离其原本关联的 AP 时，若信号强度低于预定信号阈值，它将尝试连接到另一个 AP。
- 快速漫游：解决了终端在漫游过程中漫游切换时间长、漫游成功率低的问题。目前有两种技术标准，分别为 IEEE 802.11i 标准中的 PMK Caching 技术和 IEEE 802.11r 标准，分别称为 PMK 快速漫游和 802.11r 快速漫游。这两种漫游方式需要 AP 和终端同时支持。
- 智能漫游：有些终端对漫游表现出极端的迟钝，即便所接入的 AP 信号质量已经非常差了，且有信号更好的 AP 可以接入，但终端却一直接入原来的 AP。这种现象也被称为黏性，发生这种行为的终端也被称为黏性终端。针对黏性终端问题，华为设计了智能漫游特性，设备能够智能识别网络中的黏性终端，并且根据不同终端的能力选择不同的方式，帮助黏性终端选择更合适的 AP 接入。

- 无损漫游：针对仓储物流和语音/视频移动办公场景需求，基于 5G 和 Wi-Fi 6 成熟与推广，华为对传统漫游过程进行了主动优化，使得终端实现毫秒级、零丢包的快速无损漫游。

2. WLAN 漫游分类

根据终端是否在同一个子网内漫游，可以将漫游分为二层漫游和三层漫游。二层漫游是指终端在其所在子网内的漫游。三层漫游是指终端漫游后所在子网与漫游前所在子网不同的漫游。

根据终端漫游前后是否关联同一个 AC，可以将漫游分为 AC 内漫游和 AC 间漫游。AC 内漫游是指终端在同一个 AC 内不同 AP 之间的漫游。AC 间漫游是指终端在同一个漫游组内不同 AC 的 AP 之间漫游。AC 间漫游可以是二层漫游，也可以是三层漫游。

实验 7.2.1：配置 WLAN VLAN 内漫游

任务要求

某网络的拓扑结构如图 7-6 所示，与实验 7.1.1 中的网络拓扑结构基本相同，不同之处是：为扩大无线网络覆盖范围，在交换机 LSWAP 上新增加了一台瘦接入点 AP2，允许笔记本电脑或手机等无线移动终端通过 AP1 和 AP2 接入本部门网络，且可以在 AP 之间漫游；与 AP1 和 AP2 关联的终端都属于同一个业务 VLAN。该 WLAN 的数据规划如表 7-6 所示，与实验 7.1.1 基本相同，不同之处是：终端在 AP 之间漫游时，用户业务不受影响，且要优化带宽和信道的使用。为了优化带宽和信道的使用，调整了域管理模板和 RRM 模板中的参数设置，增加了空口扫描模板、2G 和 5G 射频模板。请按组网规划完成系统配置。

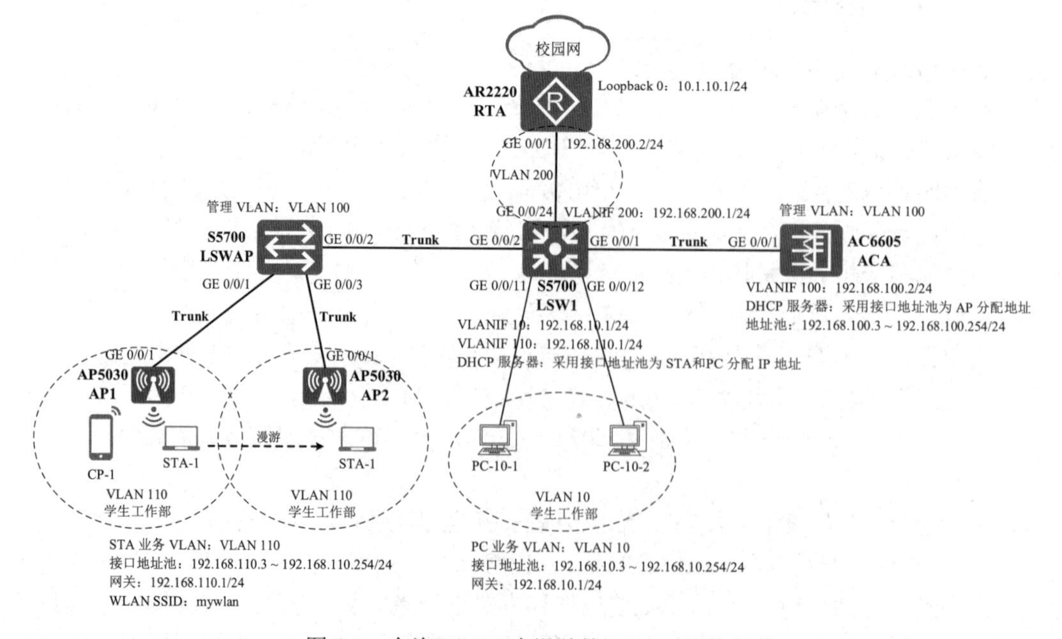

图 7-6　允许 VLAN 内漫游的 WLAN 网络拓扑

表 7-6 WLAN 网络规划

配置项	属性值
WLAN 网络架构	集中式架构。在 AC 上配置 WLAN 业务，下发给 AP 生成 WLAN 网络
AP 管理 VLAN	VLAN 100
PC 业务 VLAN	VLAN 10
STA 业务 VLAN	VLAN 110
路由器 VLAN	VLAN 200
DHCP 服务器	• 无线接入控制器 ACA 采用接口地址池为 AP 分配 IP 地址 • 交换机 LSW1 采用接口地址池为 STA 和 PC 分配 IP 地址
AP 的 IP 地址池和网关	• IP 地址池：192.168.100.3 ~ 192.168.100.254/24 • 排除地址：192.168.100.1
PC 的 IP 地址池和网关	• IP 地址池：192.168.10.3 ~ 192.168.10.254/24 • 排除地址：192.168.10.2 • 网关地址：LSW1 上 VLANIF 10 地址 192.168.10.1/24
STA 的 IP 地址池和网关	• IP 地址池：192.168.110.3 ~ 192.168.110.254/24 • 排除地址：192.168.110.2 • 网关地址：LSW1 上 VLANIF 110 地址 192.168.110.1/24
AC 组网与业务数据转发方式	• 旁挂二层组网，直接转发 • 无线接入控制器采用 AC6605，旁挂连接在汇聚交换机 LSW1 上，瘦 AP 采用 AP5030，连接在接入交换机 LSWAP 上
无线控制器 ACA	• 管理 VLAN：100 • GE 0/0/1：Trunk，允许 VLAN 100 帧通过 • VLANIF 100 地址：192.168.100.2/24 • 在 VLANIF 100 接口开启 DHCP，采用接口地址池为 AP 分配地址
AC 的源接口 IP 地址	无线接入控制器 ACA 上 VLANIF 100 地址
交换机 LSW1	• 管理、STA 和 PC 业务、路由器 VLAN：100，10，110，200 • GE 0/0/1：Trunk，允许 VLAN 100 帧通过 • GE 0/0/2：Trunk，允许 VLAN 100、VLAN 110 帧通过 • GE 0/0/11：Access，VLAN 10 • GE 0/0/12：Access，VLAN 10 • GE 0/0/24：Access，VLAN 200 • VLANIF 100 地址：192.168.100.1/24 • VLANIF 10 地址：192.168.10.1/24 • VLANIF 110 地址：192.168.110.1/24 • VLANIF 200 地址：192.168.200.1/24 • 到校园网的默认路由：目的：0.0.0.0，下一跳：路由器 RTA 端口 GE 0/0/1 地址 192.168.200.2/24 • 在 VLANIF 10 接口开启 DHCP，采用接口地址池为 PC 分配地址 • 在 VLANIF 110 接口开启 DHCP，采用接口地址池为 VLAN STA 分配地址
交换机 LSWAP	• 管理和 STA 业务 VLAN：100，110 • GE 0/0/1：Trunk，允许 VLAN 100、VLAN 110 帧通过 • GE 0/0/2：Trunk，允许 VLAN 100、VLAN 110 帧通过 • GE 0/0/3：Trunk，允许 VLAN 100、VLAN 110 帧通过
路由器 RTA	• GE 0/0/1 地址：192.168.200.2/24 • Loopback 0 地址：10.1.10.1/24（模拟校园网主机） • 到 STA 和 PC 业务 VLAN 的默认路由：目的：0.0.0.0，下一跳：交换机 LSW1 上 VLANIF 200 地址 192.168.200.1/24

续表

配置项	属性值
AP 组	• 名称：apg1 • 成员：AP1 • 引用模板：VAP 模板 mywlan，域管理模板 mywlan
VAP 模板	• 名称：mywlan • 业务 VLAN：VLAN 110 • 引用模板：SSID 模板 mywlan，安全模板 mywlan
域管理模板	• 名称：mywlan • 国家码：中国
SSID 模板	• 名称：mywlan • SSID 名称：mywlan
安全模板	• 名称：mywlan • 安全策略：WPA-WPA2 + PSK + AES • 密码：12345678
RRM 模板	• 名称：mywlan • 开启射频调优功能，自动选择 AP 最佳信道和功率
空口扫描模板	• 名称：mywlan • 探测信道集合：调优信道 • 空口扫描间隔时间：60000 毫秒 • 空口扫描持续时间：60 毫秒
2G 射频模板	• 名称：mywlan-2g • 引用模板：空口扫描模板 mywlan，RRM 模板 mywlan
5G 射频模板	• 名称：mywlan-5g • 引用模板：空口扫描模板 mywlan，RRM 模板 mywlan

配置思路

与实验 7.1.1 基本相同。

实验步骤

步骤 1：加载拓扑

① 启动 eNSP，单击工具栏中的“打开文件”图标，加载实验 7.1.1 的拓扑文件 lab-7.1.1.WLAN.Basic.topo。

② 在网络设备区中选择设备，向工作区中添加 1 台 AP5030 接入 AP，并为其命名。将该设备连接到交换机 LSWAP 的指定端口。

③ 检查 PC-10-1、PC-10-2、笔记本电脑模拟器 STA-1 和手机模拟器 CP-1 的 IPv4 地址配置是否为从 DHCP 服务器获得。若不是，请按实验 7.1.1 中的步骤 2 完成 IP 地址设置。

④ 单击工具栏中的“另存为”图标，将该拓扑另存为 lab-7.2.1-WLAN-RoamInVLAN.topo。

步骤 2：启动设备

单击工具栏中的“开启设备”图标，启动全部设备。

步骤 3：配置网络互通

① 配置交换机 LSW1。按实验 7.1.1 步骤 4 中①的方法完成交换机 LSW1 的配置。

② 配置交换机 LSWAP。首先按实验 7.1.1 步骤 4 中②的方法配置交换机 LSWAP，然后在提示符下输入以下命令，完成端口 GE 0/0/3 的配置。

```
# 配置连接 AP2 的端口的链路类型为 Trunk，允许管理 VLAN 和 STA 业务 VLAN 帧通过。
[LSWAP] interface gigabitethernet 0/0/3
[LSWAP-GigabitEthernet0/0/3] port link-type trunk
[LSWAP-GigabitEthernet0/0/3] port trunk allow-pass vlan 100 110
# 配置端口的默认 VLAN 为管理 VLAN 100。
[LSWAP-GigabitEthernet0/0/3] port trunk pvid vlan 100
[LSWAP-GigabitEthernet0/0/3] quit
```

③ 配置路由器 RTA。按实验 7.1.1 步骤 4 中③的方法完成路由器 RTA 的配置。

④ 配置无线控制器 ACA。按实验 7.1.1 步骤 4 中④的方法完成无线控制器 ACA 的配置。

步骤 4：配置 DHCP 服务器

按实验 7.1.1 步骤 5 的方法分别完成 LSW1 和 ACA 上的 DHCP 服务器的配置。

步骤 5：配置 AP 上线

首先按实验 7.1.1 步骤 6 的方法完成无线控制器 ACA 的配置，实现 AP1 的上线，然后输入以下命令，实现 AP2 的上线。

```
# 用鼠标右键单击 AP2，用鼠标左键单击“设置”选项，选中“配置”选项卡，读取 AP2 的 MAC 地址。
# 假设读取的 AP2 的 MAC 地址为 00-E0-FC-C4-01-70。
# 设置该 AP2 的索引为 32（取值范围：0～8191），MAC 地址为 00E0-FCC4-0170。
[ACA-wlan-view] ap-id 32 ap-mac 00E0-FCC4-0170
# 配置 AP2 的名称为 b2-f2-r226（含义：2 号楼 2 层 226 房间）。
[ACA-wlan-ap-32] ap-name b2-f2-r226
# 将 AP 加入 AP 组。看到警告（Warning）提示后，输入 y。
[ACA-wlan-ap-32] ap-group apg1
Warning: This operation may cause AP reset. If the country code changes, it
will clear channel, power and antenna gain configurations of the radio, whether
to continue? [Y/N]: y
[ACA-wlan-ap-32] quit
# 查看 AP 组的配置信息和引用信息。
[ACA-wlan-view] display ap-group all
[ACA-wlan-view] display ap-group name apg1
# 手动重新启动 AP1 和 AP2，将 AP1 和 AP2 上电。启动成功后，查看 AP 状态。
# 将 AP 上电后，若“State”字段为“nor”，表示 AP 正常上线。可能需要等待一段时间。
[ACA-wlan-view] display ap all
```

注：若 AP 能正常上线，继续完成后面的步骤。否则，请检查前面步骤中的配置，排除故障，直到 AP 能正常上线为止。

步骤 6：配置 WLAN 业务参数

按实验 7.1.1 步骤 7 的方法完成 WLAN 业务参数的配置。

步骤 7：配置 AP 射频信道和功率

在无线控制器 ACA 控制台窗口中输入以下命令：

```
<ACA> system-view
[ACA] wlan
# 创建射频资源管理 RRM 模板，名称为“mywlan”。
[ACA-wlan-view] rrm-profile name mywlan
# 查看 RRM 模板的信息。
[ACA-wlan-rrm-prof-mywlan] display rrm-profile name mywlan
# 开启信道和功率的自动调优功能。射频信道和功率的自动调优功能默认是开启的。
[ACA-wlan-rrm-prof-mywlan] undo calibrate auto-channel-select disable
[ACA-wlan-rrm-prof-mywlan] undo calibrate auto-txpower-select disable
# 开启智能漫游功能。默认情况下，智能漫游功能处于开启状态。
[ACA-wlan-rrm-prof-mywlan] smart-roam enable
# 配置智能漫游的触发方式为 check-snr（信噪比）和 check-rate（速率）。
[ACA-wlan-rrm-prof-mywlan] smart-roam roam-threshold check-snr check-rate
# 默认情况下，智能漫游基于信噪比的门限值为 20dB，基于终端速率的门限值为 20%。
# 配置智能漫游的用户漫游信噪比门限值为 30dB。
[ACA-wlan-rrm-prof-mywlan] smart-roam roam-threshold snr 30
# 配置智能漫游的用户漫游速率门限值为速率的 30%。
[ACA-wlan-rrm-prof-mywlan] smart-roam roam-threshold rate 30
[ACA-wlan-rrm-prof-mywlan] quit
# 在域管理模板“mywlan”配置调优信道集合。
[ACA-wlan-view] regulatory-domain-profile name mywlan
[ACA-wlan-regulate-domain-mywlan] dca-channel 2.4g channel-set 1,6,11
[ACA-wlan-regulate-domain-mywlan] dca-channel 5g bandwidth 20mhz
[ACA-wlan-regulate-domain-mywlan] dca-channel 5g channel-set 149,153,157,161
[ACA-wlan-regulate-domain-mywlan] display regulatory-domain-profile name
mywlan
[ACA-wlan-regulate-domain-mywlan] quit
# 创建空口扫描模板 air-scan，名称为“mywlan”。
[ACA-wlan-view] air-scan-profile name mywlan
# 配置调优信道集合、扫描间隔时间和扫描持续时间。时间单位为毫秒。
[ACA-wlan-air-scan-prof-mywlan] scan-channel-set dca-channel
[ACA-wlan-air-scan-prof-mywlan] scan-period 60
[ACA-wlan-air-scan-prof-mywlan] scan-interval 60000
[ACA-wlan-air-scan-prof-mywlan] display air-scan-profile name mywlan
[ACA-wlan-air-scan-prof-mywlan] quit
# 创建 2G 射频模板，名称为“mywlan-2g”。
[ACA-wlan-view] radio-2g-profile name mywlan-2g
# 在该模板下引用 RRM 模板和空口扫描模板。
[ACA-wlan-radio-2g-prof-mywlan-2g] rrm-profile mywlan
[ACA-wlan-radio-2g-prof-mywlan-2g] air-scan-profile mywlan
[ACA-wlan-radio-2g-prof-mywlan-2g] quit
# 创建 5G 射频模板，名称为“mywlan-5g”。
[ACA-wlan-view] radio-5g-profile name mywlan-5g
# 在该模板下引用 RRM 模板和空口扫描模板。
[ACA-wlan-radio-5g-prof-mywlan-5g] rrm-profile mywlan
[ACA-wlan-radio-5g-prof-mywlan-5g] air-scan-profile mywlan
```

```
[ACA-wlan-radio-5g-prof-mywlan-5g] quit
# 查看 2G 和 5G 射频模板的信息。
[ACA-wlan-view] display radio-2g-profile name mywlan-2g
[ACA-wlan-view] display radio-5g-profile name mywlan-5g
# 配置 AP 组引用 2G 射频模板和 5G 射频模板。看到警告(Warning)提示后，输入 y。
[ACA-wlan-view] ap-group name apg1
[ACA-wlan-ap-group-apg1] radio-2g-profile mywlan-2g radio 0
Warning: This action may cause service interruption. Continue? [Y/N] y
[ACA-wlan-ap-group-apg1] radio-5g-profile mywlan-5g radio 1
Warning: This action may cause service interruption. Continue? [Y/N] y
# 查看 AP 组信息。
[ACA-wlan-ap-group-apg1] display ap-group name apg1
[ACA-wlan-ap-group-apg1] quit
```

步骤 8：检查配置结果

在无线控制器 ACA 控制台窗口中输入以下命令：

```
<ACA> system-view
[ACA] wlan
# 查看 AP 状态信息。将 AP 上电后，若“State”字段为“nor”，表示 AP 正常上线。
[ACA-wlan-view] display ap all
# 查看 VAP 信息。“Status”项显示为“ON”时，表示 AP 对应的射频上的 VAP 已创建成功。
[ACA-wlan-view] display vap all
[ACA-wlan-view] display vap ssid mywlan
# 查看 SSID 模板信息。
[ACA-wlan-view] display ssid-profile all
[ACA-wlan-view] display ssid-profile name mywlan
# 查看 AP 的射频信息。
[ACA-wlan-view] display radio all
[ACA-wlan-view] display radio ap-group apg1
# 查看已接入的无线移动站信息。
# 双击 STA-1 和 CP-1，在弹出的窗口中选择 VAP 标签页，连接到名为“mywlan”的无线网络，输
入密码“12345678”后进行关联。
[ACA-wlan-view] display station all
[ACA-wlan-view] display station ssid mywlan
[ACA-wlan-view] display station vlan 110
```

提示 · 思考 · 动手

- ✓ 请将配置后的网络拓扑截图粘贴到实验报告中。
- ✓ 请将所有 VAP 状态信息的截图粘贴到实验报告中。
- ✓ 请将所有已接入的无线移动终端的信息的截图粘贴到实验报告中。在图中分别标出 STA-1 和 CP-1 的 MAC 地址。
- ✓ 请将 STA-1 的 VAP 列表的截图粘贴到实验报告中。

步骤 9：测试验证与通信分析

① 分别开启 STA-1、CP-1 和 AP1、AP2 上 Wi-Fi 的数据抓包。

② 分别双击 STA-1、CP-1 和 PC-10-1、PC-10-2，在各自弹出的配置窗口中选中“命令行”标签。分别在它们的命令窗口中输入以下命令，查看无线工作站漫游前由 DHCP 服务器分配的 IPv4 地址，将得到的结果填入表 7-7 中“漫游前”对应栏目中。

```
ipconfig
```

表 7-7　PC 和无线移动终端地址

		PC–10–1	PC–10–2	STA–1	STA–1
漫游前	IPv4 地址				
	子网掩码				
	网关				
	MAC 地址				
漫游后	IPv4 地址				
	子网掩码				
	网关				
	MAC 地址				

③ 分别在 STA-1、CP-1、PC-10-1、PC-10-2 命令窗口中输入以下命令，测试是否能相互通信：

```
ping PC-10-1 的 IPv4 地址
ping PC-10-2 的 IPv4 地址
ping 漫游前 STA-1 的 IPv4 地址
ping 漫游前 CP-1 的 IPv4 地址
ping 10.1.10.1
```

提示 · 思考 · 动手

- ✓ STA-1 漫游前能 ping 通 CP-1 吗？请将 ping 命令结果的截图粘贴到实验报告中。
- ✓ STA-1 漫游前能 ping 通 PC-10-1 吗？请将 ping 命令结果的截图粘贴到实验报告中。

④ 终端漫游。有两种方法实现终端漫游。第一种方法：手动漫游。在 STA-1 或 CP-1 上按住鼠标左键，将其拖动到 AP1 或 AP2 覆盖范围内的某个位置。第二种方法：自动漫游。在 STA-1 或 CP-1 上单击鼠标右键，在弹出的菜单中选择“自动移动”命令，将鼠标光标移动到 AP1 或 AP2 覆盖范围内的某个位置，再单击鼠标左键，终端将自动移动到指定位置，并显示移动路径。按 ESC 键可以退出自动移动模式。

为了观察漫游效果，可以移动 AP1 和 AP2 的位置，调整 AP 信号的重叠范围。

分别在 STA-1、CP-1、PC-10-1、PC-10-2 命令窗口中输入以下命令：

```
ipconfig
```

查看 STA-1 漫游到 AP2 后由 DHCP 服务器分配的 IPv4 地址，将得到的结果填入表 7-7 中“漫游后”对应栏目中，并比较漫游前后 IPv4 地址有何异同。

分别在 STA-1、CP-1、PC-10-1、PC-10-2 命令窗口中输入以下命令，测试是否能相互通信：

```
ping PC-10-1 的 IPv4 地址
ping PC-10-2 的 IPv4 地址
ping 漫游后 STA-1 的 IPv4 地址
ping 漫游后 CP-1 的 IPv4 地址
ping 10.1.10.1
```

提示 · 思考 · 动手

- ✓ 请将 STA-1 漫游到 AP2 后的网络拓扑截图粘贴到实验报告中。
- ✓ 请将 STA-1 的 VAP 列表的截图粘贴到实验报告中。
- ✓ 请将所有已接入的无线移动终端的信息的截图粘贴到实验报告中。STA-1 和 CP-1 的 IP 地址分别是什么？与漫游前相比有变化吗？
- ✓ STA-1 漫游后能 ping 通 CP-1 吗？请将 ping 命令执行结果的截图粘贴到实验报告中。
- ✓ STA-1 漫游后能 ping 通 PC-10-1 吗？请将 ping 命令执行结果的截图粘贴到实验报告中。
- ✓ 分析在 STA-1 上抓取的通信。在 STA-1 从 AP1 漫游到 AP2 并与 AP2 关联成功期间，STA-1 与周边设备进行了哪些通信？

⑤ 查看终端漫游轨迹。在无线接入控制器 ACA 控制台窗口中输入以下命令：

```
<ACA> system-view
[ACA] wlan
# 查看已接入的无线移动站信息。
[ACA-wlan-view] display station all
[ACA-wlan-view] display station ssid mywlan
# 查看 STA-1 的漫游轨迹。假设 STA-1 的 MAC 地址为 54-89-98-E1-0B-40。
[ACA-wlan-view] display station roam-track sta-mac 5489-98E1-0B40
```

提示 · 思考 · 动手

- ✓ 请将 STA-1 漫游轨迹的截图粘贴到实验报告中。
- ✓ 移动 AP1 或 AP2 的位置，调整信号覆盖的重叠范围，观察终端与 AP 之间信号强度的变化。查看 STA-1 和 CP-1 的 VAP 列表，检查其 WLAN 连接状态的变化情况。

实验 7.2.2：配置 WLAN VLAN 间三层漫游

任务要求

某网络的拓扑结构如图 7-7 所示，与实验 7.2.1 中的网络拓扑结构基本相同，不同之处是：与 AP1 和 AP2 关联的终端属于不同的业务 VLAN，这两个业务 VLAN 位于不同 IP 网段；AC 和 AP 位于不同的管理 VLAN。该 WLAN 的数据规划如表 7-8 所示，与实验 7.2.1 基本相同，不同之处是：AC 组网与业务数据转发方式采用旁挂三层组网与直接转发；终端在无线网络覆盖区域内移动、发生跨 VLAN 漫游时，移动终端的 IP 地址不变，用户业务不受影响。请按组网要求完成系统配置。

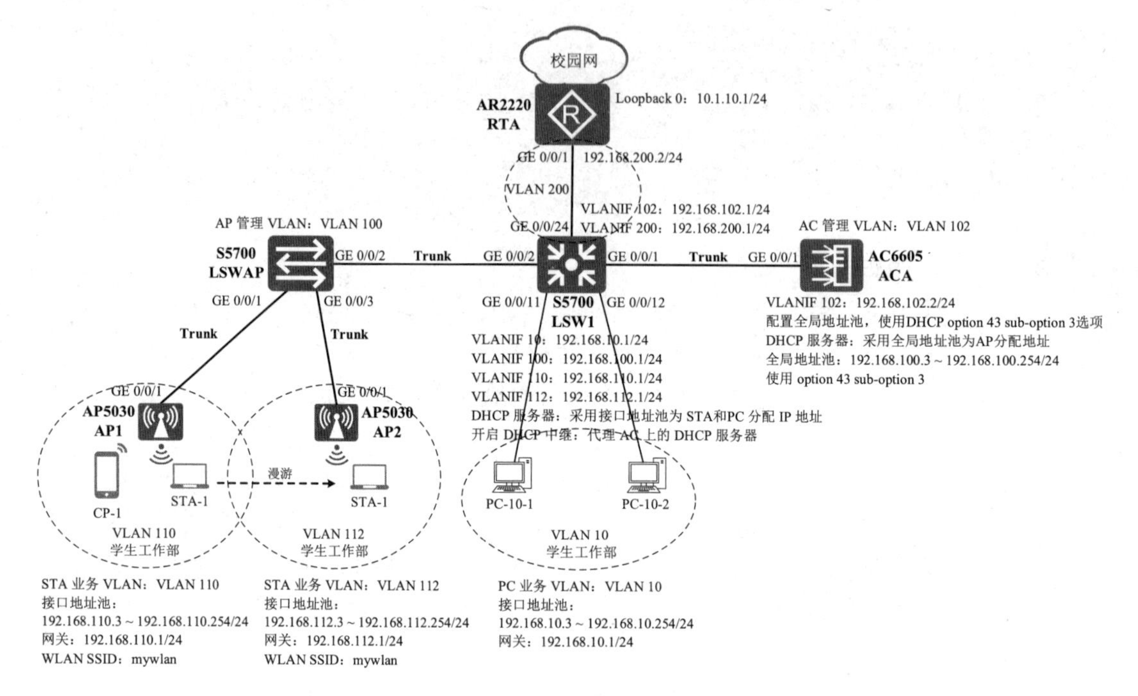

图 7-7　允许 VLAN 间漫游的 WLAN 网络拓扑

表 7-8　WLAN 网络规划

配置项	属性值
管理 VLAN	AP：VLAN 100 AC：VLAN 102
PC 业务 VLAN	VLAN 10
STA 业务 VLAN	关联 AP1 的 STA：VLAN 110 关联 AP2 的 STA：VLAN 112
路由器 VLAN	VLAN 200
DHCP 服务器	• 无线接入控制器 ACA 采用全局地址池为 AP 分配 IP 地址 • 交换机 LSW1 采用接口地址池为 STA 和 PC 分配 IP 地址
AP1 和 AP2 的 IP 地址池和网关	• IP 地址池：192.168.100.3 ~ 192.168.100.254/24 • 排除地址：192.168.100.1
PC 的 IP 地址池和网关	• IP 地址池：192.168.10.3 ~ 192.168.10.254/24 • 排除地址：192.168.10.2 • 网关地址：LSW1 上 VLANIF 10 地址 192.168.10.1/24
关联 AP1 的 STA 的 IP 地址池和网关	• IP 地址池：192.168.110.3 ~ 192.168.110.254/24 • 排除地址：192.168.110.2 • 网关地址：LSW1 上 VLANIF 110 地址 192.168.110.1/24
关联 AP2 的 STA 的 IP 地址池和网关	• IP 地址池：192.168.112.3 ~ 192.168.112.254/24 • 排除地址：192.168.112.2 • 网关地址：LSW1 上 VLANIF 112 地址 192.168.112.1/24

续表

配置项	属性值
AC 组网与业务数据转发方式	旁挂三层组网，直接转发 无线接入控制器采用 AC6605，旁挂连接在汇聚交换机 LSW1，瘦 AP 采用 AP5030，连接在接入交换机 LSWAP 上
无线控制器 ACA	• VLAN：102，110，112 • GE 0/0/1：Trunk，允许所有帧通过 • VLANIF 102 地址：192.168.102.2/24 • 到 AP 的静态路由：目的：192.168.100.0/24，下一跳：LSW1 上的 VLANIF 102 地址 192.168.102.1 • 配置全局地址池，使用 DHCP option 43 sub-option 3 选项 • 在 VLANIF 102 接口开启 DHCP，采用全局地址池为 AP 分配地址
AC 的源接口 IP 地址	无线接入控制器 ACA 上 VLANIF 102 地址
交换机 LSW1	• VLAN：100，102，10，110，112，200 • GE 0/0/1：Trunk，允许 VLAN 102 帧通过 • GE 0/0/2：Trunk，允许 VLAN 100、VLAN 110、VLAN 112 帧通过 • GE 0/0/11：Access，VLAN 10 • GE 0/0/12：Access，VLAN 10 • GE 0/0/24：Access，VLAN 200 • VLANIF 100：192.168.100.1/24 • VLANIF 102：192.168.102.1/24 • VLANIF 10：192.168.10.1/24 • VLANIF 110：192.168.110.1/24 • VLANIF 112：192.168.112.1/24 • VLANIF 200：192.168.200.1/24 • 到校园网默认路由：目的：0.0.0.0，下一跳：路由器 RTA 端口 GE 0/0/1 地址 192.168.200.2/24 • 在 VLANIF 10 接口开启 DHCP，采用接口地址池为 PC 分配地址 • 在 VLANIF 110 接口开启 DHCP，采用接口地址池为 AP1 中 STA 分配地址 • 在 VLANIF 112 接口开启 DHCP，采用接口地址池为 AP2 中 STA 分配地址 • 在 VLANIF 100 接口开启 DHCP 中继，所代理的 DHCP 服务器地址为 ACA 上 VLANIF 102 地址 192.168.102.2/24
交换机 LSWAP	• VLAN：100，110，112 • GE 0/0/1：Trunk，允许 VLAN 100、VLAN 110 帧通过 • GE 0/0/2：Trunk，允许 VLAN 100、VLAN 110、VLAN 112 帧通过 • GE 0/0/3：Trunk，允许 VLAN 100、VLAN 112 帧通过
路由器 RTA	• GE 0/0/1 地址：192.168.200.2/24 • Loopback 0 地址：10.1.10.1/24（模拟校园网主机） • 到业务 VLAN 默认路由：目的：0.0.0.0，下一跳：交换机 LSW1 上 VLANIF 200 地址 192.168.200.1/24
AP 组	• 名称：apg1，成员：AP1 • 引用模板：VAP 模板 mywlan-1，域管理模板 mywlan，2G 射频模板 mywlan-2g，5G 射频模板 mywlan-5g • 开启射频调优功能，自动选择 AP 最佳信道和功率
	• 名称：apg2，成员：AP2 • 引用模板：VAP 模板 mywlan-2，域管理模板 mywlan，2G 射频模板 mywlan-2g，5G 射频模板 mywlan-5g • 开启射频调优功能，自动选择 AP 最佳信道和功率

续表

配置项	属性值
VAP 模板	• 名称：mywlan-1 • 业务 VLAN：VLAN 110 • 引用模板：SSID 模板 mywlan，安全模板 mywlan
	• 名称：mywlan-2 • 业务 VLAN：VLAN 112 • 引用模板：SSID 模板 mywlan，安全模板 mywlan
域管理模板	• 名称：mywlan • 国家码：中国 • 调优信道集合：配置 2.4G 和 5G 调优带宽和调优信道
SSID 模板	• 名称：mywlan • SSID 名称：mywlan
安全模板	• 名称：mywlan • 安全策略：WPA-WPA2 + PSK + AES • 密码：12345678
RRM 模板	• 名称：mywlan • 开启射频调优功能，自动选择 AP 最佳信道和功率
空口扫描模板	• 名称：mywlan • 探测信道集合：调优信道 • 空口扫描间隔时间：60000 毫秒 • 空口扫描持续时间：60 毫秒
2G 射频模板	• 名称：mywlan-2g • 引用模板：空口扫描模板 mywlan，RRM 模板 mywlan
5G 射频模板	• 名称：mywlan-5g • 引用模板：空口扫描模板 mywlan，RRM 模板 mywlan

配置思路

与实验 7.2.1 基本相同。

实验步骤

步骤 1：加载拓扑

① 启动 eNSP，单击工具栏中的“打开文件”图标，加载实验 7.2.1 的拓扑文件 lab-7.2.1.WLAN-RoamInVLAN.topo。

② 检查 PC-10-1、PC-10-2、笔记本电脑模拟器 STA-1 和手机模拟器 CP-1 的 IPv4 地址配置是否为从 DHCP 服务器获得。若不是，请按实验 7.1.1 中的步骤 2 完成 IP 地址设置。

③ 单击工具栏中的“另存为”图标，将该拓扑另存为 lab-7.2.2-WLAN-RoamAcrossVLAN.topo。

步骤 2：启动设备

单击工具栏中的“开启设备”图标，启动全部设备。

步骤 3：配置网络互通

① 配置交换机 LSW1。双击工作区中交换机 LSW1 的图标，打开控制台窗口，在提示符下输入以下命令：

```
# 进入系统视图，为交换机命名。
<huawei> system-view
[huawei] sysname LSW1
[LSW1] vlan batch 100 102 10 110 112 200
# 配置连接 ACA 的端口的链路类型为 Trunk，允许管理 VLAN 102 帧通过。
[LSW1] interface gigabitethernet 0/0/1
[LSW1-GigabitEthernet0/0/1] port link-type trunk
[LSW1-GigabitEthernet0/0/1] port trunk allow-pass vlan 102
[LSW1-GigabitEthernet0/0/1] quit
# 配置连接 LSWAP 的端口的链路类型为 Trunk，允许管理 VLAN 100 和 STA 业务 VLAN 帧通过。
[LSW1] interface gigabitethernet 0/0/2
[LSW1-GigabitEthernet0/0/2] port link-type trunk
[LSW1-GigabitEthernet0/0/2] port trunk allow-pass vlan 100 110 112
[LSW1-GigabitEthernet0/0/2] quit
# 创建端口组，名称为 pgv10。将 PC 所连接的端口加入 VLAN 10。
[LSW1] port-group pgv10
[LSW1-port-group-pgv10] group-member g0/0/11 g0/0/12
[LSW1-port-group-pgv10] port link-type access
[LSW1-port-group-pgv10] port default vlan 10
[LSW1-port-group-pgv10] quit
# 将连接 RTA 的端口加入 VLAN 200。
[LSW1] interface gigabitethernet 0/0/24
[LSW1-GigabitEthernet0/0/24] port link-type access
[LSW1-GigabitEthernet0/0/24] port default vlan 200
[LSW1-GigabitEthernet0/0/24] quit
# 显示 VLAN 信息，确认正确建立了 VLAN。
[LSW1] display vlan
[LSW1] display port vlan
# 配置 AC 管理 VLAN 102 接口的 IP 地址。
[LSW1] interface vlanif 102
[LSW1-Vlanif102] ip address 192.168.102.1 24
[LSW1-Vlanif102] quit
# 配置 VLANIF 200 接口 IP 地址。
[LSW1] interface vlanif 200
[LSW1-Vlanif200] ip address 192.168.200.1 24
[LSW1-Vlanif200] quit
# 查看所有端口的 IP 配置信息。
[LSW1] display ip interface brief
# 配置到校园网的默认路由。
[LSW1] ip route-static 0.0.0.0 0 192.168.200.2
# 查看 IP 路由表。
[LSW1] display ip routing-table
```

② 配置交换机 LSWAP。双击工作区中交换机 LSWAP 的图标，打开控制台窗口，在提示符下输入以下命令：

```
<huawei> system-view
[huawei] sysname LSWAP
 LSWAP] vlan batch 100 110 112
# 配置连接 AP1 端口的链路类型为 Trunk，默认 VLAN 为管理 VLAN 100，允许管理 VLAN 100 和
```

```
业务 VLAN 110 帧通过。
    [LSWAP] interface gigabitethernet 0/0/1
    [LSWAP-GigabitEthernet0/0/1] port link-type trunk
    [LSWAP-GigabitEthernet0/0/1] port trunk allow-pass vlan 100 110
    [LSWAP-GigabitEthernet0/0/1] port trunk pvid vlan 100
    # 启用端口隔离。默认加入端口隔离组 1。
    [LSWAP-GigabitEthernet0/0/1] port-isolate enable
    [LSWAP-GigabitEthernet0/0/1] quit
    # 配置连接 AP2 端口的链路类型为 Trunk，默认 VLAN 为管理 VLAN 100，允许管理 VLAN 100 和
业务 VLAN 112 帧通过。
    [LSWAP] interface gigabitethernet 0/0/3
    [LSWAP-GigabitEthernet0/0/3] port link-type trunk
    [LSWAP-GigabitEthernet0/0/3] port trunk allow-pass vlan 100 112
    [LSWAP-GigabitEthernet0/0/3] port trunk pvid vlan 100
    # 启用端口隔离。默认加入端口隔离组 1。
    [LSWAP-GigabitEthernet0/0/3] port-isolate enable
    [LSWAP-GigabitEthernet0/0/3] quit
    # 配置连接 LSW1 端口的链路类型为 Trunk，允许管理 VLAN 100 和业务 VLAN 110、VLAN 112 帧
通过。
    [LSWAP] interface gigabitethernet 0/0/2
    [LSWAP-GigabitEthernet0/0/2] port link-type trunk
    [LSWAP-GigabitEthernet0/0/2] port trunk allow-pass vlan 100 110 112
    [LSWAP-GigabitEthernet0/0/2] quit
    # 显示 VLAN 信息，确认正确建立了 VLAN。
    [LSWAP] display vlan
    [LSWAP] display port vlan
```

③ 配置路由器 RTA。双击工作区中路由器 RTA 的图标，打开控制台窗口，在提示符下输入以下命令：

```
    <huawei> system-view
    [huawei] sysname RTA
    # 配置连接 LSW1 的端口的 IP 地址。
    [RTA] interface gigabitethernet 0/0/1
    [RTA-GigabitEthernet0/0/1] ip address 192.168.200.2 24
    [RTA-GigabitEthernet0/0/1] quit
    # 配置 Loopback 0，模拟校园网上的主机。
    [RTA] interface loopback 0
    [RTA-LoopBack0] ip address 10.1.10.1 24
    [RTA-LoopBack0] quit
    # 配置到其他 VLAN 的默认路由。
    [RTA] ip route-static 0.0.0.0 0 192.168.200.1
    # 查看 IP 路由表。
    [RTA] display ip routing-table
```

④ 配置无线控制器 ACA。双击工作区中无线控制器 ACA 的图标，打开控制台窗口，在提示符下输入以下命令：

```
    <huawei> system-view
    [huawei] sysname ACA
```

```
[ACA] vlan batch 102 110 112
# 配置连接 LSW1 端口的链路类型为 Trunk，允许所有 VLAN 帧通过。
[ACA] interface gigabitethernet 0/0/1
[ACA-GigabitEthernet0/0/1] port link-type trunk
[ACA-GigabitEthernet0/0/1] port trunk allow-pass all
[ACA-GigabitEthernet0/0/1] quit
# 配置管理 VLAN 102 接口 IP 地址。
[ACA] interface vlanif 102
[ACA-Vlanif100] ip address 192.168.102.2 24
[ACA-Vlanif100] quit
# 配置 AC 到 AP 的路由，下一跳为 LSW1 上的 VLANIF 102。
[AC] ip route-static 192.168.100.0 24 192.168.102.1
```

步骤 4：配置 DHCP 服务器

① 在交换机 LSW1 上配置 DHCP 服务器，采用接口地址池为 STA 和 PC 分配 IP 地址。在交换机 LSW1 的控制台窗口中输入以下命令：

```
<LSW1> system-view
# 开启 DHCP 服务。默认为禁用。
[LSW1] dhcp enable
# 为 PC 分配地址。
# 配置 PC 所在 VLAN 10 接口的 IP 地址。该地址为 DHCP 服务器地址和 PC 的网关地址。
[LSW1] interface vlanif 10
[LSW1-Vlanif10] ip address 192.168.10.1 24
# 配置接口启用 DHCP 服务，采用接口地址池模式（interface）。排除 IP 地址 192.168.10.2。
[LSW1-Vlanif10] dhcp select interface
[LSW1-Vlanif10] dhcp server excluded-ip-address 192.168.10.2
# 查看 DHCP 配置。
[LSW1] display ip pool interface vlanif 10
[LSW1] display ip pool interface vlanif 10 all
# 为 AP1 中的 STA 分配地址。
[LSW1] interface vlanif 110
[LSW1-Vlanif110] ip address 192.168.110.1 24
[LSW1-Vlanif110] dhcp select interface
[LSW1-Vlanif110] dhcp server excluded-ip-address 192.168.110.2
# 查看 DHCP 配置。
[LSW1] display ip pool interface vlanif 110
[LSW1] display ip pool interface vlanif 110 all
# 为 AP2 中的 STA 分配地址。
[LSW1] interface vlanif 112
[LSW1-Vlanif112] ip address 192.168.112.1 24
[LSW1-Vlanif112] dhcp select interface
[LSW1-Vlanif112] dhcp server excluded-ip-address 192.168.112.2
# 查看 DHCP 配置。
[LSW1] display ip pool interface vlanif 112
[LSW1] display ip pool interface vlanif 112 all
```

② 在交换机 LSW1 上配置 DHCP 中继。由于 AP 和 AC 位于不同的 VLAN，AP 无法发现 AC 上的 DHCP 服务器，因此需要在 LSW1 上配置 DHCP 中继，代理 AC 为 AP 分配 IP

地址。在交换机 LSW1 的控制台窗口中输入以下命令：

```
# 在 VLANIF 100 上开启 DHCP 中继。server-ip 为所代理的 DHCP 服务器地址。
[LSW1] interface vlanif 100
[LSW1-Vlanif100] ip address 192.168.100.1 24
[LSW1-Vlanif100] dhcp select relay
[LSW1-Vlanif100] dhcp relay server-ip 192.168.102.2
[LSW1-Vlanif100] quit
# 查看 DHCP 中继的配置信息。
[LSW1] display dhcp relay interface vlanif 100
[LSW1] display dhcp relay all
```

③ 在无线接入控制器 ACA 上配置 DHCP 服务器，采用全局地址池为 AP 分配 IP 地址。在无线控制器 ACA 的控制台窗口中输入以下命令：

```
<ACA> system-view
[ACA] dhcp enable
# 创建全局地址池 ap100。
[ACA] ip pool ap100
[ACA-ip-pool-ap100] network 192.168.100.0 mask 24
# 配置 192.168.100.3 到 192.168.100.10 之间的 IP 地址不参与自动分配。
[ACA-ip-pool-ap100] excluded-ip-address 192.168.100.3 192.168.100.10
# DHCP 的 option 为厂商信息扩展，由各厂商根据需要定义选项的内容。
# DHCP option 43 用于 DHCP 客户与服务器交换厂商特定信息。如果 AC 与 AP 之间是三层网络，
AC 上的 DHCP 服务器在给 AP 分配 IP 地址时，需要配置 option 43 选项，选项值为 AC 的 IP 地址，向
AP 通告 AC，使 AP 能够发现 AC。
# option 43 选项支持子选项。为使客户识别 option 43 选项内容，选项值要按规则来填写。请参
阅 RFC 2132 和厂商文档。
# 使用 DHCP option 43 sub-option 3 选项
[ACA-ip-pool-ap100] option 43 sub-option 3 ascii 192.168.102.2
[ACA-ip-pool-ap100] quit
# 配置 VLANIF 102 接口启用 DHCP，采用全局模式（global）。
[ACA] interface vlanif 102
[ACA-Vlanif102] dhcp select global
[AC-Vlanif102] quit
# 查看全局地址池分配情况。"Used"字段显示已经分配出去的 IP 地址数量。
[ACA] display ip pool name ap100
```

步骤 5：配置 AP 上线

在无线控制器 ACA 的控制台窗口中输入以下命令：

```
<ACA> system-view
[ACA] wlan
# 创建域管理模板，名称为"mywlan"，配置国家码为中国（cn）。
[ACA-wlan-view] regulatory-domain-profile name mywlan
[ACA-wlan-regulate-domain-mywlan] country-code cn
[ACA-wlan-regulate-domain-mywlan] quit
# 创建 AP 组，名称分别为"apg1"和"apg2"。
# 在 AP 组下引用域管理模板。看到警告（Warning）提示后，输入 y。
```

```
[ACA-wlan-view] ap-group name apg1
[ACA-wlan-ap-group-apg1] regulatory-domain-profile mywlan
Warning: Modifying the country code will clear channel, power and antenna gain configurations of the radio and reset the AP. Continue? [Y/N]: y
[ACA-wlan-ap-group-apg1] quit
[ACA-wlan-view] ap-group name apg2
[ACA-wlan-ap-group-apg2] regulatory-domain-profile mywlan
Warning: Modifying the country code will clear channel, power and antenna gain configurations of the radio and reset the AP. Continue? [Y/N]: y
[ACA-wlan-ap-group-apg2] quit
# 查看 AP 组的配置信息和引用信息。
[ACA-wlan-view] display ap-group all
[ACA-wlan-view] display ap-group name apg1
[ACA-wlan-view] display ap-group name apg2
[ACA-wlan-view] quit
# 配置 AC 的源接口。
[ACA] capwap source interface vlanif 102
# 在 AC 上离线导入 AP，并将 AP1 加入 AP 组“apg1”，将 AP2 加入 AP 组“apg2”。
[ACA] wlan
# 开启 MAC 认证。
# ap auth-mode 命令默认为 MAC 认证。如果之前没有修改默认配置，可以不用执行该命令。
[ACA-wlan-view] ap auth-mode mac-auth
# 配置 AP1 的 MAC 地址和名称。
# 用鼠标右键单击 AP1，用鼠标左键单击“设置”，选中“配置”标签，读取 AP1 的 MAC 地址。
# 假设 AP1 的 MAC 地址为 00-E0-FC-97-33-D0。
# 设置该 AP1 的索引为 31（取值范围：0～8191），MAC 地址为 00E0-FC97-33D0。
[ACA-wlan-view] ap-id 31 ap-mac 00E0-FC97-33D0
# 配置 AP1 的名称为 b2-f2-r206（含义：2 号楼 2 层 206 房间）。
[ACA-wlan-ap-31] ap-name b2-f2-r206
# 将 AP1 加入 AP 组“apg1”。看到警告（Warning）提示后，输入 y。
[ACA-wlan-ap-31] ap-group apg1
Warning: This operation may cause AP reset. If the country code changes, it will clear channel, power and antenna gain configurations of the radio, whether to continue? [Y/N]: y
[ACA-wlan-ap-31] quit
# 配置 AP2 的 MAC 地址和名称。假设 AP2 的 MAC 地址为 00-E0-FC-C4-01-70。
# 设置该 AP1 的索引为 32（取值范围：0～8191），MAC 地址为 00E0-FCC4-0170。
[ACA-wlan-view] ap-id 32 ap-mac 00E0-FCC4-0170  00E0-FC65-02C0
[ACA-wlan-ap-32] ap-name b2-f2-r226
[ACA-wlan-ap-32] ap-group apg2
Warning: This operation may cause AP reset. If the country code changes, it will clear channel, power and antenna gain configurations of the radio, whether to continue? [Y/N]: y
[ACA-wlan-ap-32] quit
# 手动重新启动 AP1 和 AP2，将 AP1 和 AP2 上电。启动成功后，查看 AP 状态。
# 将 AP 上电后，若“State”字段为“nor”，表示 AP 正常上线。可能需要等待一段时间。
[ACA-wlan-view] display ap all
```

注：若 AP 能正常上线，继续完成后面的步骤。否则，请检查前面步骤中的配置，排除故障，直到 AP 能正常上线为止。

步骤 6：配置 WLAN 业务参数

在无线接入控制器 ACA 控制台窗口中输入以下命令：

```
<ACA> system-view
[ACA] wlan
# 创建安全模板，名称为“mywlan”，配置安全策略。
[ACA-wlan-view] security-profile name mywlan
[ACA-wlan-sec-prof-mywlan] security wpa-wpa2 psk pass-phrase 12345678 aes
[ACA-wlan-sec-prof-mywlan] display security-profile name mywlan
[ACA-wlan-sec-prof-mywlan] quit
# 创建 SSID 模板，名称为“mywlan”，配置 SSID 名称为“mywlan”。
[ACA-wlan-view] ssid-profile name mywlan
[ACA-wlan-ssid-prof-mywlan] ssid mywlan
[ACA-wlan-ssid-prof-mywlan] display ssid-profile name mywlan
[ACA-wlan-ssid-prof-mywlan] quit
# 创建 VAP 模板，名称分别为“mywlan-1”和“mywlan-2”。
# 配置业务数据转发模式为直接转发，业务 VLAN 为 110，并引用安全模板和 SSID 模板。
[ACA-wlan-view] vap-profile name mywlan-1
[ACA-wlan-vap-prof-mywlan-1] forward-mode direct-forward
[ACA-wlan-vap-prof-mywlan-1] service-vlan vlan-id 110
[ACA-wlan-vap-prof-mywlan-1] security-profile mywlan
[ACA-wlan-vap-prof-mywlan-1] ssid-profile mywlan
[ACA-wlan-vap-prof-mywlan-1] display vap-profile name mywlan-1
[ACA-wlan-vap-prof-mywlan-1] quit
[ACA-wlan-view] vap-profile name mywlan-2
[ACA-wlan-vap-prof-mywlan-2] forward-mode direct-forward
[ACA-wlan-vap-prof-mywlan-2] service-vlan vlan-id 112
[ACA-wlan-vap-prof-mywlan-2] security-profile mywlan
[ACA-wlan-vap-prof-mywlan-2] ssid-profile mywlan
[ACA-wlan-vap-prof-mywlan-2] display vap-profile name mywlan-2
[ACA-wlan-vap-prof-mywlan-2] quit
# 配置 AP 组“apg1”引用 VAP 模板，在射频 0 和 1 上引用 VAP 模板。
# 将 VAP 标识设置为 1。离线管理 VAP 配置中的 WLAN ID（即 VAP 标识）取值范围为 1~12。
[ACA-wlan-view] ap-group name apg1
[ACA-wlan-ap-group-apg1] vap-profile mywlan-1 wlan 1 radio 0
[ACA-wlan-ap-group-apg1] vap-profile mywlan-1 wlan 1 radio 1
[ACA-wlan-ap-group-apg1] quit
# 配置 AP 组“apg2”引用 VAP 模板，在射频 0 和 1 上引用 VAP 模板。
[ACA-wlan-view] ap-group name apg2
[ACA-wlan-ap-group-apg2] vap-profile mywlan-2 wlan 1 radio 0
[ACA-wlan-ap-group-apg2] vap-profile mywlan-2 wlan 1 radio 1
[ACA-wlan-ap-group-apg2] quit
[ACA-wlan-view] display vap-profile all
[ACA-wlan-view] display vap-profile name mywlan-1
[ACA-wlan-view] display vap-profile name mywlan-2
```

步骤 7：配置 AP 射频信道和功率

在无线控制器 ACA 控制台窗口中输入以下命令：

```
<ACA> system-view
[ACA] wlan
# 创建射频资源管理 RRM 模板，名称为“mywlan”。
[ACA-wlan-view] rrm-profile name mywlan
[ACA-wlan-rrm-prof-mywlan] display rrm-profile name mywlan
# 开启信道和功率的自动调优功能。射频信道和功率的自动调优功能默认是开启的。
[ACA-wlan-rrm-prof-mywlan] undo calibrate auto-channel-select disable
[ACA-wlan-rrm-prof-mywlan] undo calibrate auto-txpower-select disable
# 开启智能漫游功能。默认情况下，智能漫游功能处于开启状态。
[ACA-wlan-rrm-prof-mywlan] smart-roam enable
[ACA-wlan-rrm-prof-mywlan] quit
# 在域管理模板“mywlan”下配置调优信道集合。
[ACA-wlan-view] regulatory-domain-profile name mywlan
[ACA-wlan-regulate-domain-mywlan] dca-channel 2.4g channel-set 1,6,11
[ACA-wlan-regulate-domain-mywlan] dca-channel 5g bandwidth 20mhz
[ACA-wlan-regulate-domain-mywlan] dca-channel 5g channel-set 149,153,157,161
[ACA-wlan-regulate-domain-mywlan] display regulatory-domain-profile name mywlan
[ACA-wlan-regulate-domain-mywlan] quit
# 创建空口扫描模板，名称为“mywlan”。
[ACA-wlan-view] air-scan-profile name mywlan
# 配置调优信道集合、扫描间隔时间和扫描持续时间。时间单位为毫秒。
[ACA-wlan-air-scan-prof-mywlan] scan-channel-set dca-channel
[ACA-wlan-air-scan-prof-mywlan] scan-period 60
[ACA-wlan-air-scan-prof-mywlan] scan-interval 60000
[ACA-wlan-air-scan-prof-mywlan] display air-scan-profile name mywlan
[ACA-wlan-air-scan-prof-mywlan] quit
# 创建 2G 射频模板，名称为“mywlan-2g”，在该模板下引用 RRM 模板和空口扫描模板。
[ACA-wlan-view] radio-2g-profile name mywlan-2g
[ACA-wlan-radio-2g-prof-mywlan-2g] rrm-profile mywlan
[ACA-wlan-radio-2g-prof-mywlan-2g] air-scan-profile mywlan
[ACA-wlan-radio-2g-prof-mywlan-2g] quit
# 创建 5G 射频模板，名称为“mywlan-5g”，在该模板下引用 RRM 模板和空口扫描模板。
[ACA-wlan-view] radio-5g-profile name mywlan-5g
[ACA-wlan-radio-5g-prof-mywlan-5g] rrm-profile mywlan
[ACA-wlan-radio-5g-prof-mywlan-5g] air-scan-profile mywlan
[ACA-wlan-radio-5g-prof-mywlan-5g] quit
# 查看 2G 和 5G 射频模板的信息。
[ACA-wlan-view] display radio-2g-profile name mywlan-2g
[ACA-wlan-view] display radio-5g-profile name mywlan-5g
# 配置 AP 组“apg1”引用 2G 射频模板和 5G 射频模板。看到警告（Warning）提示后，输入 y。
[ACA-wlan-view] ap-group name apg1
[ACA-wlan-ap-group-apg1] radio-2g-profile mywlan-2g radio 0
Warning: This action may cause service interruption. Continue? [Y/N] y
[ACA-wlan-ap-group-apg1] radio-5g-profile mywlan-5g radio 1
Warning: This action may cause service interruption. Continue? [Y/N] y
[ACA-wlan-ap-group-apg1] quit
# 配置 AP 组“apg2”引用 2G 射频模板和 5G 射频模板。看到警告（Warning）提示后，输入 y。
[ACA-wlan-view] ap-group name apg2
[ACA-wlan-ap-group-apg2] radio-2g-profile mywlan-2g radio 0
```

```
Warning: This action may cause service interruption. Continue? [Y/N] y
[ACA-wlan-ap-group-apg2] radio-5g-profile mywlan-5g radio 1
Warning: This action may cause service interruption. Continue? [Y/N] y
[ACA-wlan-ap-group-apg2] quit
# 查看 AP 组信息。
[ACA-wlan-view] display ap-group name apg1
[ACA-wlan-view] display ap-group name apg2
```

步骤 8：检查配置结果

在无线控制器 ACA 控制台窗口中输入以下命令：

```
<ACA> system-view
[ACA] wlan
# 查看 AP 状态信息。将 AP 上电后，若“State”字段为“nor”，表示 AP 正常上线。
[ACA-wlan-view] display ap all
# 查看 VAP 信息。“Status”项显示为“ON”时，表示 AP 对应的射频上的 VAP 已创建成功。
[ACA-wlan-view] display vap all
[ACA-wlan-view] display vap ssid mywlan
# 查看所有 SSID 模板和名称为“mywlan”的 SSID 模板的信息。
[ACA-wlan-view] display ssid-profile all
[ACA-wlan-view] display ssid-profile name mywlan
# 查看 AP 的射频信息。
[ACA-wlan-view] display radio all
[ACA-wlan-view] display radio ap-group apg1
[ACA-wlan-view] display radio ap-group apg2
# 查看已接入的无线移动站信息。
# 双击 STA-1 和 CP-1，在弹出的窗口中选择 VAP 标签页，连接到名为“mywlan”的无线网络，输入密码“12345678”后进行关联。
[ACA-wlan-view] display station all
[ACA-wlan-view] display station ssid mywlan
[ACA-wlan-view] display station vlan 110
[ACA-wlan-view] display station vlan 112
```

提示 · 思考 · 动手

- ✓ 请将配置后的网络拓扑截图粘贴到实验报告中。
- ✓ 请将所有 VAP 状态信息的截图粘贴到实验报告中。
- ✓ 请将所有已接入的无线工作站信息的截图粘贴到实验报告中。在图中分别标出 STA-1 和 CP-1 的 MAC 地址。
- ✓ 请将 STA-1 的 VAP 列表的截图粘贴到实验报告中。

步骤 9：测试验证与通信分析

① 分别开启 STA-1、CP-1 和 AP1、AP2 上 Wi-Fi 的数据抓包。

② 分别双击 STA-1、CP-1 和 PC-10-1、PC-10-2，在各自弹出的配置窗口中选中“命令行”标签。分别在它们的命令窗口中输入以下命令，查看无线工作站漫游前由 DHCP 服务器

分配的 IPv4 地址，将得到的结果填入表 7-9 中“漫游前”对应栏目中。

```
ipconfig
```

表 7-9 PC 和无线移动终端地址

		PC-10-1	PC-10-2	STA-1	CP-1
漫游前	IPv4 地址				
	子网掩码				
	网关				
	MAC 地址				
漫游后	IPv4 地址				
	子网掩码				
	网关				
	MAC 地址				

③ 分别在 STA-1、CP-1、PC-10-1、PC-10-2 命令窗口中输入以下命令，测试是否能相互通信：

```
ping PC-10-1 的 IPv4 地址
ping PC-10-2 的 IPv4 地址
ping 漫游前 STA-1 的 IPv4 地址
ping 漫游前 CP-1 的 IPv4 地址
ping 10.1.10.1
```

提示 · 思考 · 动手

- ✓ STA-1 漫游前能 ping 通 CP-1 吗？请将 ping 命令执行结果的截图粘贴到实验报告中。
- ✓ STA-1 漫游前能 ping 通 PC-10-1 吗？请将 ping 命令执行结果的截图粘贴到实验报告中。

④ 终端漫游。将 STA-1 或 CP-1 从 AP1 手动拖动或自动移动到 AP2 覆盖范围内的某个位置。为了更好地观察漫游效果，可以移动 AP1 和 AP2 的位置，调整信号覆盖的重叠范围。

分别在 STA-1、CP-1、PC-10-1、PC-10-2 命令窗口中输入以下命令：

```
ipconfig
```

查看 STA-1 或 CP-1 漫游到 AP2 后由 DHCP 服务器分配的 IPv4 地址，将得到的结果填入表 7-9 中“漫游后”对应栏目中，并比较漫游前后 IPv4 地址有何异同。

分别在 STA-1、CP-1、PC-10-1、PC-10-2 命令窗口中输入以下命令，测试是否能相互通信：

```
ping PC-10-1 的 IPv4 地址
ping PC-10-2 的 IPv4 地址
ping 漫游后 STA-1 的 IPv4 地址
ping 漫游后 CP-1 的 IPv4 地址
ping 10.1.10.1
```

提示·思考·动手

- ✓ 请将 STA-1 漫游到 AP2 后的网络拓扑截图粘贴到实验报告中。
- ✓ STA-1 从 AP1 漫游到 AP2 后，其 VLAN 和 IP 地址分别是什么？与漫游前相比有变化吗？
- ✓ STA-1 能 ping 通 CP-1 吗？请将 ping 命令执行结果的截图粘贴到实验报告中。
- ✓ STA-1 能 ping 通 PC-10-1 吗？请将 ping 命令执行结果的截图粘贴到实验报告中。
- ✓ 分析在 STA-1 上抓取的通信。在 STA-1 从 AP1 漫游到 AP2 并与 AP2 关联成功期间，STA-1 与周边设备进行了哪些通信？

⑤ 查看终端漫游轨迹。在无线接入控制器 ACA 控制台窗口中输入以下命令：

```
<ACA> system-view
[ACA] wlan
# 查看已接入的无线移动站信息。
[ACA-wlan-view] display station all
[ACA-wlan-view] display station ssid mywlan
# 查看 STA-1 的漫游轨迹。假设 STA-1 的 MAC 地址为 54-89-98-E1-0B-40。
[ACA-wlan-view] display station roam-track sta-mac 5489-98E1-0B40
```

提示·思考·动手

- ✓ 请将 STA-1 漫游轨迹的截图粘贴到实验报告中。
- ✓ 将 CP-1 从 AP1 漫游到 AP2。请将 CP-1 漫游到 AP2 后的网络拓扑截图粘贴到实验报告中。
- ✓ 漫游到 AP2 后，CP-1 的 VLAN 和 IP 地址分别是什么？与漫游前相比有变化吗？